微生物来源淀粉分支酶的制备与应用

李兆丰　主编

中国轻工业出版社

图书在版编目(CIP)数据

微生物来源淀粉分支酶的制备与应用 / 李兆丰主编 .—北京：中国轻工业出版社，2023.5

ISBN 978-7-5184-4289-8

Ⅰ. ①微… Ⅱ. ①李… Ⅲ. ①微生物—淀粉酶—制备 Ⅳ. ① TQ925

中国国家版本馆 CIP 数据核字（2023）第 048604 号

责任编辑：伊双双　　责任终审：许春英
文字编辑：邹婉羽　　责任校对：宋绿叶　　封面设计：锋尚设计
策划编辑：伊双双　　版式设计：华　艺　　责任监印：张　可

出版发行：中国轻工业出版社（北京东长安街 6 号，邮编：100740）
印　　刷：三河市万龙印装有限公司
经　　销：各地新华书店
版　　次：2023 年 5 月第 1 版第 1 次印刷
开　　本：720 × 1000　1/16　印张：12
字　　数：241 千字
书　　号：ISBN 978-7-5184-4289-8　定价：98.00 元
邮购电话：010-65241695
发行电话：010-85119835　传真：85113293
网　　址：http://www.chlip.com.cn
Email：club@chlip.com.cn
如发现图书残缺请与我社邮购联系调换
220671K1X101ZBW

本书编委会

主　编：李兆丰

编　委（按照姓氏笔画排序）：

尤钰娴　孔昊存　李才明　李泽西

李益文　何　萌　张　兰　班宵逢

蒋力源　蒋自航

前　言

淀粉是人类膳食结构中最常见的碳水化合物。作为我国居民“米袋子”中最丰富的膳食组分，其高质量供给和营养健康品质的提升是顺应人民膳食结构升级和生活品质提高的必然趋势。随着我国淀粉产业规模的发展壮大和产业结构的调整优化，基于现代生物技术的淀粉深加工产业对整个淀粉产业的发展体现出日益显著的引领和驱动作用。其中，淀粉加工专用酶制剂作为绿色低碳加工的关键工具，在淀粉深加工中发挥着至关重要的作用，优质淀粉酶制剂的开发和应用对于淀粉资源的高效转化、淀粉加工技术的创造革新、深加工产品的市场开拓、淀粉工业的可持续发展均具有重大意义。

淀粉分支酶是属于糖苷水解酶 13 家族或糖苷水解酶 57 家族的一类糖基转移酶，能够催化淀粉等 α－葡聚糖分子发生链间糖基转移、链内糖基转移及链内环化三种糖苷键重构反应。淀粉分支酶因其独特的转糖基活力而成为生物酶法改性淀粉领域的重要酶类之一，具有工艺简单、副产物少、产物得率高的优势，在食品、化工等领域具有非常广阔的应用前景。淀粉分支酶不仅可以调控淀粉的理化性质，还具备改善淀粉生理功能的潜力。在各类慢性非传染性疾病严重威胁人民的生命健康，给我国社会经济发展带来巨大负担的大背景下，基于淀粉分支酶的淀粉分子高支化改性技术可以赋予淀粉缓慢释放葡萄糖、避免餐后血糖急剧上升的特性，为实现淀粉消化性能的精准调控和肥胖、糖尿病等慢性代谢类疾病的日常管理提供了更加安全便捷的新思路。

我国酶制剂产业经过半个多世纪的持续发展，已然进入世界前列，近年来包括基因工程、蛋白质工程和酶工程在内的现代生物技术的飞速发展，必将带动我国酶制剂产业的同频共振。目前我国已实现规模化生产的酶制剂数量仍然有限，高品质淀粉加工专用酶制剂的开发利用尚有广阔的发展空间。微生物来源淀粉分支酶的开发与应用已具备一定的理论基础，但仍存在天然菌株产酶效率较低、高纯度酶制取困难、酶稳定性及催化性能不足等诸多瓶颈问题。为了破解酶高效制备和可控催化的难题，国内学者开创了智能精算与区域重构相结合的快捷精准酶基因挖掘改造技术、快速合成与高效转运相协调的发酵产酶技术、定向有序和定量可控的淀粉转化技术等一系列高新技术，已助力淀粉加工业取得显著的成效。未来包括淀粉分支酶在内的淀粉加工专用酶制剂将呈现更加安全高效、精准催化、定向加工、循环利用的发展趋势。

为了满足我国淀粉加工专用酶制剂日益增长的需求，帮助各行各业了解以淀粉分支酶为代表的淀粉酶工程基础知识和产业前沿，特组织国内淀粉酶工程领域的专家学者编写此书，旨在为从事淀粉加工相关酶制剂开发与应用、淀粉精细结构与性质研究、淀粉质资源生物改性、功能性淀粉深加工产品开发等相关工作的科研人员及工程技术人员提供参考，以期推动本领域的理论研究、学科融合、产业应用和创新发展，助力我国高质量淀粉酶制剂产业的创新技术人才培养、国际科研高地建设、高效科技成果转化和综合平台体系构建。

本书围绕淀粉加工专用淀粉分支酶的相关生物技术、内在作用机制、创新应用模式及重要加工制品，结合最新研究成果和产业动态进行探讨和总结，涵盖了淀粉酶工程前沿理论与技术、淀粉生物加工先进制造科技、功能性淀粉糖产品的开发及工业化应用等方面内容。全书共八章。第一章主要概述了淀粉分支酶的基本特性和催化机制；第二章介绍了微生物来源淀粉分支酶基因的异源表达系统及高效表达策略；第三章介绍了以分子生物学为基石的淀粉分支酶分子改造前沿技术；第四章至第七章对基于淀粉分支酶的高支化改性技术及其对淀粉回生性质、流变学特性和消化性产生的影响进行了系统阐述；第八章聚焦机体血糖稳态的调控作用，揭示了淀粉分支酶改性产物的潜在生理效应和健康益处。第一章由班宵逢、李才明编写，第二章由何萌编写，第三章由李益文编写，第四章由蒋自航编写，第五章由张兰编写，第六章由蒋力源编写，第七章由李泽西编写，第八章由尤钰娴、孔昊存编写，全书由李兆丰统稿。

由于淀粉酶工程发展日新月异，编者水平有限，书中难免有疏漏及不妥之处，敬请广大同行及读者批评指正。

编　者

2023 年 3 月

目　　录

第一章　绪论……1

第一节　淀粉分支酶的来源……2

第二节　淀粉分支酶的结构……3

第三节　淀粉分支酶的催化机制……6

第四节　淀粉分支酶的应用……10

参考文献……12

第二章　微生物来源淀粉分支酶基因的异源高效表达……15

第一节　淀粉分支酶的表达现状……16

第二节　淀粉分支酶在大肠杆菌中的表达研究……18

第三节　淀粉分支酶在枯草芽孢杆菌中的表达研究……23

第四节　小结……29

参考文献……29

第三章　微生物来源淀粉分支酶的分子改造……35

第一节　酶分子改造的目的及策略……36

第二节　提高淀粉分支酶催化活性的分子改造……39

第三节　提高淀粉分支酶热稳定性的分子改造……47

参考文献……74

第四章　基于淀粉分支酶的淀粉高支化改性技术……79

第一节　淀粉的生物改性……80

第二节　淀粉高支化改性的原理及优势……83

第三节　高支化改性对淀粉分子结构的影响……86

第四节　淀粉高支化改性的应用……90

参考文献……92

第五章　高支化改性对淀粉回生性质的影响……95

第一节　淀粉的回生过程及其控制方法……96

第二节　高支化改性对淀粉短期回生性质的影响……99

第三节 高支化改性对淀粉长期回生性质的影响 …… 103
第四节 高支化改性对麦芽糊精溶液稳定性的影响 …… 107
参考文献 …… 111

第六章 高支化改性对淀粉流变学特性的影响 …… 115
第一节 流变学特性概述 …… 116
第二节 淀粉的流变学特性及其控制方法 …… 118
第三节 高支化改性对淀粉静态流变学特性的影响 …… 122
第四节 高支化改性对淀粉动态流变学特性的影响 …… 127
参考文献 …… 132

第七章 高支化改性对淀粉消化性能的影响 …… 137
第一节 淀粉的消化性能及其控制方法 …… 138
第二节 高支化改性对淀粉消化性能的影响 …… 145
第三节 高支化改性调控淀粉消化性能的机制 …… 152
参考文献 …… 157

第八章 短簇状麦芽糊精的制备及其对机体血糖稳态的调控作用 …… 165
第一节 淀粉消化与血糖稳态 …… 166
第二节 短簇状麦芽糊精的制备 …… 168
第三节 短簇状麦芽糊精对餐后血糖应答及相关激素水平的影响 …… 169
第四节 短簇状麦芽糊精对血糖稳态的改善作用 …… 174
参考文献 …… 177

第一章
绪　论

淀粉是一类天然的高分子碳水化合物，是植物主要的储能物质，广泛存在于种子、块茎、块根、果实和叶片等多种组织中。淀粉作为生物的能量储存库，主要由 α-D- 吡喃葡萄糖脱去水分子后再由糖苷键连接而成，其分子中的葡聚糖链可分为直链和支链两种结构[1]。两者间的主要差别在于，直链淀粉是一种线性聚合物，基本上只包含 α-1，4 葡萄糖苷键，而支链淀粉是分支聚合物，由 α-1，4 糖苷键（形成主链）和 α-1，6 糖苷键（产生分支点）连接而成。分支点的数量和位置不仅影响葡聚糖链的整体结构，同时也是决定淀粉性质的关键因素。

淀粉分支酶（1，4-α-glucan branching enzyme，GBE，EC 2.4.1.18）是属于糖苷水解酶 13（GH 13）家族或糖苷水解酶 57（GH 57）家族的一类糖基转移酶[2]，也被称为糖原分支酶或 Q- 酶。其中，多数淀粉分支酶是属于 GH 13 家族的糖基转移酶，具有与 α- 淀粉酶（α-1，4-D-glucan glucanohydrolases，E.C 3.2.1.1）、淀粉葡萄糖苷酶（α-1，4-D-glucan glucohydrolases，E.C 3.2.1.3）、α- 葡萄糖苷酶（α-D-glucoside glucohydrolases，E.C 3.2.1.20）、普鲁兰酶（α-dextrin 6-glucoanohydrolases，E.C 3.2.1.41）和环糊精葡萄糖基转移酶（Cyclodextrin glycosyltransferase，E.C 2.4.1.19）相似的催化作用方式[2,3]。

自从淀粉分支酶被发现以来，已有各种淀粉分支酶在不同的真核或原核生物中得到鉴定，包括人类、动物、植物、真菌和细菌。来源不同的淀粉分支酶，其功能也各有不同[3]。例如，植物中通常有多种淀粉分支酶的异构体，可以协同工作[4]。而大多数细菌中只有一种类型的淀粉分支酶，执行所有功能。这些细菌来源的淀粉分支酶易于异源表达与商业化生产，因而被广泛研究。然而，由于对酶的性质或功能研究有限，对淀粉分支酶的应用仍处于发展阶段[2]。

第一节　淀粉分支酶的来源

淀粉分支酶广泛分布于植物、动物、微生物中。植物来源的淀粉分支酶在淀粉改性过程中涉及多种同工酶的协同催化，很难简便地应用于工业化生产；动物来源的淀粉分支酶在发酵生产过程中异源表达相对较复杂[5]。相比于这两种来源的淀粉分支酶，微生物来源的淀粉分支酶具有相对简便的催化方式和异源表达方式。因此，微生物来源的淀粉分支酶在工业化应用中具有巨大的优势[2]。

微生物来源的淀粉分支酶多数属于 GH 13 家族下的第 8 亚族（GH 13_8）和第 9 亚家族（GH 13_9）。属于 GH 13_8 的淀粉分支酶与属于 GH 13_9 的淀粉分支酶在功能上相似，但在结构上略有不同[6]。属于 GH 13_9 的淀粉分支酶在 *N* 端外存在碳水化合物结合模块 48（Carbohydrate-binding module 48，CBM 48），而属于 GH 13_8 的淀粉分支酶在 *N* 端远处则缺失这种结构。近年来，还发现了属于 GH 57 家族的淀粉分支酶，其具有与属于 GH 13 家族的淀粉分支酶相似的结构和功能[7,8]。GH 57 家族最早于 1996 年建立，是被确定的第二个含有 α-淀粉酶的家族，其由部分 α-淀粉酶和一些具有其他功能的水解酶组成。目前有柯达热球菌（*Thermococcus kodakaraensis*）、嗜热古细菌（*Pyrococcus furiosus*）、嗜热栖热菌（*Thermus thermophilus*）等几种不同来源的淀粉分支酶被划分至 GH 57 家族中。

不同微生物来源的淀粉分支酶在生物域中具有明显的分布差异。大多数属于 GH 13_8 的淀粉分支酶来自真核生物域，有 488 种属于 GH 13_8 的淀粉分支酶来自真核生物域，而只有 103 种属于 GH 13_8 的淀粉分支酶来自细菌域；有超过 10% 属于 GH 13_9 的淀粉分支酶来自细菌域，只有 3 种属于 GH 13_9 的淀粉分支酶来自古菌域和真核生物域；属于 GH 57 家族的淀粉分支酶多数来自细菌域，有 410 种属于 GH 57 家族的淀粉分支酶来自细菌域，只有 21 种属于 GH 57 家族的淀粉分支酶来自古菌域[3]。

第二节 淀粉分支酶的结构

多数淀粉分支酶是 GH 13 家族的成员。典型的 GH 13 家族成员拥有 A、B 和 C 三个结构域[2]。其中，A 域大多为由 β-折叠和 α-螺旋交替存在形成的（β/α）结构域组成的桶状结构，可能与酶的催化活性密切相关；B 域主要为由 β-三明治（β-sandwich）结构组成的一个氨基末端，可能与其转移链段的长度有关；C 域主要为由 β-三明治结构组成的一个羧基末端，可能与底物的结合及催化反应相关。Abad 等解析了来源于大肠杆菌（*Escherichia coli*）的淀粉分支酶的结构，发现其具有与 GH 13 家族其他成员相似的结构。在来源于大肠杆菌的淀粉分支酶中，三个结构域通过两个环状结构（Loop）连接[9]（图 1-1）。

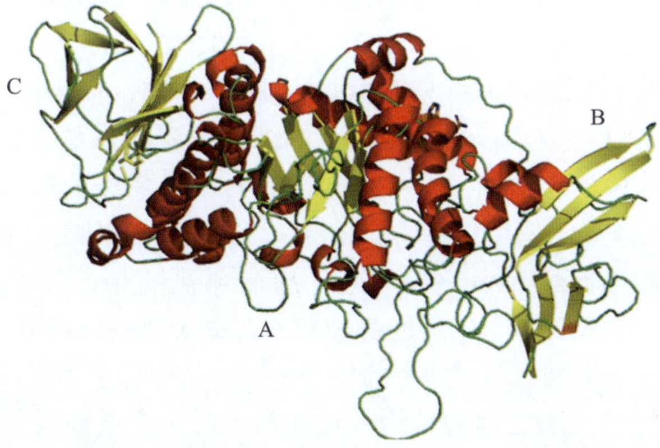

图 1-1 来源于大肠杆菌的淀粉分支酶结构图

淀粉分支酶还具有一些不同于 GH 13 家族其他 α- 淀粉酶的特殊结构，可能与其催化特性相关。例如，相比于 GH 13 家族其他 α- 淀粉酶，来源于大肠杆菌的淀粉分支酶的各个连接域之间环状结构相对较短。其中一个环状结构包含 18 个氨基酸残基（223 ~ 240 位残基），连接 B 域与 A 域的（β/α）桶状结构；另一个环状结构包含 13 个氨基酸残基（613 ~ 625 位残基），连接 A 域与 C 域，这种结构可能更利于淀粉分支酶与长链底物的结合。此外，淀粉分支酶的（β/α）桶状结构缺失了 H5a（位于 β5 和 β6 之间的 α- 螺旋），这种不完整的（β/α）桶状结构也存在于异淀粉酶中。淀粉分支酶和异淀粉酶的（β/α）桶状结构拥有额外的 H1a、H3a、H6a、H7a、H7b 和 H8a 等螺旋结构。此外，淀粉分支酶的羧基末端结构与 GH 13 家族大部分 α- 淀粉酶的羧基末端结构相似，而其氨基末端结构仅与异淀粉酶相似[10]。

大多数属于 GH 13 家族的淀粉分支酶存在一种特殊的结构单元，即 CBM 48，包含部分结构域 A 和部分结构域 C 在内的约 100 多个氨基酸残基[11]。CBM 48 结构为淀粉分支酶中的糖原结合结构单元，该种结构也存在于 GH 13 家族其他成员之中，例如，普鲁兰酶（GH 13_12、GH 13_13、GH 13_14）和异淀粉酶（GH 13_11）。

属于 GH 57 家族的淀粉分支酶与属于 GH 13 家族的淀粉分支酶整体结构相似，其结构通常由三部分构成：以 7 组 β- 折叠和 α- 螺旋交替存在的 $(\beta/\alpha)_7$ 桶状结构为主的 A 域，从 A 域的 β2 与 α5 之间延伸而出的呈 α- 螺旋结构的 B 域，以及位于 A 域之后的另一个 α- 螺旋结构域 C 域[12,13]。通过序列比对发现，属于 GH 57 家族的淀粉分支酶在 A 域和 C 域高度保守。为深入研究上述保守域，Murakami 等在来源于柯达热球菌的淀粉分支酶中挖掘出了 6 段保守基序，分别为 A、B、C、D、E 和 F。GH 57 家族中的淀粉分支酶与该家族其他成员在序列上有着较高的相似性，它们之间的主要差异在于是否具有保守基序 D。此外，来源于柯达热球菌和嗜热栖热菌的淀粉分支酶在 β7 和 β9 之间有一段额外的环状结构。与属于 GH 57 家族的其他 α- 淀粉酶的结构比对发现，来源于柯达热球菌的淀粉分支酶活性中心由催化残基（Glu183 和 Asp354）、极化残基（His10）、芳香族残基（Trp28、Trp270、Trp407 和 Trp416）及 Tyr233 组成，即参与底物识别的氨基酸残基数量远多于 GH 57 家族中的其他成员[8]。

表 1–1 所示是已经成功解析出蛋白晶体结构的淀粉分支酶汇总。对表中各酮体结构进行比较可以看出，属于 GH 57 家族和 GH 13 家族的淀粉分支酶在三、四级结构上存在较大差异。值得注意的是，由一段环状结构构成的催化凹槽入口结构是 GH 57 家族淀粉分支酶所特有的，它包括了能够影响分支活性的 220 ~ 245 位残基。这段环状结构中包含 1 个保守的 Tyr233，有助于酶的转糖基反应。具体来说，Tyr233 通过自身羟基与底物形成稳定的相互作用，从而稳定了反应的中间产物。

全面了解淀粉分支酶之间的结构 – 功能关系对于改造淀粉分支酶以获得优异的性能、扩大淀粉分支酶的工业应用并使其适应各种行业具有关键意义[8,14]。

表 1–1 **已经解析的淀粉分支酶结构**

来源	PDB 登录号①	突变体或配体	晶体衍射分辨率 /（nm）
蓝杆藻（*Cyanothece* sp.）	5GQU	—②	0.185
	5GQV	麦芽六糖	0.300
	5GQW	W610N	0.180
	5GQX	W610N/ 麦芽七糖	0.230
	5GQY	麦芽七糖	0.200
	5GQZ	Y500A	0.185
	5GR0	D501A	0.195
	5GR1	Y500A/D501A	0.250
	5GR2	L541A	0.195
	5GR3	L541A/W655A	0.260
	5GR4	L541A/ 麦芽七糖	0.200
	5GR5	W610A	0.240
	5GR6	Y500A/D501A	0.200
大肠杆菌（*Escherichia coli*）	1M7X	—	0.230
	4LPC	麦芽七糖	0.239
	4LQ1	麦芽六糖	0.255
	5E6Y	α – 环糊精	0.260
	5E6Z	β – 环糊精	0.188
	5E7O	γ – 环糊精	0.233
智人（*Homo sapiens*）	4BZY	—	0.275
	5CLT	阿卡波糖	0.279
	5CLW	麦芽七糖	0.280

续表

来源	PDB 登录号①	突变体或配体	晶体衍射分辨率 /（nm）
粳稻（*Oryza sativa* L. subsp. *japonica* Kato）	3AMK	—	0.190
	3AML	—	0.170
	3VU2	麦芽七糖	0.223
结核分枝杆菌（*Mycobacterium tuberculosis*）	3K1D	—	0.233
柯达热球菌	3N8T	—	0.240
	3N92	葡萄糖	0.289
	3N98	葡萄糖	0.187
嗜热栖热菌	1UFA	—	0.200
	3P0B	—	0.135
超嗜热古菌（*Pyrococcus horikoshii*）	5WU7	—	0.231
美洲红景天菌（*Rhodothermus obamensis*）	6JOY	—	0.239

注：① PDB 为蛋白质结构数据库，根据登录号可以检索对应的蛋白质结构。
② “—”代表该晶体为野生型，即没有突变也不是与配体结合的晶体。

第三节 淀粉分支酶的催化机制

一、淀粉分支酶的活性

属于 GH 13 家族的淀粉分支酶具有与该家族中其他糖基转移酶相似的转糖基模式，其转糖基作用均采用双取代机制（图 1-2），这一过程涉及两步反应。第一步，糖苷键上的氧原子被酸催化剂催化，形成能量不稳定的氧 - 碳过渡态；第二步，在酸催化剂的协助下，水分子或低聚糖的非还原末端 C4—OH 攻击过渡态中间产物[2,8]。

在上述转糖基作用下，淀粉分支酶具有 α-1，6 分支活性、α-1，4 水解活性、环化活性、α-1，4 转糖基活性等（图 1-3）。其中，α-1，6 分支活性为淀粉分支酶的主要活性，这也是淀粉分支酶具有增加淀粉分支度（淀粉分子中 α-1，6

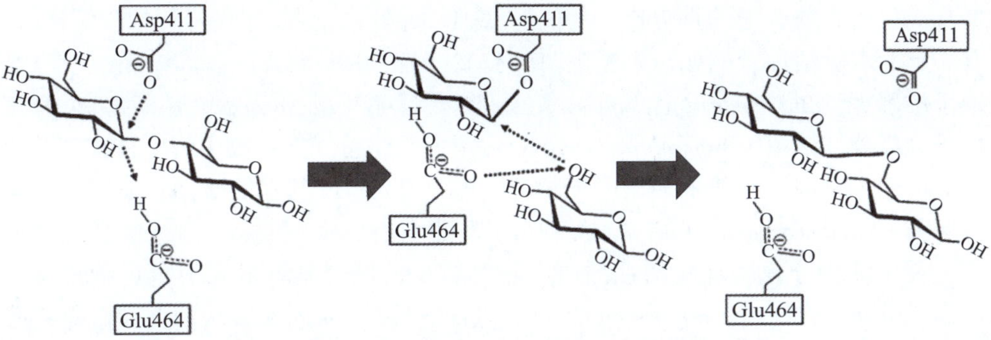

图 1-2 淀粉分支酶的双取代作用机制

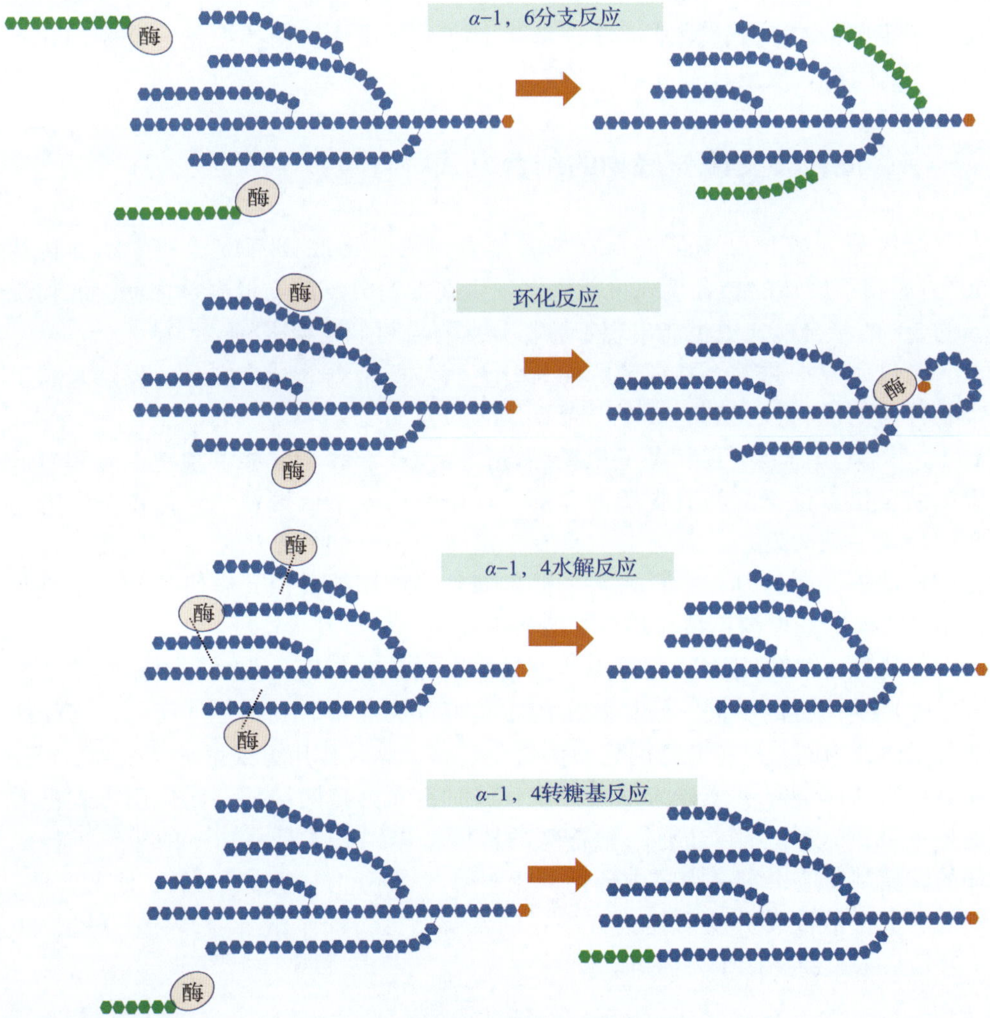

图 1-3 淀粉分支酶的四种作用方式

糖苷键占所有糖苷键的百分比）功能的基础。另外，大多数淀粉分支酶也同时具有一定的水解活性。例如，来源于菌球形节杆菌（*Arthrobacter globiformis*）、溶纤维丁酸弧菌（*Butyrivibrio fibrisolvens*）、地热奇球菌（*Deinococcus geothermalis*）和格氏厌氧分枝杆菌（*Anaerobranca gottschalkii*）的淀粉分支酶被探测出具有极低的水解活性，来源于嗜热栖热菌的淀粉分支酶具有约4%的水解活性，来源于变异链球菌（*Streptococcus mutans*）的淀粉分支酶也具有一定的 α-1，4 水解活性。目前，关于淀粉分支酶环化活性的研究相对较少，报道显示来源于嗜热脂肪芽孢杆菌（*Geobacillus stearothermophilus*）、风产液菌（*Aquifex aeolicus*）和蜡样芽孢杆菌（*Bacillus cereus*）的淀粉分支酶具有轻微的环化活性。此外，淀粉分支酶还具有其他多种活性，如 α-1，4 转糖基活性和 α-1，4 歧化活性。例如，来源于海洋红嗜热盐菌（*Rhodothermus marinus*）和美洲红景天菌的淀粉分支酶就表现出一定的 α-1，4 转糖基活性，来源于海洋红嗜热盐菌的淀粉分支酶则在不同底物之间都表现出具有 α-1，4 歧化活性[3]。

二、淀粉分支酶与底物的结合方式

淀粉分支酶与底物可能存在两种结合方式，即底物不旋转和底物旋转约50°。底物不旋转的结合模式可能大多发生在淀粉分支酶与低聚糖之间；底物旋转约50°的结合模式更可能出现于淀粉分支酶与阿卡波糖之间[10,15]。

通过研究来源于大肠杆菌的淀粉分支酶与低聚糖的结合方式，发现来源于大肠杆菌的淀粉分支酶有6个低聚糖结合位点（分别为Ⅰ、Ⅱ、Ⅲ、Ⅳ、Ⅴ和Ⅵ），其中，Ⅰ、Ⅱ、Ⅳ和Ⅴ低聚糖结合位点位于淀粉分支酶的顶部，Ⅲ和Ⅵ低聚糖结合位点位于淀粉分支酶的底部。在研究这6个低聚糖结合位点与底物的空间位置关系时发现，其需要与具有一定链段长度的低聚糖结合，即在淀粉分支酶作用于淀粉的过程中存在一个低聚糖最小作用链段值，链段长度小于最小作用链段值的低聚糖不被淀粉分支酶所识别和转移[16]。

淀粉分支酶作用方式可分为转糖基作用和水解作用。其中，根据转糖基反应过程中受体链的不同，转糖基作用方式可分为三种。如图1-4所示，当受体链与供体链为同一条糖苷链时定义为链内转移，该种作用方式增加了 α-1，6 分支点；当受体链与供体链为不同的糖苷链时定义为链间转移，此作用方式也增加了 α-1，6 分支点；还有一种特殊的转糖基作用方式是将切下的短链进行成环的转糖基反应，定义为链内环化，此作用方式不额外增加 α-1，6 分支点[9]。此外，大多数淀粉分支酶还具有一定的水解活性，即水解 α-1，4 糖苷键，切下片段后未重新连接于受体链。

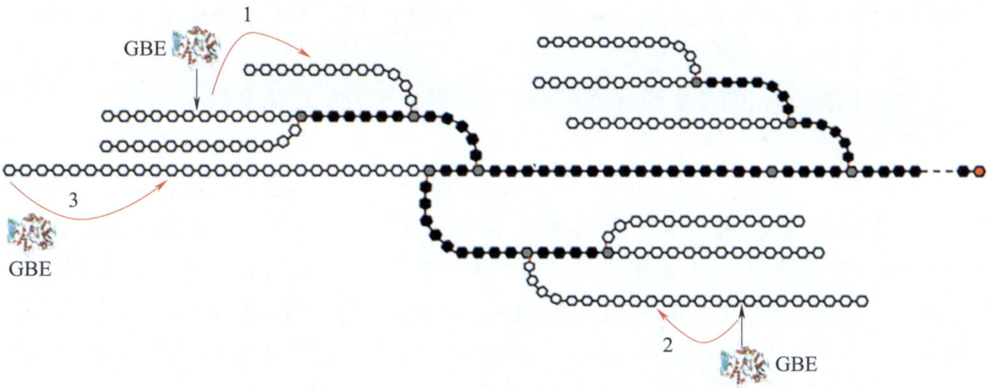

图 1-4 淀粉分支酶的转糖基作用方式
1—链间转移 2—链内转移 3—链内环化

三、淀粉分支酶的催化机制

目前，对于植物来源的淀粉分支酶的催化反应机制研究得相对清晰和透彻。一种植物来源的淀粉分支酶通常具有多种同工酶，各种同工酶的催化反应机制不同。例如，来源于大米胚乳的淀粉分支酶有三种同工酶 BE Ⅰ、BE Ⅱa 和 BE Ⅱb，这三种同工酶对淀粉链有不同的催化作用方式[17]。从所转移链的长度来看，BE Ⅰ主要转移聚合度（Degree of polymerization，DP）为 6 ~ 15 或是长度更长的低聚糖，BE Ⅱa 主要转移 DP 为 6 ~ 15 的低聚糖，BE Ⅱb 主要转移 DP 为 6 或 7 的低聚糖。三种同工酶对于供体链长度也有明显的倾向性。研究发现 BE Ⅰ主要接受 DP 大于 12 的低聚糖，BE Ⅱa 主要接受 DP 为 12 ~ 30 或是长度更长的低聚糖，BE Ⅱb 主要接受 DP 为 12 ~ 22 或是长度更长的低聚糖。另外，三种同工酶 BE Ⅰ、BE Ⅱa 和 BE Ⅱb 也对淀粉分子内链呈现出不同的催化活性。BE Ⅰ对内链表现出很强的催化活性，BE Ⅱa 对内链表现出较弱的催化活性，而 BE Ⅱb 对内链则完全没有催化活性[3]。

微生物来源的淀粉分支酶对于不同链长的低聚糖也表现出不同的作用倾向。来源于创伤弧菌（*Vibrio vulnificus*）的淀粉分支酶更倾向于转移 DP 为 3 ~ 5 的短链；来源于美洲红景天菌的淀粉分支酶更倾向于转移 DP 为 3 ~ 8 的低聚糖；来源于地热奇球菌和耐辐射奇球菌（*Deinococcus radiodurans*）的淀粉分支酶主要转移 DP 为 4 ~ 17 的低聚糖，其中以 DP 为 6 ~ 7 的低聚糖居多；来源于溶纤维丁酸弧菌的淀粉分支酶转移 DP 为 5 ~ 10 的低聚糖，其中以 DP 为 7 的低聚糖最多；来源于格氏厌氧分枝杆菌的淀粉分支酶可以转移 DP 为 6 ~ 60 的低聚糖；来源于嗜热栖热菌的淀粉分支酶对于转移 DP 为 4 ~ 16 的低聚糖有明显喜好。

已经解析的淀粉分支酶与底物的空间位置关系显示，淀粉分支酶可能存在两种不同的催化反应机制，分别为低聚糖与酶分子活性中心不结合和低聚糖与酶分子活性中心结合两种方式。

来源于大肠杆菌的淀粉分支酶与底物的结合方式为低聚糖与酶分子活性中心不结合，淀粉分支酶的转糖基反应需要相应氨基酸残基将糖苷链经过一系列的传递、加工，最终形成 α-1，6 分支点或环状产物。这个过程类似于环糊精葡萄糖基转移酶（CGTase）对低聚糖的环化作用：Asp405（来源于大肠杆菌的 CGTase 的 405 位天冬氨酸）和 Glu458 分别为亲核氨基酸和亲电氨基酸，在 Asp405 的协助下，糖苷键断裂并形成共价中间产物，在 Glu458 的驱使下与受体链连接。来源于蓝杆藻（*Crocosphaera subtropica*）ATCC 51142 的淀粉分支酶与底物的结合方式为低聚糖与酶分子活性中心结合，这一过程中“糖基化作用”和“去糖基化作用”均发生在底物结合位点，并形成酶–低聚糖中间体，随后新的碳水化合物链与酶分子结合并发生双取代反应，使先前被切下的低聚糖连接于碳水化合物链的某一 C6 羟基上，形成新的 α-1，6 分支点[18]。

淀粉分支酶的催化活性还和底物的种类有关。来源于菌球形节杆菌、溶纤维丁酸弧菌和变异链球菌的淀粉分支酶对直链淀粉和支链淀粉均表现出较强的活性。而一些淀粉分支酶只在以直链淀粉为底物时才表现出较高的活性，例如，来源于地热奇球菌的淀粉分支酶以直链淀粉为底物时才表现出较高的活性；来源于美洲红景天菌的淀粉分支酶以直链淀粉为底物时表现出来的活性是以支链淀粉为底物时表现出的活性的 6 倍；来源于创伤弧菌的淀粉分支酶以直链淀粉为底物时所表现出的活性是以支链淀粉为底物时所表现出的活性的 10 倍[2]。

第四节　淀粉分支酶的应用

淀粉是自然界中重要的贮藏多糖，其主要以直链淀粉和支链淀粉两种形式存在。直链淀粉是主要由 α-D- 葡萄糖通过 1，4 糖苷键连接而成的线性长链分子，通常也含有少量由 α-1，6 糖苷键组成的糖苷链。相比于直链淀粉，支链淀粉含有更多的 α-1，6 糖苷键，且分支点位置、分支度等呈现多样性[19]。淀粉具有低溶解度且易回生等特点，这些特点一定程度上制约了淀粉的工业化应用。因此，为提高淀粉的工业应用性能，通过物理、化学或生物酶法对其使用性能进行改造就显得尤为重要。目前，经物理或化学改性方法得到的变性淀粉已在工业上获得了良好的应用价值。但物理或化学改性方法会导致多种副产物和环境问题，不利于淀粉工业的可持续发展。相比于传统改性方法，应用生物酶法对淀粉进行改性具有底物选择性高、产物特异性强、反应条件温和等优势[20]。淀粉分支酶是生物酶法改性淀粉领域中重要的淀粉酶类，对于淀粉分支酶对淀粉的改性和应用研究尚处于起步阶段，但已展现出巨大的市场潜力[21]。

一、淀粉分支酶在食品工业中的应用

经过淀粉分支酶改性的淀粉可较为广泛地应用于食品工业中[19,21,22]。改性淀粉相比于原淀粉的主要优势如下。① 稳定性增强：例如，Maarel 等研究发现，经过淀粉分支酶改性后，改性淀粉的稳定性相比于原淀粉显著增强[23]。② 抗回生性提高：淀粉经过淀粉分支酶作用 10h 后，淀粉分子中的 α-1，6 糖苷键含量相比原淀粉增加约 64%，其抗回生性明显增强，可获得具有良好应用价值的抗回生改性淀粉[24]，将该种改性淀粉应用于焙烤食品中，产品货架期明显延长。③ 抗消化性和慢消化性提高：淀粉经过淀粉分支酶改性后，产物中抗性淀粉和慢消化淀粉含量相比于改性前有明显提升，其慢消化性淀粉含量在淀粉分支酶作用淀粉 4h 后达到峰值，相应地，淀粉中 α-1，6 糖苷键含量从 4.7% 增加到 9.4%[25,26]。④ 淀粉流变学特性改善：研究发现，利用淀粉分支酶对木薯淀粉进行改性处理，可以显著改善淀粉糊的触变性和剪切抵抗力，并使淀粉凝胶的三维网状结构更加稳定[27]。

二、淀粉分支酶在医药工业中的应用

Takata 等研究发现，大多数淀粉分支酶作用于支链淀粉的内链，宏观上增加了淀粉的分支度，可以用于生产分子质量分布较窄的糊精（淀粉分解的小分子中间物质）和高支化糊精。例如，利用来源于糯米胚乳的淀粉分支酶作用于淀粉可以制备出高支化糊精，其终产物中约有 75% 的糊精 DP 小于 10。高支化糊精具有特殊的理化性质、生理功能及更高的安全性，在医药工业中有着巨大的应用潜力。例如，羟乙基化支链淀粉作为常用的血浆容量扩充剂，在人体内会导致不完全代谢和一系列短时组织残留，而高支化糊精作为不引入任何化学基团的“干净”替代品，可以有效解决羟乙基化支链淀粉体内残留等一系列问题。此外，淀粉分支酶作用淀粉还可以生产在医药工业中广泛使用的糖原。

三、淀粉分支酶与其他淀粉酶的协同使用

淀粉分支酶还可以与其他淀粉酶协同使用，混合酶对淀粉的改性效果强于单一淀粉酶。例如，淀粉分支酶和异淀粉酶协同作用于淀粉后，所得产物中还原糖含量显著高于单一酶对淀粉改性后产物中还原糖含量。淀粉分支酶和 β-淀粉酶的协同使用可以显著增加产物中 β-极限糊精的含量。Martínez 等研究发现，协同使用淀粉分支酶和麦芽糖淀粉酶（BMA）作用于淀粉，可以获得具有更强抗消化性能的改性产物。另外，将淀粉分支酶与 β-淀粉酶协同作用于淀粉，其抗性淀粉含量从 20.2% 增加到 336.5%[28]。

参考文献

[1] Kuang N, Zheng H, Tang Q Y, et al. Amylose content, morphology, crystal structure, and thermal properties of starch grains in main and ratoon rice crops [J]. Phyton-International Journal of Experimental Botany, 2021, 90 (4): 1119-1130.

[2] Ban X, Dhoble A S, Li C, et al. Bacterial 1, 4-α-glucan branching enzymes: Characteristics, preparation and commercial applications [J]. Critical Reviews in Biotechnology, 2020, 40 (3): 380-396.

[3] Suzuki E, Suzuki R. Distribution of glucan-branching enzymes among prokaryotes [J]. Cellular and Molecular Life Sciences, 2016, 73 (14): 2643-2660.

[4] Tetlow I J, Emes M J. A Review of starch-branching enzymes and their role in amylopectin biosynthesis [J]. Iubmb Life, 2014, 66 (8): 546-558.

[5] Suzuki R, Suzuki E. Structure and function of branching enzymes in eukaryotes [J]. Trends in Glycoscience and Glycotechnology, 2020, 32 (185): E21-E30.

[6] Suzuki R, Koide K, Hayashi M, et al. Functional characterization of three (GH13) branching enzymes involved in cyanobacterial starch biosynthesis from *Cyanobacterium* sp. NBRC 102756 [J]. Biochimica et Biophysica Acta-Proteins and Proteomics, 2015, 1854 (5): 476-484.

[7] Palomo M, Pijning T, Booiman T, et al. *Thermus thermophilus* glycoside hydrolase family 57 branching enzyme: Crystal structure, mechanism of action, and products formed [J]. Journal of Biological Chemistry, 2011, 286 (5): 3520-3530.

[8] Zhang X, Leemhuis H, Van Der Maarel M J E C. Characterization of the GH13 and GH57 glycogen branching enzymes from *Petrotoga mobilis* SJ95 and potential role in glycogen biosynthesis [J]. PLoS One, 2019, 14 (7): e0219844.

[9] Feng L, Fawaz R, Hovde S, et al. Crystal structures of *Escherichia coli* branching enzyme in complex with cyclodextrins [J]. Acta Crystallogr D, 2016, 72: 641-647.

[10] Pal K, Kumar S, Sharma S, et al. Crystal structure of full-length *Mycobacterium tuberculosis* H37Rv glycogen branching enzyme: Insights of *N*-terminal β-sandwich in substrate specificity and enzymatic activity [J]. Journal of Biological Chemistry, 2010, 285 (27): 20897-20903.

[11] Jiang H, Xie X, Ban X, et al. Flexible loop in carbohydrate-binding module 48 allosterically modulates substrate binding of the 1, 4-α-glucan branching enzyme [J]. Journal of Agricultural and Food Chemistry, 2021, 69 (20):

5755-5763.

[12] Shinohara M L, Ihara M, Abo M, et al. A novel thermostable branching enzyme from an extremely thermophilic bacterial species, *Rhodothermus obamensis* [J] . Applied Microbiology and Biotechnology, 2001, 57 (5-6) : 653-659.

[13] Murakami T, Kanai T, Takata H, et al. A novel branching enzyme of the GH-57 family in the hyperthermophilic archaeon *Thermococcus kodakaraensis* KOD1 [J] . Journal of Bacteriology, 2006, 188 (16) : 5915-5924.

[14] Ban X, Liu Y, Zhang Y, et al. Thermostabilization of a thermophilic 1, 4-α-glucan branching enzyme through *C*-terminal truncation [J] . International Journal of Biological Macromolecules, 2018, 107: 1510-1518.

[15] Palomo M, Kralj S, Van Der Maarel M J E C, et al. The unique branching patterns of deinococcus glycogen branching enzymes are determined by their *N*-terminal domains [J] . Applied and Environmental Microbiology, 2009, 75 (5): 1355-1362.

[16] Hayashi M, Suzuki R, Colleoni C, et al. Bound substrate in the structure of cyanobacterial branching enzyme supports a new mechanistic model [J] . Journal of Biological Chemistry, 2017, 292 (13) : 5465-5475.

[17] Chaen K, Noguchi J, Omori T, et al. Crystal structure of the rice branching enzyme Ⅰ (BEI) in complex with maltopentaose [J] . Biochemical and Biophysical Research Communications, 2012, 424 (3) : 508-511.

[18] El Mannai Y, Deto R, Kuroki M, et al. Cyanobacterial branching enzymes bind to *α*-glucan via surface binding sites [J] . Archives of Biochemistry and Biophysics, 2021, 702: 108821.

[19] Gavgani H N, Fawaz R, Ehyaei N, et al. A structural explanation for the mechanism and specificity of plant branching enzymes Ⅰ and Ⅱ b [J]. Journal of Biological Chemistry, 2022, 298 (1) : 101395.

[20] Guo L, Li J, Gui Y, et al. Improving waxy rice starch functionality through branching enzyme and glucoamylase: Role of amylose as a viable substrate [J] . Carbohydrate Polymers, 2020, 230: 115712.

[21] Kong H, Yu L, Gu Z, et al. An Innovative short-clustered maltodextrin as starch substitute for ameliorating postprandial glucose homeostasis [J] . Journal of Agricultural and Food Chemistry, 2021, 69 (1) : 354-367.

[22] Zhang X, Leemhuis H, Van Der Maarel M J E C. Synthesis of highly branched α-glucans with different structures using GH 13 and GH 57 glycogen branching enzymes [J] . Carbohydrate Polymers, 2019, 216: 231-237.

[23] Jensen S L, Zhu F, Vamadevan V, et al. Structural and physical properties

of granule stabilized starch obtained by branching enzyme treatment [J] . Carbohydrate Polymers, 2013, 98 (2): 1490–1496.

[24] Li W, Li C, Gu Z, et al. Retrogradation behavior of corn starch treated with 1, 4– α –glucan branching enzyme [J] . Food Chemistry, 2016, 203: 308–13.

[25] Ren J, Li Y, Li C, et al. Pasting and thermal properties of waxy corn starch modified by 1, 4– α –glucan branching enzyme [J] . International Journal of Biological Macromolecules, 2017, 97: 679–687.

[26] 孔昊存 . 淀粉分子糖苷键重构及其产物对小鼠糖脂代谢的调控作用 [D] . 无锡: 江南大学, 2021.

[27] Li Y, Li C, Gu Z, et al. Effect of modification with 1, 4– α –glucan branching enzyme on the rheological properties of cassava starch [J] . International Journal of Biological Macromolecules, 2017, 103: 630–639.

[28] Martinez M M, Pico J, Gomez M. Synergistic maltogenic α –amylase and branching treatment to produce enzyme–resistant molecular and supramolecular structures in extruded maize matrices [J] . Food Hydrocolloids, 2016, 58: 347–355.

第二章

微生物来源淀粉分支酶基因的异源高效表达

淀粉分支酶因其独特的转糖基活性而成为生物酶法改性淀粉领域的重要酶类之一，在食品、医药工业中具有非常广阔的前景。其中，微生物来源的淀粉分支酶因具有底物专一性高、酶学性质稳定等优势，近年来受到广泛关注。然而，由于野生菌株产淀粉分支酶能力较低，且均为胞内酶，分离纯化较为困难，生产成本高，在一定程度上限制了其应用。因此，有必要通过在构建基因工程菌的同时有针对性地挖掘表达策略的方式来实现淀粉分支酶基因的异源高效表达，以更好地推动淀粉分支酶的工业化应用进程。

第一节　淀粉分支酶的表达现状

生产淀粉分支酶一般通过分离纯化野生菌株产物、化学合成和基因工程技术等途径。但前两种途径均有一定劣势：① 野生菌株表达淀粉分支酶能力较弱，需要对产酶条件进行优化，才能达到较高的产酶水平；② 化学合成及下游纯化工艺复杂，副产物多，且研发和生产成本高。相比之下，通过基因工程技术途径获得淀粉分支酶更简便，成本更低，效果更好。目前多种微生物来源的淀粉分支酶已在大肠杆菌、枯草芽孢杆菌等原核生物表达系统中成功实现了重组表达，如表 2-1 所示。

表 2-1　不同微生物来源淀粉分支酶的产量、比活及最适反应温度

来源菌	异源表达系统	产量 /（mg/L）	比活	最适反应温度 /℃
地热奇球菌[1]	大肠杆菌	30.00	621.30U/mg	34
耐辐射奇球菌[1]	大肠杆菌	30.00	404.20U/mg	34
米氏假根毛霉菌（*Rhizomucor miehei*）[2]	大肠杆菌	—	10.70U/mg	25
结核分枝杆菌 H37Rv[3]	大肠杆菌	90.00	81.66U/mg	30
嗜热脂肪芽孢杆菌[4]	枯草芽孢杆菌（*Bacillus subtilis*）	—	1mU/mL	53
聚球藻 PCC7942[5]	枯草芽孢杆菌	—	3.1U/mL	35
嗜热栖热菌 HB8[6]	大肠杆菌	7.00	0.29U/mg	65
粉色面包霉菌（*Neurospora crassa*）[7]	大肠杆菌	—	702.00U/mg	27
菊果胶杆菌（*Pectobacterium chrysanthemi*）PY35[8]	大肠杆菌	—	—	30
大肠杆菌[9]	大肠杆菌	—	84.00U/mg	30

续表

来源菌	异源表达系统	产量/（mg/L）	比活	最适反应温度/℃
创伤弧菌[10]	大肠杆菌	—	—	30
变异链球菌[11]	大肠杆菌	—	—	37
美洲红景天菌[12]	枯草芽孢杆菌	—	102.00U/mg	30
热葡糖苷酶地芽孢杆菌 STB02[13]	大肠杆菌	—	299.00U/mg	50
美洲红景天菌 STB05[14]	大肠杆菌	—	6651.00U/mg	65
嗜热脂肪芽孢杆菌 TC-91[15]	大肠杆菌	233.83	36.00U/mg	50
弯曲高温单孢菌（*Thermomonospora curvata*）[16]	大肠杆菌	—	90.28U/mg	55
马哈迪亚地芽孢杆菌（*Geobacillus mahadia*）Geo-05[17]	大肠杆菌	24.30	270.00U/mg	55
柯达热球菌 KOD1[18]	大肠杆菌	—	—	70
风产液菌[19]	大肠杆菌	—	4.90U/mg	80

注："—"：未见报道。

Palomo 等将来源于地热奇球菌及耐辐射奇球菌的 *gbe* 基因与质粒 pET-15b 进行连接，并在大肠杆菌宿主细胞中进行表达，所得淀粉分支酶的产量为 30mg/L，且最适反应温度均为 34℃，以直链淀粉为底物时，比活分别为 621.3，404.2U/mg[1]；将米氏假根毛霉菌中编码淀粉分支酶的 *gbe* 基因连接至载体质粒 pET-28a（+），在大肠杆菌 BL21（DE3）中进行表达，表达得到淀粉分支酶后对其性质进行表征，发现该酶最适反应温度为 25℃，且具有较强的冷适应性，在 10～30℃条件下比活较高[2]；Garg 等将来源于结核分枝杆菌 H37Rv 的 *gbe* 基因插入质粒 pET-29a 中，在大肠杆菌 BL21（DE3）中进行表达，所得淀粉分支酶产量为 90mg/L，最适反应温度为 30℃，以直链淀粉为底物时其比活较高，为 81.66U/mg[3]。此外，也有少量关于淀粉分支酶在枯草芽孢杆菌中进行表达的研究，Kiel 等实现了来源于嗜热脂肪芽孢杆菌的淀粉分支酶在枯草芽孢杆菌中的表达，其最适反应温度为 53℃，比活仅为 1mU/mL[4]；将来源于聚球藻 PCC7942 的 *gbe* 基因与地衣芽孢杆菌 (*Bacillus licheniformis*) 的 *penP* 基因进行融合，可指导淀粉分支酶在枯草芽孢杆菌中的表达，其最适反应温度为 35℃，比活最高为 3.1U/mL[5]。

此外，在国外还成功实现了部分用于工业淀粉加工的淀粉分支酶及其改性产物的商业化应用。例如，诺维信公司成功开发了一种淀粉分支酶 Branchzyme®，并已实现商业化生产；来自嗜热脂肪芽胞杆菌的淀粉分支酶经枯草芽孢杆菌异源表达实现了规模化生产[20]，可在食品中应用[21]，其作用的产物——高度支化环状糊精（Highly branched cyclic dextrin）也已经上市[22]。但目前国内囿于技术限制，仍未出现商业化淀粉分支酶产品，采取各种有效手段，打破技术壁垒是淀粉分支酶高效表达研究的关键。

为了提高目的基因的表达，通常采用以下几种技术手段：① 在基因水平上，通过提高外源基因的转录水平，即筛选高效启动子及优化核糖体结合位点来提高表达水平；此外，表达载体在细胞中的拷贝数和稳定性对外源基因的表达也有明显影响。② 在蛋白质水平上，分析掌握外源基因在表达系统中的遗传稳定性及不同生物来源的基因在表达系统中表达后加工和修饰的情况。基于淀粉加工用酶基因家族（如 α-淀粉酶、普鲁兰酶、环糊精葡萄糖基转移酶、海藻糖合成酶等）异源表达的成功经验对淀粉分支酶的异源表达进行优化是目前国内的研究重点，并已总结得到了淀粉分支酶在微生物中异源高效表达的一系列创新策略。

第二节　淀粉分支酶在大肠杆菌中的表达研究

研究者已经利用大肠杆菌为宿主表达了大量不同微生物来源的淀粉分支酶，如热葡糖苷酶地芽孢杆菌（*Geobacillus thermoglucosidans*）[23]、马哈迪亚地芽孢杆菌[24]等。大肠杆菌表达系统遗传背景清晰、操作手段成熟、繁殖周期短、生产费用低、产量高，应用范围十分广泛。但大肠杆菌表达系统也存在一定的缺陷，即绝大多数微生物来源的淀粉分支酶都是胞内酶，大肠杆菌无法进行蛋白质转录后的修饰，同时大肠杆菌胞质内还原性环境不利于正确的次级键的形成，部分重组蛋白易形成不溶于水的包涵体。因此，可综合采用多种策略以实现淀粉分支酶在大肠杆菌中的过量表达。

一、表达宿主的选择

表达宿主显著影响着外源基因表达产物的表达量及表达活性。以蛋白酶缺陷型的大肠杆菌作为宿主，能有效解决外源蛋白在宿主细胞中表达时易被宿主来源蛋白酶降解的问题，促使外源可溶蛋白和分泌表达的蛋白质积累量提高。其中，最经典的蛋白酶缺陷型菌株就是大肠杆菌 BL21 系列菌株，为 T7 表达系统而设计的大肠杆菌 BL21（DE3）是其中研究最为成熟的表达宿主[25]。

鲍春辉等将来源于热葡糖苷酶地芽孢杆菌 STB02 的淀粉分支酶（Gt-GBE）基因插入质粒 pET-20b（+）的 T7 启动子序列下游，构建了表达载体 pET-20b（+）/*gt-gbe*，转化至宿主大肠杆菌 BL21（DE3），经超声后产生的 Gt-GBE 比活最高为 222.4U/mL[26]。范琴等将来源于弯曲高温单孢菌的淀粉分支酶（Tc-GBE）基因重组至 pET-22b（+），构建表达载体 pET-22b（+）/*tc-gbe*，转化至宿主大肠杆菌 BL21，实现了 Tc-GBE 的过量表达，比活达 90.28U/mg[27]。Li 等从创伤弧菌中筛选出淀粉分支酶基因，构建表达载体 pET-15b（+）/*vv-gbe* 转化至宿主大肠杆菌 BL21（DE3），产生的目标淀粉分支酶比活达 53.3U/mL[28]。以上研究均表明，蛋白酶缺陷型的大肠杆菌菌株是淀粉分支酶异源表达的理想宿主菌株。

二、密码子偏好性改造

在遗传信息编码过程中，编码同一种氨基酸的多个同义密码子的使用频率并不相等，这种特性称为密码子偏好性。密码子偏好性与基因表达紧密关联，通过比较密码子偏好性差异可以推断基因是否受到不同程度的翻译选择。大量研究证实，在同一物种内，高表达水平的基因由于需要提高翻译准确性及效率而倾向于使用最优密码子，因此表现出高的密码子偏好性。重组蛋白在异源表达系统中的表达也可能会受到密码子偏好性的影响，由于大肠杆菌中密码子的使用频率与原宿主细胞存在差异，且缺乏某些种类的 tRNA，由此造成翻译困难或效率低下。密码子偏好性和 mRNA 结构稳定性是 mRNA 的重要内在特性，与 mRNA 表达水平呈正相关[29]。将目的基因中部分碱基替换，使稀有密码子同义替换为大肠杆菌的偏好密码子，可以得到表达量显著提高的基因型。

目前关于淀粉分支酶基因的密码子偏好性改造的研究较少，但其原理和方法与其他酶蛋白基因的密码子优化是相通的，可相互借鉴。例如，Liu 等利用系统密码子优化的方法，对来源于软化类芽孢杆菌（*Paenibacillus macerans*）JFB05-01 的野生 α-环糊精葡萄糖基转移酶（α-CGTase）基因的密码子进行优化，并在大肠杆菌 BL21（DE3）中表达，合成基因菌株产生的目的蛋白浓度比原始基因菌株（产生目的蛋白 1710mg/L）提高至 2520mg/L，胞外目标酶比活达 55.3U/mL[30]。张晓元等对海藻糖合成酶 *tres* 基因进行密码子优化，得到基因 *tres1*，分析表明，含 pET-26b（+）/*tres1* 表达载体的大肠杆菌海藻糖合成酶活性比含 pET-26b（+）/*tres* 的工程菌高 60.3% 以上[31]。这些酶蛋白基因的密码子优化，为淀粉分支酶在大肠杆菌中的高效表达提供了重要参考。

目的基因是表达载体上的重要结构，淀粉加工用酶基因密码子偏好性改造的成功实践表明密码子偏好性改造可能有利于外源淀粉分支酶基因在大肠杆菌细胞中获得最佳表达。

三、促进外源蛋白高效可溶性表达

在目的基因获取、载体建立等操作的基础上，对目的基因进行表达检测也是异源表达的重要环节。大肠杆菌的培养环境将显著影响外源蛋白在其中的表达，因此，需要采取适宜的培养条件，促进淀粉分支酶在大肠杆菌中的高效可溶性表达，防止其以包涵体的形式积累。

（一）优化诱导条件

一般而言，组成型启动子具有稳定的基因表达水平，诱导型启动子仅在特定条件下发挥功能。在菌体对数生长早期诱导，菌体量较少，表达受到限制；在菌体对数生长末期进行诱导，营养的消耗及代谢产物的积累使菌体生长受到抑制，表达量下降。诱导剂浓度过低可能导致低效诱导，而浓度过高会产生毒性效应，也可能导致重组蛋白在包涵体中的积累[32]。因此，在大肠杆菌中使用诱导型启动子表达可溶性外源蛋白时，必须严格控制诱导的时间和诱导剂的浓度，以使重组蛋白高效表达。

鲍春辉等选择超级肉汤（Terrific Broth，TB）培养基作为发酵培养基，发现在诱导温度25℃下，诱导培养12h后，诱导剂异丙基-β-D-硫代半乳糖苷（Isopropyl-β-D-thioga-lacto pyranoside，IPTG）浓度为0.01mmol/L时，菌体超声破壁后产生的淀粉分支酶总比活达到最高[26]。刘艺婷在大肠杆菌BL21（DE3）中进行了Gt-GBE的表达，证实了在其他培养条件一定时，诱导剂IPTG浓度为0.005mmol/L时最有利于淀粉分支酶的胞外生产[13]。KO等使用十二烷基硫酸钠-聚丙烯酰胺凝胶电泳分析表明，在一系列梯度条件中，37℃下培养表达淀粉分支酶的大肠杆菌直至在600nm处的吸光度（OD_{600}）达到0.6时，用0.2mmol/L IPTG诱导5h，可获得最高比活[33]。

（二）优化发酵参数及培养基

大肠杆菌可以在简单又廉价的培养基上生长并达到高细胞浓度，通过优化发酵参数，如温度、时间、pH、接种量等，辅以改善培养基的组成，优化发酵工艺，可以达到提高发酵产率的目的。

Der Maarel等在大肠杆菌中过表达了来自风产液菌的淀粉分支酶，发现大多数淀粉分支酶蛋白存在于包涵体中[34]。大肠杆菌生长的适宜温度为37~39℃，但较高的培养温度（37~39℃）易导致可溶性外源蛋白生成包涵体，使其表达受阻，低温培养能有效增加外源蛋白的可溶性表达[25]。李阳等通过多阶段温度控制策略提高了重组大肠杆菌产生的淀粉分支酶的胞外比活，在无需菌体破壁的情况下获得了较高的胞外比活（48.2U/mL）[35]。鲍春辉等以能胞内表达淀粉分支酶的重组大肠杆菌BL21（DE3）（pET-20b（+）/*gbe*）为研究对象，对摇瓶发酵条件（如最适发酵培养基、初始pH、发酵温度等）进行了优化，得到的淀粉分支酶总比活最高为222.4U/mL[24]。发酵参数控制及培养基优化是提高大肠杆菌外源蛋白可溶性表达的有效措施，通过不同阶段及不同物质间的组合搭配，可以实现淀粉分支酶的高效表达。

（三）增强细胞膜的通透性

外源蛋白的表达是一个跨膜运输的过程，明确蛋白质在分泌表达过程中与细胞膜发生的相互作用，并利用此特性进一步加强细胞膜的通透性，对促进外源蛋白的可溶性表达也具有重要意义。

辛辰昊对 Gt-GBE 和来源于美洲红景天菌的淀粉分支酶（Ro-GBE）在大肠杆菌 BL21 中的分泌机制进行了比较研究，发现它们能在无信号肽的条件下分泌至胞外的原因可能是由于其在大肠杆菌中过表达后，引起了细胞膜通透性的增大，从而以两步跨膜运输的方式分泌至胞外[36]。研究还发现它们的 *N* 端氨基酸对其分泌表达有显著影响，并推测得到了两种淀粉分支酶在大肠杆菌中分泌表达的模型。

首先，在大肠杆菌细胞质中，pET-20b（+）质粒上的目的基因经过转录和翻译，表达出 Gt-GBE 和 Ro-GBE 的前体蛋白。其中，野生型的 Gt-GBE 和 Ro-GBE 前体蛋白含有完整的 *N* 端，可以正确折叠成具有分支酶活性且稳定存在的淀粉分支酶分子，而 *N* 端截断突变体的前体蛋白则可能会由于缺失一定数量的氨基酸而导致错误的折叠，从而不能维持结构的稳定，被细胞质内的蛋白酶降解或形成不可溶性的包涵体（图 2-1）。

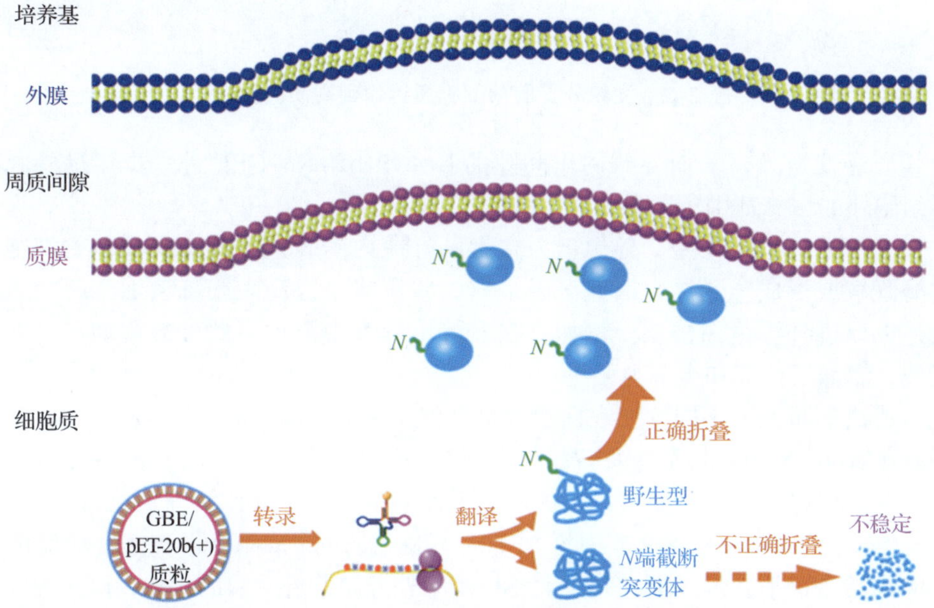

图 2-1　淀粉分支酶在野生型和突变体大肠杆菌中的合成[36]

接着，能稳定存在的 Gt-GBE 和 Ro-GBE 会在大肠杆菌的细胞质内大量积累。同时，Gt-GBE 和 Ro-GBE 会对大肠杆菌的质膜产生某种未知的作用，从而使质膜的通透性增大，导致胞内的 Gt-GBE 和 Ro-GBE 可以穿过质膜运输到周质间隙中（图 2-2）。

到达了大肠杆菌周质间隙的 Gt-GBE 和 Ro-GBE 并没有在此处大量积累。相反，Gt-GBE 和 Ro-GBE 又以某种未知的方式作用于大肠杆菌的外膜，

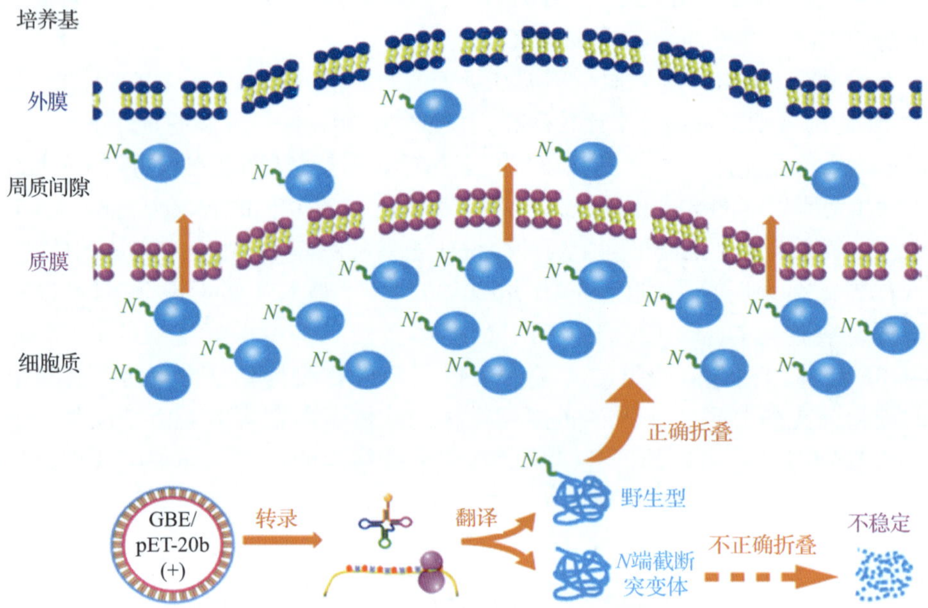

图 2-2 淀粉分支酶从细胞质运输到周质间隙[36]

使其通透性增大，从而导致周质间隙的 Gt-GBE 和 Ro-GBE 进一步穿过外膜分泌到胞外的培养基中（图 2-3）。

基于上述分泌模型，外源蛋白在大肠杆菌内的表达过程容易被宿主细胞蛋白酶降解或形成包涵体，因此可以采取一些策略来提高大肠杆菌细胞膜的通透性，以促进外源蛋白分泌。例如，在发酵培养基中添加一些外源添加剂，如甘氨酸、表面活性剂和金属离子等。

成成等研究了不同浓度表面活性剂吐温 -80（Tween-80）、聚乙二醇辛基苯基醚（Triton X-100）等对大肠杆菌生产 α- 环糊精葡萄糖基转移酶的影响。结果表明，相比于空白对照组，最优表面活性剂浓度下胞外比活分别提高了 4.6 和 12.67 倍[37]。邹纯在培养基中添加 Tween-80、Triton X-100、十二烷基硫酸钠（SDS）等表面活性剂，探究其对大肠杆菌胞外分泌普鲁兰酶的影响，以作为淀粉分支酶的研究参考。其中添加 Triton X-100 可使大肠杆菌产生最高总酶活，为空白对照组的 1.45 倍[38]。辛辰昊研究发现，当 Triton X-100 的添加浓度为 10g/L 时，在发酵 48h 后，Gt-GBE 胞外比活相比于空白对照组提高了 50.6%，在发酵 96h 后，Ro-GBE 胞外比活相比于空白对照组提高了 32.8%；当甘氨酸的添加浓度为 150mmol/L 时，在发酵 48h 后，Gt-GBE 胞外比活相比于空白对照组提高了 47.9%，在发酵 96h 后，Ro-GBE 胞外比活相比于空白对照组提高了 27.1%[36]；这两种外源添加剂均能显著提高淀粉分支酶的胞外分泌量。李兆丰在研究中还发现，虽然甘氨酸能通过提高大肠杆菌细胞膜通透性的方式来促进重组 α-CGTase

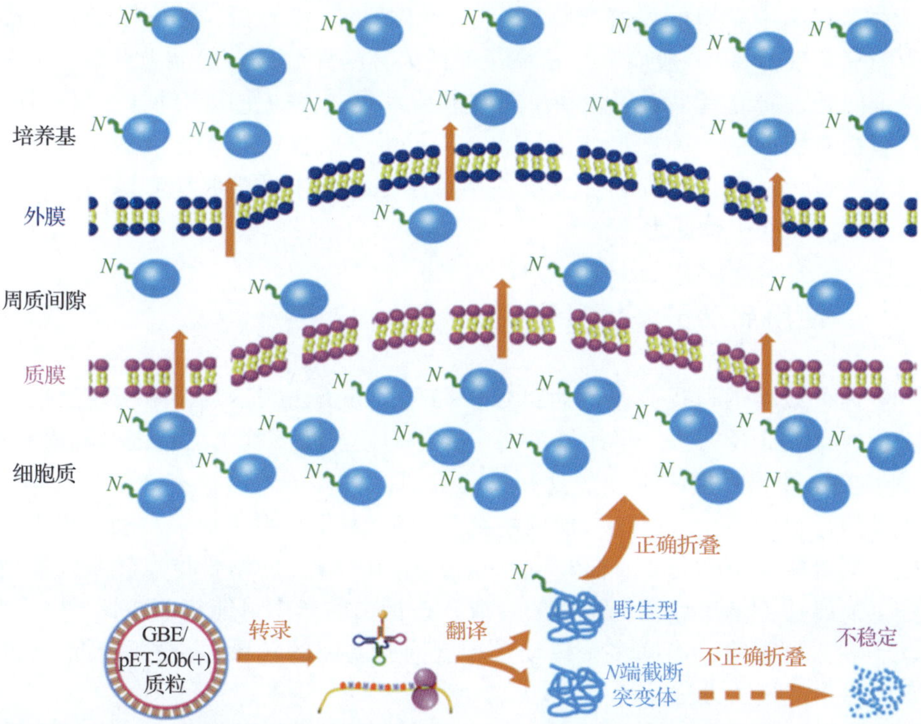

图 2-3　淀粉分支酶从周质间隙运输至胞外培养基[36]

的胞外分泌，相比于空白对照组在相同诱导时间下的比活提高了 10 倍，但甘氨酸会对大肠杆菌细胞的生长造成明显的负面影响，这限制了重组酶生产强度的进一步提高。若在培养基中添加少量 Ca^{2+}，则可以补偿甘氨酸对大肠杆菌细胞生长的抑制作用，其主要体现在单位体积中的大肠杆菌细胞数和活细胞数明显增加、细胞自溶明显减少以及细胞形态得到修复。在 TB 培养基中同时添加 150mmol/L 甘氨酸和 20mmol/L Ca^{2+} 可使重组 α-CGTase 的胞外比活相比于只添加甘氨酸的对照组提高 50%[39]。

目前，使用外源添加剂对某些淀粉加工用酶异源表达活性提高的效果已在各类研究中得到证实并被有效应用。

第三节　淀粉分支酶在枯草芽孢杆菌中的表达研究

枯草芽孢杆菌凭借其非致病性、分泌可溶性蛋白质能力强、具有良好的发酵基础和生产技术等优势，成为原核表达系统中外源蛋白表达和分泌的理想宿主[40]，是美国食品与药物管理局（FDA）认证的可用于食品中的一般公认安全（Generally recognized as safe，GRAS）微生物。Choi 等对从表达淀粉分支酶的枯草芽孢杆菌中获得的发酵产物进行了标准的毒理学测试，证实了其在食品生产中的安全性[20]。一般而言，枯草芽孢杆菌分泌异源蛋白的能力有限，为了克服这个问题，研究者采取了各种手段突破技术壁垒，如使用启动子多拷贝序列、外源蛋白基因改造、筛选最佳信号肽、调控蛋白质 *N* 端疏水性、优化诱导方法和培养条件等。目前，淀粉分支酶在枯草芽孢杆菌中虽已成功异源表达，但表达量及酶活均处于较低水平。

一、使用启动子多拷贝序列

多拷贝策略通过提高基因拷贝数来提高目的蛋白表达量，是实现蛋白质高效表达的有效途径之一。多拷贝策略主要分为表达盒多拷贝、目的基因多拷贝、启动子多拷贝等。相比于表达盒和目的基因，启动子长度仅有 20 ~ 100bp，在多拷贝的过程中不会过多地增加宿主细胞的负担[41]。由于单个启动子提供的核糖核酸聚合酶（Ribonucleic acid polymerase，RNAP）的结合位点较少，即使采用一个强启动子来指导重组蛋白的合成，该蛋白的产率可能依旧较低[42]。使用启动子多拷贝策略，串联多个启动子控制同一基因的转录，是一种有潜力的提高重组蛋白产量的方法。

Zhang 等研究出的双启动子 P_{HpaII}–P_{amyQ} 系统不仅在胞外 α–环糊精葡萄糖基转移酶的生产中表现出较好的性能，而且还可以高效介导胞外普鲁兰酶和 α–环糊精葡萄糖基转移酶的合成[43]。KANG 等在 P_{HpaII}启动子下游串联了一个组成型启动子（枯草芽孢杆菌 NA64 的 amyR2 启动子或地衣芽孢杆菌的 blma 启动子）用以表达 4–α–糖基转移酶，与含单个 P_{HpaII}的枯草芽孢杆菌系统相比，含串联启动子的表达系统目的产物的产量分别提高了 11 和 12 倍[44]。Song 等通过评估不同启动子（P_{HpaII}和 P_{43}）和宿主组合的各种表达系统，优化了调控元件和宿主菌株，最终使得重组枯草芽孢杆菌支链淀粉酶的表达水平达到初始的 6.28 倍[45]。

多个相同或不同启动子串联提高异源蛋白表达量策略已在枯草芽孢杆菌表达系统中得到了相关应用。随着越来越多启动子元件的识别和功能表征，可以更合理地对单个启动子序列进行串联，从而减少实验的盲目性和后续筛选过程的工作量。

二、外源蛋白基因改造

通过在 DNA 水平上的碱基替换改变蛋白质特定位点的氨基酸序列，称为基因的定点突变，可以有目的地改变核苷酸序列或特定的氨基酸，从而研究基因与蛋白质结构和功能之间的关系。李兆丰等采用定点突变的方法将 Gt–GBE

的 Met349 分别突变成苏氨酸或丝氨酸，所得 2 株突变体产物比活相比于野生淀粉分支酶比活均提高了 60%[46]。Liu 等发现 Gt-GBE 的 Ala310 位于保守区域Ⅱ，当用其他多种氨基酸替换 Ala310 后，突变酶比活下降 10% ~ 25%，表明 Ala310 对于 Gt-GBE 的催化活性至关重要[47]。

此外，通过酶分子定点饱和突变可以构建高质量突变体文库，对特定靶点进行组合突变，实现酶分子的定向进化。为促进嗜热酸性酶蛋白基因在枯草芽孢杆菌 WB600 中的高效分泌表达，袁林等对信号肽 Yfk *N* 末端的 2 个氨基酸位点进行定点饱和突变，得到的重组枯草芽孢杆菌的胞外 *α*- 淀粉酶比活为野生菌株的 1.33 倍[48]。

三、筛选最佳信号肽

将所需靶蛋白分泌到胞外培养基中的第一步是跨细胞膜转运，此类蛋白质通常具有 *N* 末端信号肽。信号肽通常包含 3 个不同的区域：带正电的 *N* 末端结构域、疏水性核心区域和带负电荷的 *C* 末端区域（具有信号肽酶切割位点）[49]。将蛋白质递送到正确的位置后，信号肽被信号肽酶降解。在细菌中，普通分泌途径是从细胞质中输出蛋白质最重要的方式[50]，此外，在许多细菌中还存在双精氨酸途径[51]。信号肽的性质显著影响宿主培养上清液中蛋白质的最终产量，因此，为靶蛋白寻找最佳信号肽是有效分泌生产过程中最关键的步骤之一。但目前尚无法准确预测在特定表达宿主中，最适合特定靶蛋白表达的信号肽[52]。

目前关于淀粉分支酶基因的最佳信号肽筛选改造的研究较少，但其原理和方法与其他酶蛋白基因的信号肽优化是相通的，可相互借鉴。如 Yao 等研究中，通过筛选 173 种枯草芽孢杆菌信号肽获得 *α*- 淀粉酶最佳信号肽 SP_{YojL}，所得重组菌株产生的细胞外酶活性比对照高 3.5 倍[53]。Watanabe 等通过异源表达来自嗜热脂肪芽孢杆菌（*Bacillus stearothermophilus*）的 *α*- 淀粉酶，在 405 种候选信号肽中发现 CGR0949 信号肽可获得最高的 *α*- 淀粉酶产量[54]。这些酶蛋白基因的信号肽筛选，为淀粉分支酶在枯草芽孢杆菌中的高效表达提供了重要参考。

经验和证据表明，异源蛋白的分泌效率与信号肽高度相关，尽管目前尚无系统的信号肽筛选体系，优化信号肽仍有望成为提高淀粉分支酶在枯草芽孢杆菌系统中表达量的有效手段。

四、调控蛋白质 *N* 端亲 / 疏水性

越来越多的分泌机制研究均表明，蛋白质是否能成功分泌转运至胞外还受蛋白质 *N* 端结构的影响，尤其是 *N* 端的疏水性变化。Zhao 等发现蛋白质 *N* 末

端疏水域中的疏水氨基酸残基会对蛋白质折叠产生影响，对其进行突变会减少甚至完全阻断蛋白质的非经典分泌[55]。Xin 等的前期研究结果也表明 *N* 末端氨基酸残基对蛋白质的非经典分泌尤为重要[56]，并以 Ro-GBE 的 *N* 末端疏水性作为研究对象，进一步探究了其对淀粉分支酶在枯草芽孢杆菌中通过非经典分泌途径释放至胞外的影响，以得到一种能显著提高淀粉分支酶胞外表达量的策略。

何萌通过探究 *N* 末端亲水性的增加对 Ro-GBE 在枯草芽孢杆菌 WB600 中表达量的影响，发现将 Ro-GBE 的 *N* 末端序列按亲 / 疏水性成梯度的变化进行突变后（图 2-4），其胞外表达量也呈现出规律性变化[57]。

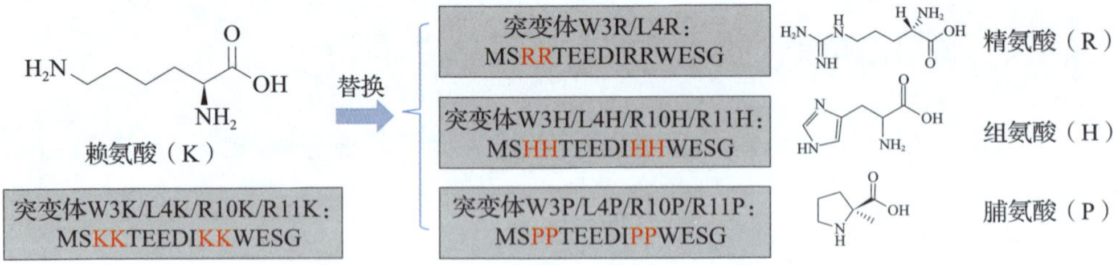

图 2-4　Ro-GBE　*N* 末端亲 / 疏水性梯度替换的突变体设计[57]

W3K 表示突变前氨基酸、突变位点、突变后氨基酸，其他同理；

MSKKTEEDIKKWESG、MSRRTEEDIRRWESG、MSHHTEEDIHH WESG、MSPPTEEDIPPWESG 表示该部分突变后的氨基酸序列组成

如图 2-5 和图 2-6 所示，随着所替换氨基酸亲水性的递增（R>K>H>P），各突变体经发酵 48 h 后的胞外分泌水平也呈现出一致的变化（突变体 W3R/L4R> 突变

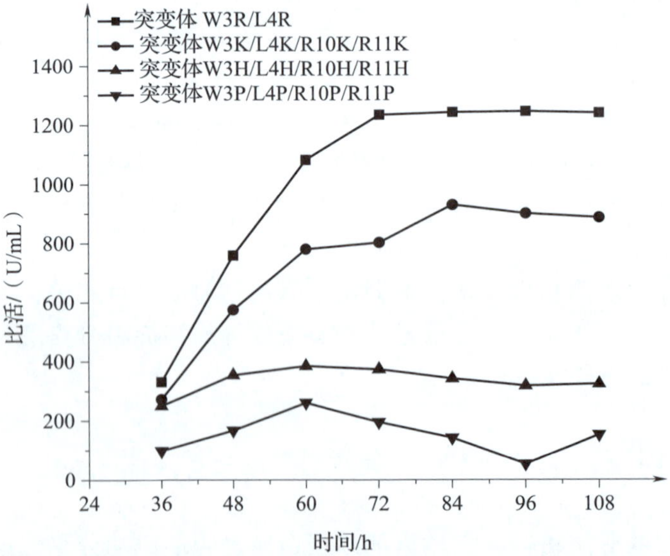

图 2-5　Ro-GBE　*N* 末端亲水性梯度替换突变体的比活测定[57]

体 W3K/L4K/R10K/R11K> 突变体 W3H/L4H/R10H/R11H> 突变体 W3P/L4P/R10P/R11P），说明 *N* 末端序列亲 / 疏水性的变化会影响 Ro-GBE 的表达水平。Ro-GBE 在枯草芽孢杆菌中的表达水平与其 *N* 末端亲水性的提高在一定程度上呈正相关。

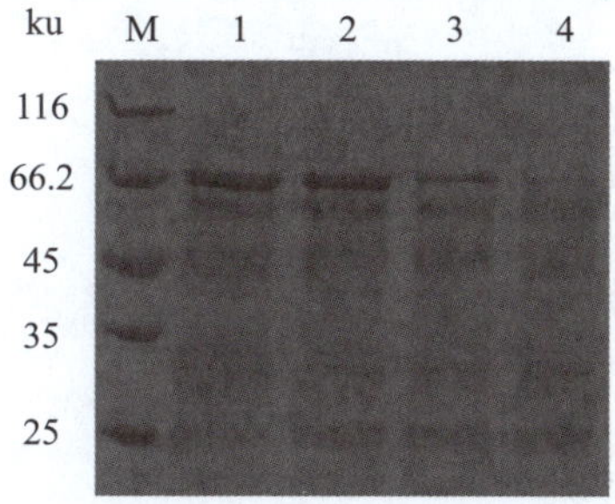

图 2-6　Ro-GBE　*N* 末端亲水性梯度替换突变体的十二烷基硫酸钠 - 聚丙烯酰胺凝胶电泳结果[57]

M—蛋白质标准分子质量　1—突变体 W3R/L4R　2—突变体 W3K/L4K/R10K/R11K
3—突变体 W3H/L4H/R10H/R11H　4—突变体 W3P/L4P/R10P/R11P

随后利用瑞士模型（Swiss-Model）网站模拟得到各突变体的结构，经结构比对后发现突变体与野生型之间并未存在差异，突变位点处的构象与野生型也完全重合（图 2-7）。由此可知 Ro-GBE *N* 末端氨基酸的突变并未改变这段环状结构的构象。

推测 *N* 末端亲 / 疏水性变化影响 Ro-GBE 胞外分泌量可能的机制如下（图 2-8）。Ro-GBE *N* 末端的这段环状结构类似于一种探针，用于识别并寻找细胞膜上的蛋白质转运体作为“出口”。由于细胞内部为亲水环境，*N* 末端亲水性的增加有利于提高环状结构在细胞质中运动的灵活性，进而加快这段环状结构移动及探寻“出口”的速率。同时，随着 *N* 末端氨基酸突变为精氨酸或赖氨酸后导致的正电荷的增多，进一步促进了 *N* 末端环状结构与细胞膜上带负电的磷酸基团的结合，使得 *N* 末端环状结构能快速又准确地牵引着 Ro-GBE 在细胞膜内侧快速聚集，促进了分泌过程的正向进行，从而使 Ro-GBE 更多更快地分泌至胞外。

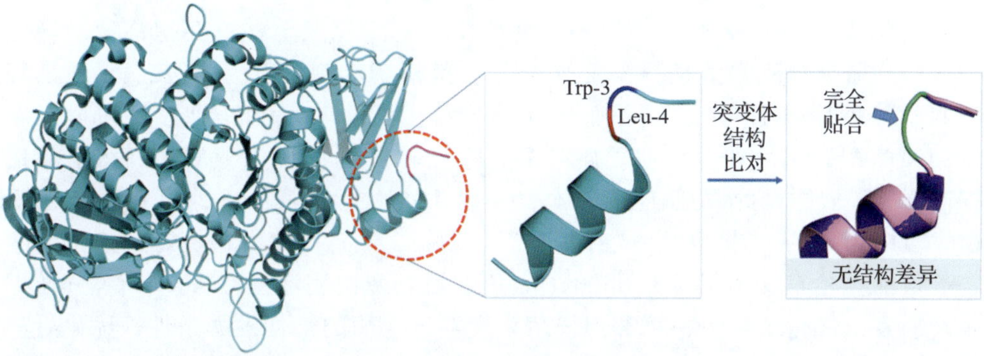

图 2-7　Ro-GBE　*N* 末端亲 / 疏水性变化对其结构的影响分析[57]

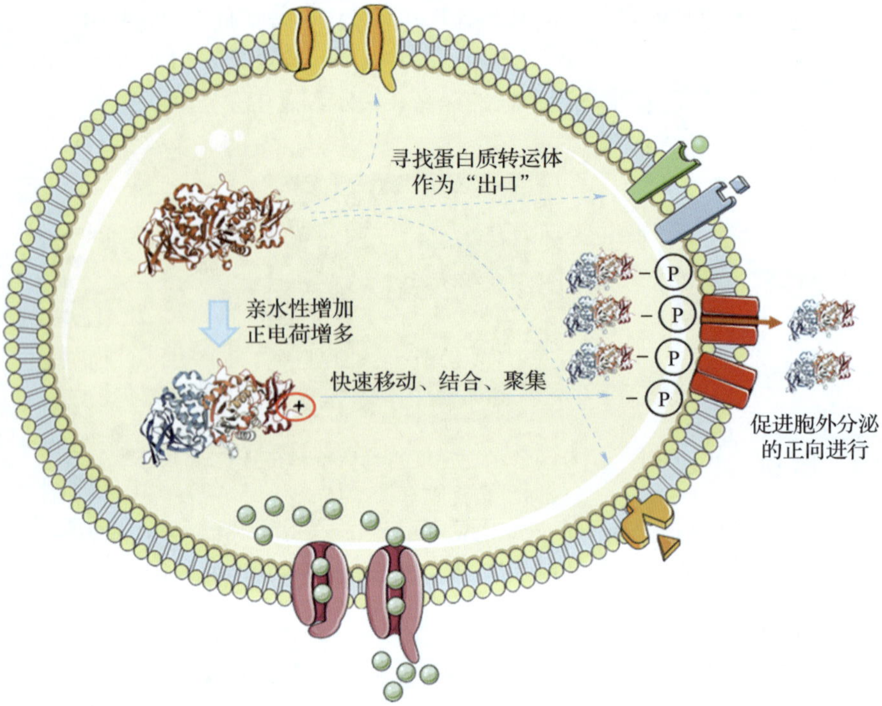

图 2-8 Ro-GBE *N* 末端亲 / 疏水性变化促进其胞外分泌的机制推测[57]

五、优化诱导方法与培养条件

液体发酵中的各种物理化学参数，如培养温度、pH、接种量、诱导时间、添加剂种类等，都会对淀粉分支酶的产量产生巨大影响。通过优化这些参数，可以提高淀粉分支酶在枯草芽孢杆菌中的表达量。

目前关于淀粉分支酶基因的诱导方法与培养条件改进的研究较少，但其原理和方法与其他酶蛋白表达的条件优化是相通的，可相互借鉴。例如，杨韵霏等将来自地衣芽孢杆菌的麦芽糖淀粉酶基因克隆至枯草芽孢杆菌中异源表达，并研究得到最适诱导温度为 45℃，最适诱导剂浓度为 10g/L，最适诱导时间为接种培养 9h 后[58]。王驰等在枯草芽孢杆菌 WB600 中通过两阶段温度控制策略，表达淀粉分支酶，胞外酶比活与单一温度条件下的最高水平相比提高了 1.4 倍；在此基础上添加体积分数 0.05% 的 Tween-80，可将胞外比活由 47.1U/mL 进一步提高到 65.8U/mL[59]。Zhang 等为提高来自长野芽孢杆菌的普鲁兰酶在枯草芽孢杆菌 WB600 中表达的目的蛋白酶活性，从接种量、pH 等角度出发，优化了重组枯草芽孢杆菌生产普鲁兰酶的最佳发酵条件，优化后产物的比活比优化前提高 144%[60]。优化诱导方法与培养条件的策略对于提高微生物蛋白酶产物表达量及表达活性具有一定的通用性，在淀粉加工用酶类产物的研究中均取得了良好的效果，可为淀粉分支酶的高效分泌表达提供重要参考。

第四节　小　　结

综上所述，淀粉分支酶的异源表达可通过多种表达宿主完成，其中大肠杆菌研究深入，背景清晰，且具有易于培养、成本低、操作简单等优势，因而成为淀粉分支酶原核表达的主要表达宿主。但大肠杆菌异源表达的淀粉分支酶多存在于包涵体内，实现淀粉分支酶的高效胞外分泌表达是其研究的重点之一。此外，对淀粉分支酶在枯草芽孢杆菌中重组表达的研究也较为广泛。枯草芽孢杆菌表达系统较传统的大肠杆菌系统研究尚不成熟，但它在活性蛋白分泌、下游处理简化、安全性提高等方面表现出显著优势，因此，其更适合应用于食品领域，具有较大的研究与应用潜力。实践证明，枯草芽孢杆菌表达系统能成功表达的外源蛋白种类繁多，表达产物能保持其理化性质和生物活性。但目前在枯草芽孢杆菌表达系统运用中，仍存在表达效率和稳定性不佳等问题，因此，对表达效率、稳定性、后期纯化难度等的有效评价和优化仍是研究的重点。除了大肠杆菌和枯草芽孢杆菌，其他细菌也被应用于淀粉分支酶的异源表达，如地衣芽孢杆菌、解淀粉芽孢杆菌等。

在国外实现淀粉分支酶商业化的背景下，国内针对淀粉分支酶生产的研究仍处于起步阶段，且大多基于国外的零散介绍和借鉴。创新的关键不仅在于企业自身的努力，还需要基础研究的推动。笔者所在团队在现有理论的支持下，立足开发优良宿主菌株和表达载体，同时挖掘不同微生物来源的高性能淀粉分支酶编码基因，结合体外酶分子定向进化及高效发酵生产工艺，不断提高淀粉分支酶的表达量及活性。随着人们对蛋白质研究的日益深入，基因工程手段的逐渐完善，在微生物中异源表达淀粉分支酶的技术将日趋成熟，成本将逐渐降低，进而使改性淀粉拥有更加光明的应用前景。

参考文献

[1] Palomo M, Kralj S, van der Maarel M J E C, et al. The unique branching patterns of *Deinococcus* glycogen branching enzymes are determined by their *N*-terminal domains [J]. Applied and Environmental Microbiology, 2009, 75 (5): 1355-1362.

[2] Wu S, Liu Y, Yan Q, et al. Gene cloning, functional expression and characterisation of a novel glycogen branching enzyme from *Rhizomucor miehei* and its application

in wheat breadmaking [J]. Food Chemistry, 2014, 159: 85–94.

[3] Garg S K, Md Suhail A, Kishan K V R, et al. Expression and characterization of α–1, 4–glucan branching enzyme Rv1326c of *Mycobacterium tuberculosis* H37Rv [J]. Protein Expression and Purification, 2007, 51 (2): 198–208.

[4] Kiel J A K W, Boels J M, Beldman G, et al. Molecular cloning and nucleotide sequence of the glycogen branching enzyme gene (*glgB*) from *Bacillus stearothermophilus* and expression in *Escherichia coli* and *Bacillus subtilis* [J]. Molecular and General Genetics, 1991, 230 (1–2): 136–144.

[5] Kiel J A K W, Boels J M, Beldman G, et al. Nucleotide sequence of the *Synechococcus* sp. PCC7942 branching enzyme gene (*glgB*): Expression in *Bacillus subtilis* [J]. Gene, 1990, 89 (1): 77–84.

[6] Palomo M, Pijning T, Booiman T, et al. *Thermus thermophilus* glycoside hydrolase family 57 branching enzyme: crystal structure, mechanism of action, and products formed [J]. Journal of Biological Chemistry, 2011, 286 (5): 3520–3530.

[7] Matsumoto A, Kamata T, Matsuda K. Biosynthesis of glycogen in *Neurospora crassa*. Purification and properties of the branching enzyme [J]. Journal of Biochemistry, 1983, 94 (2): 451–458.

[8] Lim W J, Sang R P, Min K K, et al. Cloning and characterization of the glycogen branching enzyme gene existing in tandem with the glycogen debranching enzyme from *Pectobacterium chrysanthemi* PY35 [J]. Biochemical and Biophysical Research Communications, 2003, 300 (1): 93–101.

[9] Guan H, Li P, Imparl–Radosevich J, et al. Comparing the properties of *Escherichia coli* branching enzyme and maize branching enzyme [J]. Archives of Biochemistry and Biophysics, 1997, 342 (1): 92–98.

[10] Hye–Jin J, Sunghoon P, Hee–Gon J, et al. *Vibrio vulnificus* glycogen branching enzyme preferentially transfers very short chains: N1 domain determines the chain length transferred [J]. FEBS Letters, 2015, 589 (10): 1089–1094.

[11] Eun–Joo K, Soo–In R, Hyun–Ah B, et al. Biochemical characterisation of a glycogen branching enzyme from *Streptococcusmutans*: Enzymatic modification of starch [J]. Food Chemistry, 2008, 110 (4): 979–984.

[12] Roussel X, Lancelon–Pin C, Vikso–Nielsen A, et al. Characterization of substrate and product specificity of the purified recombinant glycogen branching enzyme of *Rhodothermus obamensis* [J]. Biochimica et Biophysica Acta, 2013, 1830 (1): 2167–2177.

[13] 刘艺婷. 淀粉分支酶在大肠杆菌中的分泌表达及其分子改造研究 [D]. 无锡：江南大学，2017.

[14] 王哲．淀粉分支酶在大肠杆菌中的分泌表达及其对麦芽糊精的改性研究[D]．无锡：江南大学，2019.
[15] Aga H, Okamoto I, Taniguchi M, et al. Improved yields of cyclic nigerosylnigerose from starch by pretreatment with a thermostable branching enzyme [J]. Journal of Bioscience and Bioengineering, 2010, 109 (4): 381-387.
[16] Qin F, Xie Z, Zhan J, et al. A glycogen branching enzyme from *Thermomonospora curvata*: Characterization and its action on maize starch [J]. Starch-Stärke, 2016, 68 (3-4): 355-364.
[17] Mohtar N S, Rahman M B A, Rahman R N Z R A, et al. Expression and characterization of thermostable glycogen branching enzyme from *Geobacillus mahadia* Geo-05 [J]. PeerJ, 2016, 4 (12): e2714.
[18] Murakami T, Kanai T H, Kuriki T, et al. A novel branching enzyme of the GH-57 family in the hyperthermophilic archaeon *Thermococcus kodakaraensis* KOD1[J]. Journal of Bacteriology, 2006, 188 (16): 5915-5924.
[19] Van Der Maarel M J E C, Vos A, Sanders P, et al. Properties of the glucan branching enzyme of the hyperthermophilic bacterium *Aquifex aeolicus* [J]. Biocatalysis and Biotransformation, 2003, 21 (4-5): 199-207.
[20] Choi S S, Danielewska Nikiel B, Kojima I, et al. Safety evaluation of 1, 4-α-glucan branching enzymes from *Bacillus stearothermophilus* and *Aquifex aeolicus* expressed in *Bacillus subtilis* [J]. Food and Chemical Toxicology, 2009, 47 (8): 2044-2051.
[21] Pariza M W, Johnson E A. Evaluating the safety of microbial enzyme preparations used in food processing: Update for a new century [J]. Regulatory Toxicology & Pharmacology, 2001, 33 (2): 173-186.
[22] Ryoyama K, Kidachi Y, Yamaguchi H, et al. Anti-tumor activity of an enzymatically synthesized α-1, 6 branched α-1, 4-glucan, glycogen [J]. Journal of the Agricultural Chemical Society of Japan, 2004, 68 (11): 2332-2340.
[23] Ban X, Li C, Gu Z, et al. Expression and biochemical characterization of a thermostable branching enzyme from *Geobacillus thermoglucosidans* [J]. Journal of Molecular Microbiology and Biotechnology, 2016, 26 (5): 303-311.
[24] Mohtar N S, Rahman M B A, Rahman R N Z R A, et al. Expression and characterization of thermostable glycogen branching enzyme from *Geobacillus mahadia* Geo-05 [J]. PeerJ, 2016, 4 (12): e2714.
[25] Kaur J, Kumar A, Kaur J. Strategies for optimization of heterologous protein expression in *E. coli*: Roadblocks and reinforcements [J]. International Journal of Biological Macromolecules, 2018, 106: 803-822.
[26] 鲍春辉，顾正彪，李才明，等．重组大肠杆菌产淀粉分支酶的发酵条件探

索［J］. 食品工业科技，2014，35（15）：155–158+162.
［27］范琴，谢正军，金征宇，等 .*Thermomonospora curvata* 淀粉分支酶的过量表达及其催化反应机理研究［J］. 现代食品科技，2016，32（6）：70–76.
［28］Li L，Su L，Hu F，et al.Recombinant expression and characterization of the glycogen branching enzyme from *Vibrio vulnificus* and its application in starch modification［J］. International Journal of Biological Macromolecules，2019，155：987–994.
［29］Victor M P，Acharya D，Begum T，et al. The optimization of mRNA expression level by its intrinsic properties–Insights from codon usage pattern and structural stability of Mrna［J］. Genomics，2019，111（6）：1292–1297.
［30］Liu H，Li J，Du G，et al. Enhanced production of α–cyclodextrin glycosyltransferase in *Escherichia coli* by systematic codon usage optimization［J］. Journal of Industrial Microbiology & Biotechnology，2012，39（12）：1841–1849.
［31］张晓元，郝荣华，刘飞，等 . 密码子优化提高海藻糖合成酶基因在大肠杆菌中的表达水平［J］. 食品与药品，2019，21（1）：1–6.
［32］Tolia N H，Joshua Tor L. Strategies for protein coexpression in *Escherichia coli*［J］. Nature Methods，2006，3（1）：55–64.
［33］Ko Y T，Chung P S，Shih Y C，et al. Cloning，characterization，and expression of mungbean（*Vigna radiata* L.）starch branching enzyme Ⅱ cDNA in *Escherichia coli*［J］. Journal of Agricultural & Food Chemistry，2009，57（3）：871–879.
［34］Der Maarel M J，Vos A，Sanders P，et al. Properties of the glucan branching enzyme of the hyperthermophilic bacterium *Aquifex aeolicus*［J］. Biocatalysis and Biotrans–formation，2010，21（4–5）：199–207.
［35］李阳，李兆丰，任俊彦，等 . 一种提高淀粉分支酶在大肠杆菌中胞外分泌表达的方法：中国，CN107119026A［P］. 2017–09–01.
［36］辛辰昊 . 淀粉分支酶在大肠杆菌中的非经典分泌研究［D］. 无锡：江南大学，2019.
［37］成成，李兆丰，李彬，等 . 利用重组大肠杆菌生产 α– 环糊精葡萄糖基转移酶［J］. 生物加工过程，2009，7（3）：56–63.
［38］邹纯 . 重组 *Bacillus deramificans* 普鲁兰酶的高效胞外表达及其应用［D］. 无锡：江南大学，2016.
［39］李兆丰 . 软化类芽孢杆菌 α– 环糊精葡萄糖基转移酶在大肠杆菌中的表达及其产物特异性分析［D］. 无锡：江南大学，2009.
［40］余小霞，田健，刘晓青，等 . 枯草芽孢杆菌表达系统及其启动子研究进展［J］. 生物技术通报，2015，31（2）：35–44.
［41］吴志伟，徐立新，佟金，等 . 多拷贝策略在增强目的基因表达中的应用［J］. 生命科学研究，2016，20（2）：166–170.

[42] Öztürk S，Ergün B G，Çalık P. Double promoter expression systems for recombinant protein production by industrial microorganisms [J] . Applied Microbiology and Biotechnology，2017，101 (20)：7459-7475.

[43] Zhang K，Su L，Duan X，et al. High-level extracellular protein production in *Bacillus subtilis* using an optimized dual-promoter expression system [J] . Microbial Cell Factories，2017，16 (1)：32.

[44] Kang H K，Jang J H，Shim J H，et al. Efficient constitutive expression of thermostable 4-α-glucanotransferase in *Bacillus subtilis* using dual promoters [J]. World Journal of Microbiology and Biotechnology，2010，26 (10)：1915-1918.

[45] Song W，Nie Y，Mu X，et al. Enhancement of extracellular expression of *Bacillus naganoensis* pullulanase from recombinant *Bacillus subtilis*：Effects of promoter and host [J] . Protein Expression and Purification，2016，124：23-31.

[46] 李兆丰，顾正彪，刘艺婷，等 . 一种提高淀粉分支酶活力的方法：中国，CN106190998A [P] . 2016-08-25.

[47] Liu Y，Li C，Gu Z，et al. Alanine 310 is important for the activity of 1，4-α-glucan branching enzyme from *Geobacillus thermoglucosidans* STB02 [J] . International Journal of Biological Macromolecules，2017，97：156-163.

[48] 袁林，曾静，郭建军，等 . 极端嗜热酸性 α- 淀粉酶 PFA 在枯草芽孢杆菌中的高效分泌表达 [J] . 食品科学，2018，39 (18)：100-108.

[49] Song Y，Nikoloff J M，Zhang D. Improving protein production on the level of regulation of both expression and secretion pathways in *Bacillus subtilis* [J] . Journal of Microbiology & Biotechnology，2015，25 (7)：963-977.

[50] Tsirigotaki A，De Geyter J，Sostaric N，et al. Protein export through the bacterial Sec pathway [J] . Nature Reviews Microbiology，2017，15 (1)：21-36.

[51] Palme R T，Berks B C. The twin-arginine translocation (Tat) protein export pathway [J] . Nature Reviews Microbiology，2012，10 (7)：483-496.

[52] Freudl R. Signal peptides for recombinant protein secretion in bacterial expression systems [J] . Microbial Cell Factories，2018，17 (1)：52.

[53] Yao D，Su L，Li N，et al. Enhanced extracellular expression of *Bacillus stearothermophilus* α-amylase in *Bacillus subtilis* through signal peptide optimization，chaperone overexpression and α-amylase mutant selection [J] . Microbial Cell Factories，2019，18 (1)：69.

[54] Watanabe K，Tsuchida Y，Okibe N，et al. Scanning the *Corynebacterium glutamicum* R genome for high-efficiency secretion signal sequences [J] . Microbiology，2009，155 (3)：741-750.

[55] Zhao L，Chen J，Sun J，et al. Multimer recognition and secretion by the non-

classical secretion pathway in *Bacillus subtilis* [J]. Scientific Reports, 2017, 7: 44023.

[56] Xin C, Ban X, Gu Z, et al. Non-classical secretion of 1, 4-α-glucan branching enzymes without signal peptides in *Escherichia coli* [J]. International Journal of Biological Macromolecules, 2019, 132: 759-765.

[57] 何萌. 来源于美洲红景天菌的淀粉分支酶基因在枯草芽孢杆菌中的分泌表达研究 [D]. 无锡：江南大学，2022.

[58] 杨韵霏，李由然，张梁，等. 细菌麦芽糖淀粉酶在枯草芽孢杆菌中的诱导型异源表达 [J]. 微生物学通报，2017，44（2）：263-273.

[59] 王驰，李柱，李才明，等. 两阶段温度控制策略以及助剂促进淀粉分支酶的胞外表达 [J]. 食品与发酵工业，2016，42（8）：19-24.

[60] Zhang Y, Nie Y, Zhou X, et al. Enhancement of pullulanase production from recombinant *Bacillus subtilis* by optimization of feeding strategy and fermentation conditions [J]. AMB Express, 2020, 10 (1): 11.

第三章

微生物来源淀粉分支酶的分子改造

淀粉分支酶可以通过催化糖基转移反应调控淀粉分子精细结构，包括 α-1，4 糖苷键含量、α-1，6 糖苷键含量、聚合度等。淀粉分支酶在生物酶法改性淀粉中有着巨大的应用潜力，可作用于原淀粉得到高支化的改性淀粉，其在理化性质、生理功能及安全性等方面均具有显著的优势[1,2]。在淀粉分支酶改性淀粉的过程中，淀粉分子精细结构的变化是淀粉分支酶在较长时间和较高温度下持续发挥催化作用的结果[3~5]。因此，改性过程要求淀粉分支酶具有较高的催化活性和热稳定性[6]。此外，相对较高的改性温度和催化效率具有加快反应进程、缩短反应时间、减少微生物污染等诸多优势。然而，大部分微生物来源的淀粉分支酶催化活性不高、热稳定性较差，这些特征成为制约淀粉分支酶工业化应用的重要因素[7]。因此，对微生物来源的淀粉分支酶进行分子改造尤为重要。

第一节　酶分子改造的目的及策略

一、酶分子改造的目的

酶分子改造主要通过蛋白质工程、基因工程等现代生物技术手段，从根本上改变酶分子的空间构象，使其更适用于各种催化反应。一般而言，具有较强的催化活性、较高的热稳定性和理想的底物特异性的酶分子在食品、医药、化工等产业中展现出更为广阔的应用潜力[8]。

（一）提高酶的催化活性

酶作为一种生物催化剂具有特异性强、可重复利用、环境友好等特点，已大规模应用于各个领域。为了提高产物生产效率、降低生产成本，提高酶的催化活性一直是酶学领域的研究热点。Ruan 等采用易错聚合酶链式反应（PCR）构建了地衣芽孢杆菌 R-53 分泌的麦芽糖淀粉酶的随机突变文库，筛选关键突变点并构建分子改造之后的突变体——V296F 和 K481I，其比活相较于野生型酶提高了 2.16 倍[9]。

（二）提高酶的热稳定性

热稳定性是酶的重要属性之一，较高的热稳定性有利于酶在实际应用中的连续化生产。此外，较高的反应温度可提供更多能量用于加快反应进程、提高催化速率，同时减少微生物污染。研究表明，酶分子的氢键、二硫键、离子键、盐桥、疏水作用力等诸多因素均与酶的热稳定性相关[10]。Pouyan 等通过计算机辅助定向进化和定点突变相结合的技术改造了蜡样芽孢杆菌 GL96 分泌表达的 α-淀粉酶，将 α-淀粉酶的最适反应温度提高了 5℃。在 80℃条件下，酶分子改造的突变体 D162K 仍保留 40% 以上的初始活性，而野生型酶在 70℃时其催化活性已完全丧失[11]。

（三）提高酶的底物特异性

底物特异性是指酶只选择性地与一组化学结构相似的分子中的一种或一类分子发生有效结合，这一特性将直接影响酶解产物的成分和组成比例。一般而言，若酶的底物特异性较弱，则催化产物的纯度相对较低，这不仅增加了产物提纯的难度，还限制了酶在精细化工领域的应用。由于酶在底物特异性方面的局限性，研究者们有必要不断挖掘新的酶分子，或通过各种化学和生物学方法对现有的酶进行分子改造，以获得具备理想底物特异性的酶。Yu 等基于同源建模对来自嗜麦芽寡养单胞菌（*Stenotrophomonas maltophilia*）的脯氨酰内肽酶进行合理设计，改造之后的突变体酶分子对长链底物的特异性提高了 5 ~ 8 倍[12]。

二、酶分子改造的策略

目前针对酶分子的改造策略主要有三种，如图 3-1 所示，分别是定向进化、半理性设计和理性设计。

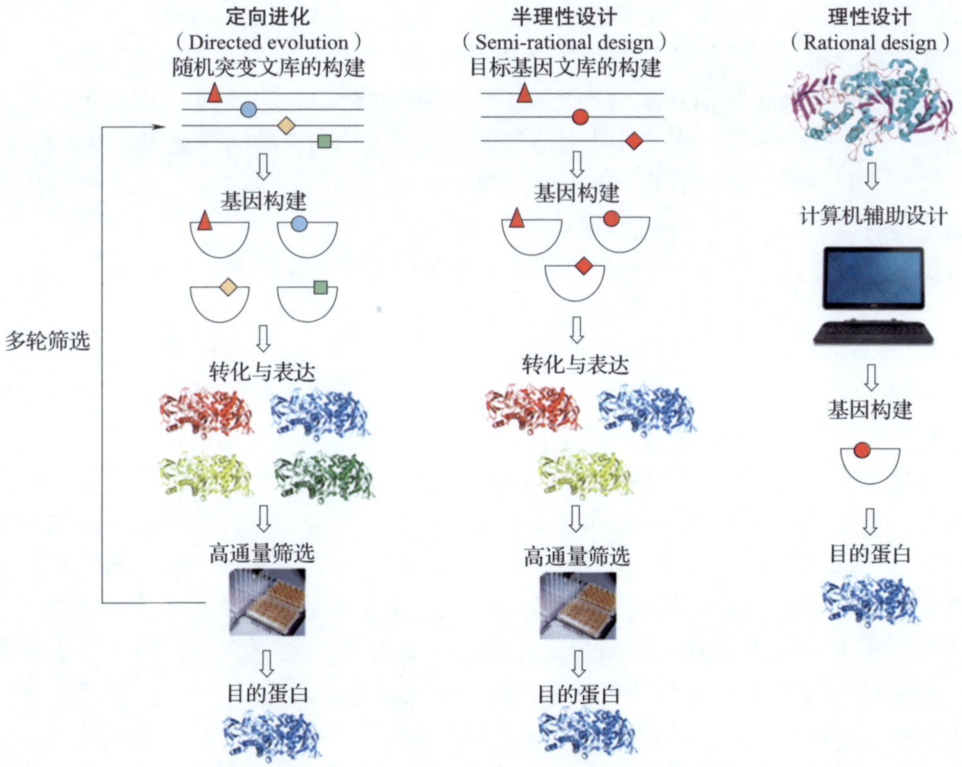

图 3-1　酶分子改造策略

（一）定向进化

定向进化又称为随机突变或非理性设计，是在较短的时间内模拟蛋白质自然进化的过程。可以通过基因突变等技术，将自然界中生物体对环境多样性和适应性的演化过程以加速方式进行，通过基因重组和基因突变得到多组突变体，使其中一个或多个所需的性质朝着最优方向发展[13]。这种方法是以自然进化为机制，并以随机突变的方式改造基因，将每轮诱变和重组后所筛选的突变基因进行积累，建立基因文库。目前，突变体文库构建方法主要有饱和突变、易错 PCR 和 DNA 改组（DNA shuffling）。定向进化由于实验操作相对简单，并且不需要对酶的空间结构、反应机制和功能信息有深入了解而被研究者广泛使用。但是相比于半理性设计和理性设计，定向进化具有随机性较强、筛选工作量较大等缺点[13]。

（二）半理性设计

尽管研究者可以通过分子生物学手段较容易地改变蛋白质的氨基酸序列，但是庞大基因文库的构建耗时耗力。因此，研究者期望开发构建“小而精”的突变体文库以减少工作量，提高酶分子改造效率。半理性设计结合了定向进化和理性设计的优点，在对酶分子的结构与功能有一定了解的基础上，将突变体筛选工作转移至计算机进行虚拟筛选，能快速获得目标突变体，大幅降低实验工作量。随着蛋白质工程和生物信息学的快速发展，半理性设计改造策略基于同源蛋白序列比对、三维结构信息，通过计算机模拟理性选取多个潜在功能残基作为改造靶点，同时结合氨基酸特点理性选择密码子来构建高质量的突变体文库，从而对蛋白质进行针对性改造[14,15]。半理性设计改造策略不仅兼顾了序列、结构多样性，还降低了实验工作量，已成为一种被广泛应用的蛋白质改造策略。

（三）理性设计

随着分子酶学的发展，酶结构与功能的关系逐渐明确，理性设计主要通过计算机技术来模拟自然界中天然蛋白质的进化过程，是一种智能的改造手段[16]。该策略主要基于计算生物学开发的一系列算法、程序以及蛋白质的三维结构，预测蛋白质潜在的活性位点。通过计算机辅助模拟，对氨基酸序列中的位点进行精准设计（取代、插入或缺失）或在酶分子氨基酸残基或片段之间形成非共价连接、二硫键、离子相互作用等，改变目的蛋白中某些特定氨基酸或分子结构，并考察特定突变位点对其底物结合、稳定性及折叠自由能等方面的影响，从而鉴定出关键残基或关键结构原件，为酶分子的改造提供理论指导[17]。相比于定向进化和半理性设计，理性设计无需建立筛选方法，具有简单易行、重复性好等优点。但是酶分子的理性设计要求设计者对生物信息学基础知识及特定酶的三维结构和反应机制具有较为全面的理解，还需要掌握一定的计算机编程语言。

第二节 提高淀粉分支酶催化活性的分子改造

一、催化位点附近的氨基酸

（一）催化位点附近氨基酸的特点

Gt-GBE 中央的（β/α）$_8$ 桶状结构域包含 4 个高度保守的区域（Ⅰ、Ⅱ、Ⅲ、Ⅳ），这些区域中含有 GH 13 家族成员所含有的高度保守的 7 个氨基酸，这些氨基酸位点可能与酶的催化和底物结合相关。大量研究表明改造这些位点将降低酶的催化效率，甚至影响酶的底物特异性[18~20]。Gt-GBE 的 Met349 位于催化酸碱基团 Glu352 之前，处于活性中心附近。349 位点的甲硫氨酸在相似性较高来源的淀粉分支酶中较为保守，然而在相似性较低来源的淀粉分支酶中，349 位点一般为苏氨酸或丝氨酸[21]。淀粉分支酶的 Met349 与氢键的形成和酶分子结构相关。PyMoL 软件对已报道的原核生物来源的淀粉分支酶晶体结构模拟如图 3-2 所示。

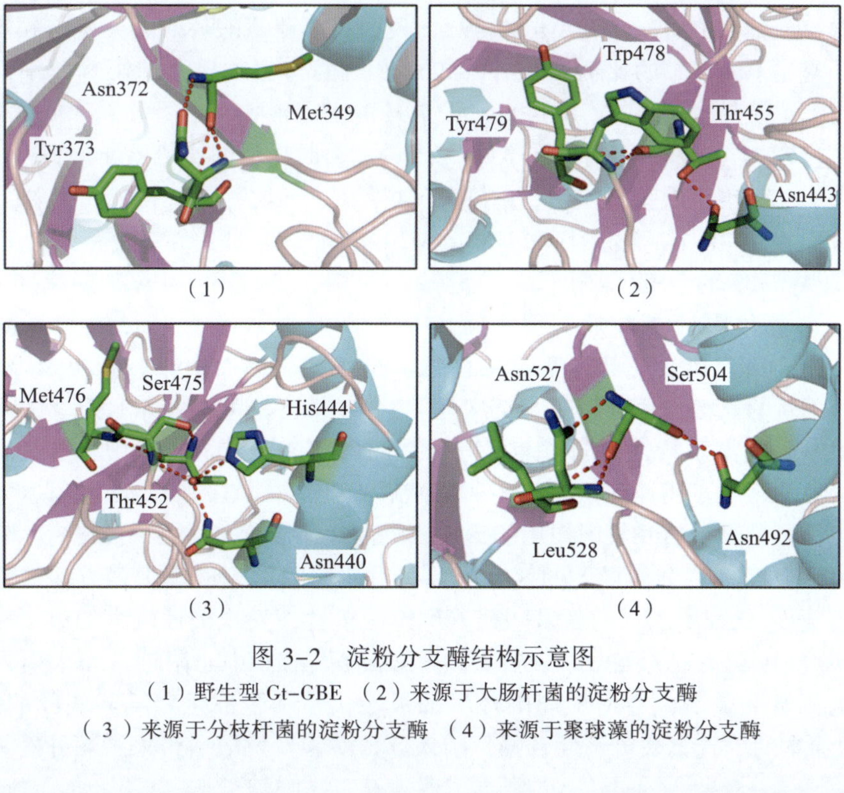

图 3-2 淀粉分支酶结构示意图

（1）野生型 Gt-GBE （2）来源于大肠杆菌的淀粉分支酶

（3）来源于分枝杆菌的淀粉分支酶 （4）来源于聚球藻的淀粉分支酶

（1）Gt-GBE 的 Met349 与 Asn372、Tyr373 形成氢键等相互作用［图 3-2（1）］。

（2）在来源于大肠杆菌的淀粉分支酶（与 Gt-GBE 的序列相似性为 44%）中，与 Gt-GBE Met349 对应的氨基酸是 Thr455，Thr455 与位于 β- 折叠的 Asn443 有额外的氢键作用［图 3-2（2）］。

（3）在来源于分枝杆菌（*Mycobacteria*）的淀粉分支酶（与 GT-GBE 的序列相似性为 43%）中，与 Gt-GBE 的 Met349 对应的氨基酸是 Thr452，位于 α- 螺旋的 Thr452 与 β- 折叠处的 Asn440 和 His444 有额外的氢键作用［图 3-2（3）］。

（4）在来源于聚球藻的淀粉分支酶（与 Gt-GBE 的序列相似性为 46%）中，与 Gt-GBE 的 Met349 对应的氨基酸是 Ser504，Ser504 与位于 β- 折叠的氨基酸有额外的氢键作用［图 3-2（4）］。

（二）催化位点附近的氨基酸对酶催化性能的影响

刘艺婷等将 Gt-GBE 的 Met349 突变成苏氨酸、丝氨酸、组氨酸、酪氨酸，分别构建 M349T、M349S、M349H、M349Y 单突变体，并在大肠杆菌 BL21（DE3）中表达[22]。相比于野生型，突变体的比活及其对淀粉的作用方式有所改变。当以马铃薯支链淀粉为底物时，野生型 Gt-GBE 的比活为 384U/mg，突变体 M349T、M349S 的比活比野生型分别增加了 24.5%，21.1%，而突变体 M349Y、M349H 的比活比野生型均有所降低。比活大小顺序为突变体 M349T > 突变体 M349S > 野生型 > 突变体 M349H > 突变体 M349Y，说明将甲硫氨酸替换成苏氨酸和丝氨酸有利于提高 Gt-GBE 的比活。此外，Met349 对酶与底物结合的影响较小，与野生型相比，突变体 M349T、M349S、M349H 的米氏常数（K_m）分别降低了 8.5%，21.2%，11.4%，分别作用于直链淀粉与支链淀粉时比活的比值差异较小。

进一步分析野生型和突变体结构模型可以发现，与野生型 Gt-GBE［图 3-3（1）］相比，突变体 M349T、M349S 额外增加了与 β- 折叠上具有保守性的 Asn337 的氢键作用［图 3-3（2）和图 3-3（3）］，进而提高了比活。用组氨酸替代甲硫氨酸后，引入正电荷的同时引入了与 Val340 的氢键作用［图 3-3（4）］，比活有轻微程度的降低。虽然突变体 M349T、M349S、M349H 都引入了新的氢键作用，但是与突变体 M349H 相比，突变体 M349T、M349S 不改变氨基酸的离子特性，同时与保守性强的氨基酸形成氢键作用，这更有利于空间构象的稳定。用酪氨酸替代甲硫氨酸后［图 3-3（5）］，不改变氨基酸的离子特性，但是没有额外氢键作用的形成，酶的比活降低了 33.9%。

另一方面，一个位置上的氨基酸残基对比活的影响取决于多方面的共同作用[23]。通过比较所引入的氨基酸残基侧链的极性，发现极性较大的组氨酸降低了比活。349 位氨基酸位于（β/α）$_8$ 桶状结构域活性中心附近，如果引入极性较强的氨基酸侧链，会增加周围环境的极性，不利于催化残基与底物的反应。349 位原本的甲硫氨酸疏水性较强，引入苏氨酸和丝氨酸后带来了额外的氢键作

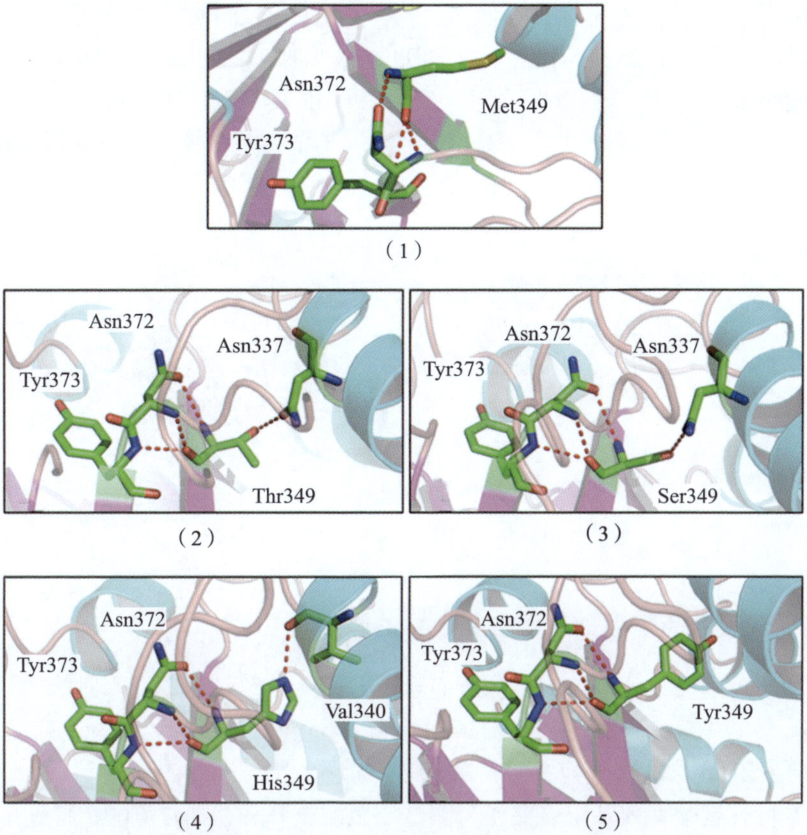

图 3-3 Gt-GBE 及其突变体的结构示意图

（1）野生型 Gt-GBE （2）突变体 M349T

（3）突变体 M349S （4）突变体 M349H （5）突变体 M349Y

用，且疏水性变化较小，能够提高比活。虽然组氨酸额外增加了与 Val340 的氢键作用，但同时增加了较强的极性，影响了活性中心的疏水环境，因此比活略有下降。而引入酪氨酸，既不增加氢键作用，又可以增加环境的极性，其空间体积占据较大，较大的侧链阻碍了底物结合，因此比活下降明显。

二、与底物相互作用的关键位点氨基酸

（一）关键位点氨基酸的特点

江海旻等获得了 Ro-GBE 与直链麦芽七糖（M7）复合晶体结构（图 3-4），发现 M7 的还原性末端存在着三个水分子（Wat92、Wat112 和 Wat129）参与稳定酶的结构和底物附近的环境[24]。水分子与周围氨基酸和底物之间的结合距离均为 0.21 ~ 0.36nm。其中，Wat92、Wat112 和 Wat129 彼此之间以氢键结合，

并且与周围的氨基酸之间也存在氢键。M7 还原性末端的首个糖单元与这三个水分子之间也均存在氢键相互作用，His492 与 Wat112 之间通过氢键结合。Gln489 作为关键位点，其侧链的 N 原子不仅与 Wat129 具有相互作用，还与还原性末端糖单元的第 2 个氧原子发生氢键相互作用。Gln489 残基与底物有较强的结合，此位点与 Ro-GBE 和底物的相互作用相关。

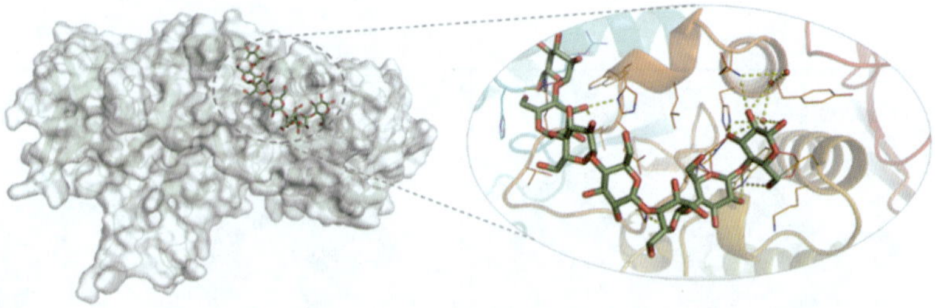

图 3-4 Ro-GBE 与 M7 的结构示意图

（二）关键位点氨基酸对酶催化性能的影响

1. 对酶－底物相互作用力的影响

用其余的 19 个氨基酸替换 Ro-GBE 的 Gln489 残基，引起的该残基与底物的作用情况不同。具体分为 3 类，如图 3-5 所示。

（1）将谷氨酰氨残基定点突变为侧链较短的氨基酸，如甘氨酸，得到单突变体 Q489G。突变体 Q489G 完全失去 489 位点残基与底物的相互作用，其 N 原子和 O 原子与底物的距离分别为 0.65nm 和 0.68nm，远超过氢键相互作用范围［图 3-5（2）］。

（2）将谷氨酰氨残基定点突变为侧链长度与谷氨酰氨类似、但带电性不同的氨基酸，如谷氨酰氨，得到单突变体 Q489E。突变体 Q489E 因为转角不同增加了与底物的相互作用，其第 1 个氧原子和第 2 个氧原子分别距离底物 0.33nm 和 0.21nm［图 3-5（3）］。

（3）将 Gln489 残基定点突变为具有较长侧链的氨基酸残基，如精氨酸，得到单突变体 Q489R。此氨基酸不仅加强了与首个糖单元的氢键相互作用，还与第 2 个糖单元具有额外的氢键作用［图 3-5（4）］。

江海旻等将 Ro-GBE 的 Gln489 残基分别突变成甘氨酸、谷氨酰氨、精氨酸三种不同的氨基酸，得到 Gln89 位突变体 Q489G、Q489E 和 Q489R。研究发现与野生型相比，单突变体 Q489G、Q489E 和 Q489R 比活均发生了变化[24]。其中，突变体 Q489G 的比活降低至野生型的 90.6%，而突变体 Q489E 和 Q489R 的比活均有不同水平的提高。比活高低的具体顺序为突变体 Q489R > 突变体 Q489E > 野生型 > 突变体 Q489G。由该位点突变引起的酶－底物结合的变化可以解释这些突变体活性的降低或提高。Gln489 处突变体的活性变化也表明此位点能以更加有效的构象结合底物，在淀粉分支酶催化过程中具有重要地位。

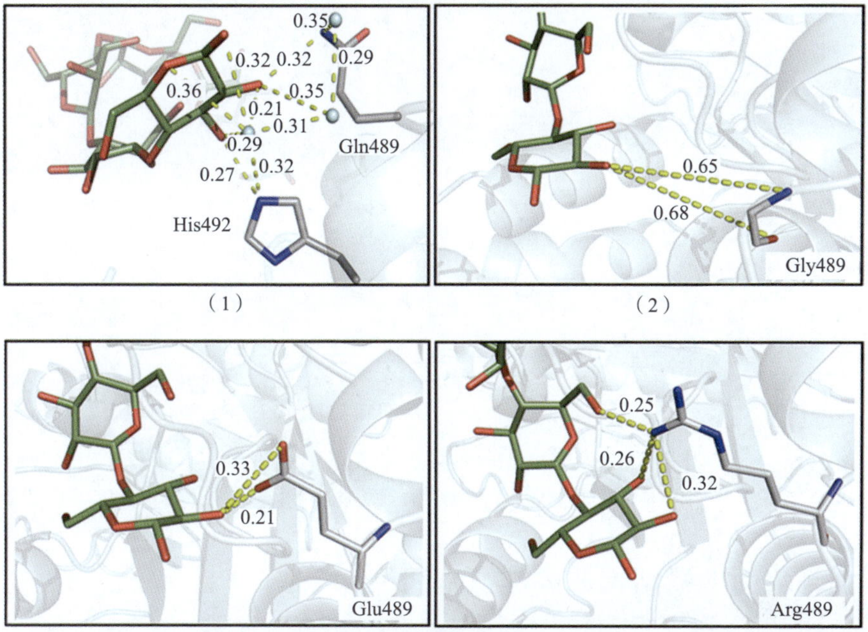

（1）　（2）　（3）　（4）

图 3-5　Ro-GBE489 位点突变引起的分子间接触的变化

（1）野生型 Ro-GBE （2）突变体 Q489G （3）突变体 Q489E （4）突变体 Q489R

图中数字显示了野生型及突变体中 M7 与 489 位氨基酸残基之间的相对距离（单位：nm）。

M7 以棍棒模型显示，碳原子显绿色。

2. 对底物分支能力的影响

野生型 Ro-GBE 及 Gln489 位点突变体均可改变麦芽糊精中 α-1，6 糖苷键的相对含量（图 3-6）。突变体 Q489E 和 Q489R 改性后的麦芽糊精 α-1，6 糖苷键的相对含量较野生型分别由 4.46% 提高到 5.04% 和 5.41%，而突变体 Q489G 改性后的麦芽糊精的 α-1，6 糖苷键相对含量却有所降低。

3. 对底物特异性的影响

Gln489 位点处的突变并没有引起 Ro-GBE 底物特异性的显著变化，野生型 Ro-GBE 和突变体均更倾向于作用马铃薯支链淀粉，这种较强的特异性是由 Ro-GBE 的空间结构和催化机制共同决定的。

相较于其他来源的淀粉分支酶，Ro-GBE 催化口袋（Catalytic pocket）空间更大，可以更好地容纳空间结构较大的支链淀粉。此外，在 Ro-GBE 与底物发生双取代作用（水解和异构化反应）的第一阶段，支链淀粉含有多个非还原性末端，可为此过程提供更多可以水解的链段，提高整个催化过程的效率。而 Gln489 位点距离 Ro-GBE 的催化中心较远（约 3.5nm），故此处突变既没有改变催化口袋的极性环境，也没有改变催化口袋的空间大小，而是从酶与糖链非还原性末端结合程度的角度来改变酶的催化活性。

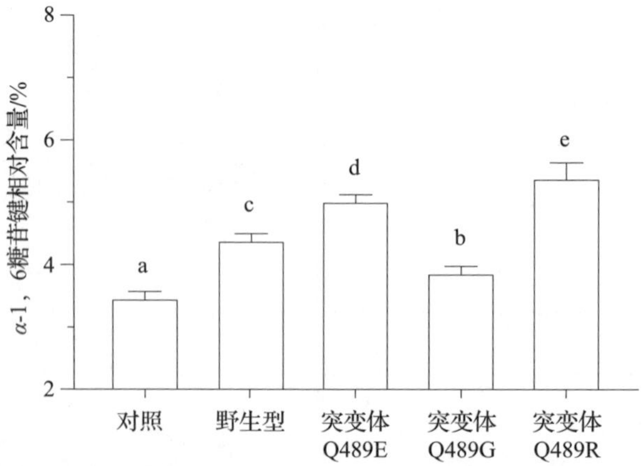

图 3-6 Ro-GBE 野生型及突变体改性前后麦芽糊精的 α-1，6 糖苷键相对含量

图中不同字母表示组间均值在 $P<0.05$ 水平上具有显著性差异。对照组为未改性的麦芽糊精。

三、表面凹槽结构的关键氨基酸

（一）凹槽结构的特点

酶蛋白的表面具有凹槽结构。班宵逢等研究发现，来源于蓝杆藻 ATCC 51142 的淀粉分支酶（cceBE）的结构与 Ro-GBE 具有 49% 的相似性，包括 CBM 48、结构域 A、结构域 C 和结构域 N[25]。其中，CBM 48 和结构域 C 都和 Ro-GBE 结构折叠方式高度相似。从序列层面对应至结构层面，Ro-GBE 的 β10 和 α3 之间存在着一段环状结构，在此位置 cceBE 则存在着由 4 个反向平行的 β-折叠组成的发卡结构。有趣的是，cceBE 额外的 β-折叠在蛋白质的上部分形成了更大“凸起”，而由于更短的环状结构的存在使得 Ro-GBE 在此处形成了与 cceBE 截然相反的结构——凹槽［图 3-7（1）］。

Gly160 位于凹槽的上方，相对应地，cceBE 在此处为一个芳香族氨基酸 Trp285。这两个氨基酸结构迥异的侧链结构是造成凹槽的主要原因。在 cceBE 中，Trp285 的两个苯环类似于“一扇门”［图 3-7（3）］，将此凹槽完全堵住，从而使底物无法进一步延伸结合；而 Gly160 由于其较短的侧链［图 3-7（2）］，为凹槽留出了足够的空间结合底物，打通了两个糖链结合的裂缝。综上所述，Gly160 对 Ro-GBE 表面凹槽形成、糖链的结合乃至催化能力至关重要。因此，对 160 位点进行突变可操纵此凹槽的表面结构。

（二）关键氨基酸分子改造对表面凹槽结构的影响

根据氨基酸侧链结构的特点，用不同的氨基酸代替 Ro-GBE Gly160，得到不同凹槽结构的突变体，如图 3-8 所示。

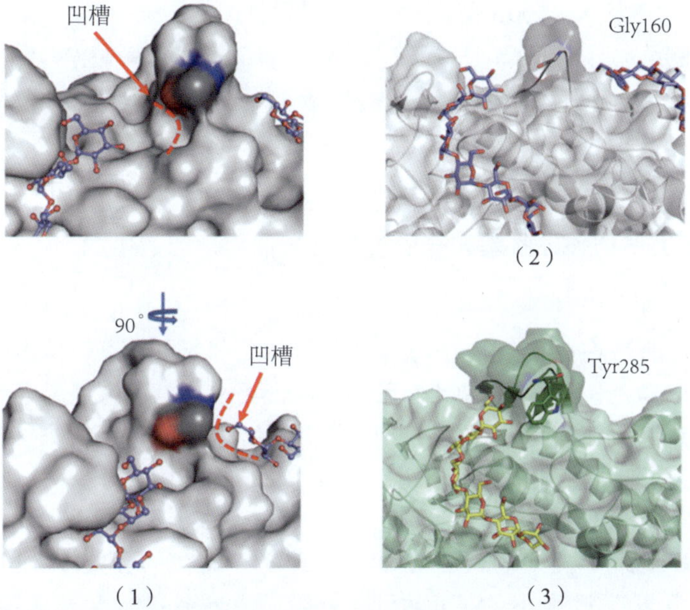

图 3-7　Ro-GBE 与 cceBE 的凹槽结构及其与底物的复合结构
（1）Ro-GBE 的凹槽结构　（2）Ro-GBE 的底物结合凹槽　（3）cceBE 的底物结合凹槽

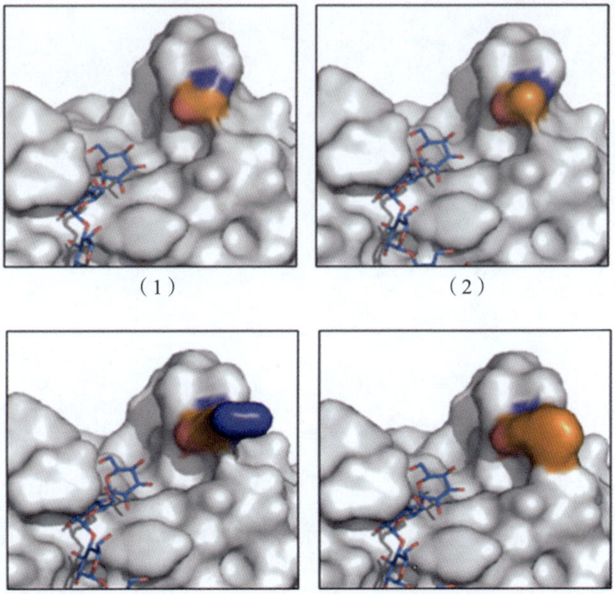

图 3-8　Gly160 位点突变引起的表面凹槽结构的变化
（1）野生型 Ro-GBE　（2）突变体 G160A　（3）突变体 G160R　（4）突变体 G160F

（1）丙氨酸与甘氨酸的侧链结构高度相似，由此构建突变体 G160A。野生型 Ro-GBE 与突变体 G160A 的凹槽结构接近。

（2）以侧链比甘氨酸长的精氨酸来代替 Gly160，得到突变体 G160R。在野生型 Ro-GBE 基础上，突变体 G160R 的氨基酸残基侧链进一步延伸，形成了更深的裂缝。

（3）苯丙氨酸侧链存在苯环，以苯丙氨酸来代替 Gly160，突变体 G160F 可以形成类似于 cceBE 的结构，苯丙氨酸侧链的苯环可以将此凹槽结构堵住。

（三）表面凹槽关键氨基酸分子改造对酶催化性能的影响

1. 对酶的比活的影响

Ro-GBE 酶活性的变化与其表面结构有关，以野生型和单突变体 G160A、G160R、G160F 为例，突变体 G160A 比活较野生型无明显差异，而突变体 G160R 和 G160F 的比活较野生型均有明显提高。其中，突变体 G160R 的比活升高幅度最为显著，为野生型的 183%。

2. 对底物分支度的影响

Ro-GBE 作用于麦芽糊精后可显著提高麦芽糊精的分支度，经野生型淀粉分支酶改性后麦芽糊精分支度可达到 4.46%。经过突变体 G160A 改性后的麦芽糊精分支度与野生型的结果无明显差异，而突变体 G160F 和 G160R 改性后的麦芽糊精分支度较野生型分别提高 6.15% 和 6.53%，与突变体比活变化的结果相符（图 3-9）。

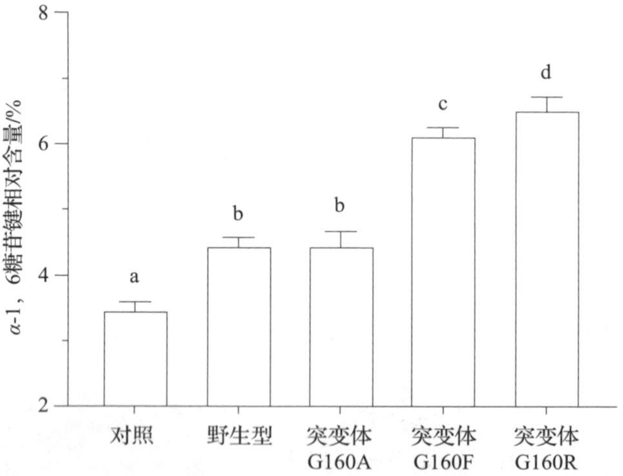

图 3-9 Ro-GBE 野生型及突变体改性前后的麦芽糊精 α-1，6 糖苷键相对含量

图中不同字母表示组间均值在 $P<0.05$ 水平上有显著性差异

3. 对底物特异性的影响

江海旻以马铃薯直链淀粉和马铃薯支链淀粉作为底物，分析 Gly160 位点处突变体对 Ro-GBE 催化性能的影响。研究发现 Ro-GBE 野生型更加倾向于作

用于支链淀粉，突变体 G160R 和 G160F 表现出了与野生型完全不同的底物倾向性，两者都更加倾向于作用于直链淀粉[24]。对于 G160R，这种底物特异性的变化可能是因为精氨酸的侧链比甘氨酸长，在空间结构上，突变体 G160R 较野生型而言，在 160 位点处的空间位阻更大，为结合底物提供了更小的空间，使突变体 G160R 能够更好地结合没有分支且空间结构较小的直链淀粉，而对于支链淀粉的结合能力减弱。对于突变体 G160F，则是由于苯丙氨酸的侧链存在一个苯环结构，阻隔了整个结合通道，阻碍了底物的进一步滑动，从而更加倾向于结合缺少分支的直链淀粉。

第三节　提高淀粉分支酶热稳定性的分子改造

一、淀粉分支酶的 *C* 末端与其热稳定性

酶的催化效率与结构的灵活性呈正相关，而酶的热稳定性与结构的刚性呈正相关[26,27]。因此对酶的分子改造需要在结构的灵活性和刚性方面达到最佳平衡状态，才有助于提升酶整体的催化性能。采用定点突变的方法操纵酶分子活性中心附近的单个或多个氨基酸是提高酶热稳定性常见的方法之一，但是这往往会导致被操纵区域的氨基酸残基上碳的灵活性降低，从而降低酶的催化效率[28]。为了避免此负面影响，改造那些距离活性中心较远的氨基酸残基或片段成为提高酶热稳定性的新突破口。与酶的 *N* 末端相比，*C* 末端缺乏激活和识别底物的关键区域，不涉及酶的催化特性[29,30]，并且，淀粉分支酶的 *C* 末端具有较高的灵活性，将其 *C* 末端删除是分子改造提高其热稳定性的有效手段。

（一）*C* 末端氨基酸片段的特点

同源蛋白的序列比对是发掘不同来源蛋白质在一级序列上特殊性的有效手段[31]。来源于大肠杆菌的淀粉分支酶（Ec-GBE）已被解析，且与 Gt-GBE 同源性最高，序列比对发现相比于 Ec-GBE 序列，Gt-GBE 在其 *C* 末端延伸出了 26 个氨基酸残基，这其中约含有 50% 的带电荷氨基酸残基，可能与溶剂中金属离子形成静电相互作用[32,33]。相比于酶蛋白分子的其他区域，这种结构灵活性较强，降低了酶分子表面的刚性（图 3-10）。此外，这些氨基酸残基与淀粉分支酶催化活性中心或底物结合位

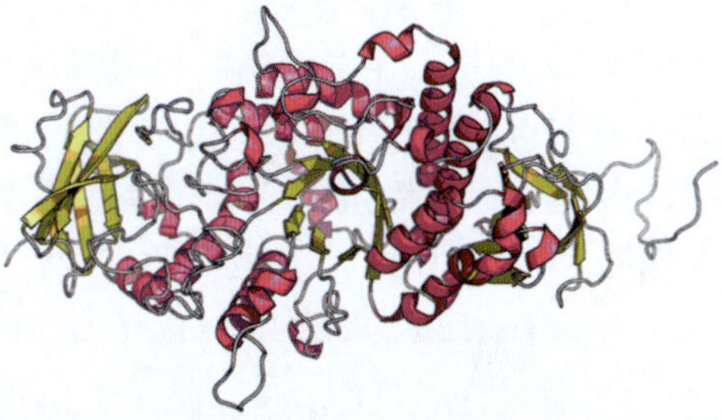

图 3-10　Gt-GBE 的分子结构

点相距较远，不涉及淀粉分支酶的催化特性。通过基因删除 Gt-GBE 的 *C* 末端 26 个氨基酸残基得到 *C* 末端缺失型突变体（Gt-GBEΔ*C*），可以影响 Gt-GBE 在溶液中与金属离子的静电相互作用。

（二）*C* 末端氨基酸片段对酶催化性能的影响

1. 对酶热稳定性和热变性的影响

Gt-GBEΔ*C* 的热稳定性强于 Gt-GBE，在 50 ~ 80℃下保温后，Gt-GBEΔ*C* 的残余活性均高于 Gt-GBE，如图 3-11（1）所示。此外，在 62℃下，Gt-GBE 的残余活性约为初始酶活力的一半，而 Gt-GBEΔ*C* 的残余活力还维持在较高水平。热变性温度（T_m）是当体系中有一半的蛋白质分子发生变性时的温度，Gt-GBE 和 Gt-GBEΔ*C* 的热变性曲线［图 3-11（2）］显示，Gt-GBEΔ*C* 的热变性曲线位于 Gt-GBE 热变性曲线的右侧，说明 Gt-GBEΔ*C* 比 Gt-GBE 具有更高的热变性温度。Gt-GBE 在 55℃时开始变性现象，而 Gt-GBEΔ*C* 在 62℃才开始出现变性现象，Gt-GBEΔ*C* 的热变性温度比 Gt-GBE 高约 5℃。

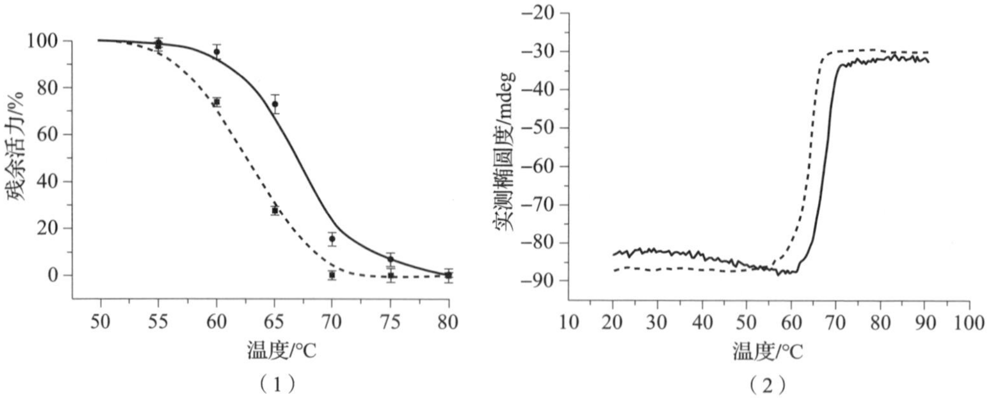

图 3-11　Gt-GBE 和 Gt-GBEΔ*C* 在不同温度下的热稳定性和热变性曲线
（1）热稳定性曲线　（2）热变性曲线　实线：Gt-GBEΔ*C*　虚线：Gt-GBE

2. 对酶升温过程中结构变化的影响

Gt-GBE 和 Gt-GBEΔ*C* 在各自 T_m 下保温前后的远紫外圆二色谱（CD）曲线如图 3-12 所示，在未保温时这两种蛋白质分子具有相似的二级结构类型及含量，远紫外 CD 曲线相似［图 3-12（1）］。在保温后，两者的远紫外 CD 曲线均趋于平缓，表明在保温后蛋白质分子失去了大量的二级结构。但相比之下，Gt-GBEΔ*C* 在保温后比 Gt-GBE 具有更多的二级结构，其热稳定性较强［图 3-12（2）］。

3. 对最适反应温度和最适反应 pH 的影响

Gt-GBEΔ*C* 在不同反应温度下的活力曲线整体与 Gt-GBE 相似，Gt-GBEΔ*C* 的最适反应温度稍高于 Gt-GBE［图 3-13（1）］。此外，Gt-GBEΔ*C* 与 Gt-GBE

具有相似的最适反应 pH，pH 低于 5.5 或是高于 9.0 均会导致酶活力的迅速下降［图 3-13（2）］。相比于 Gt-GBE，Gt-GBEΔ*C* 的 pH 稳定性范围略窄。

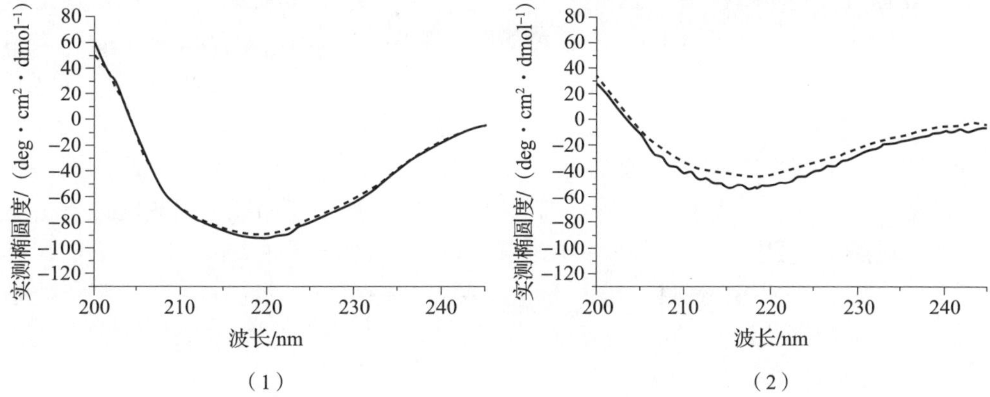

图 3-12 Gt-GBE 和 Gt-GBEΔ*C* 保温前后的远紫外 CD 图谱

（1）Gt-GBE 和 Gt-GBEΔ*C* 保温前的远紫外 CD 图谱 （2）Gt-GBE 和 Gt-GBEΔ*C* 保温后的远紫外 CD 图谱 实线：Gt-GBEΔ*C* 虚线：Gt-GBE

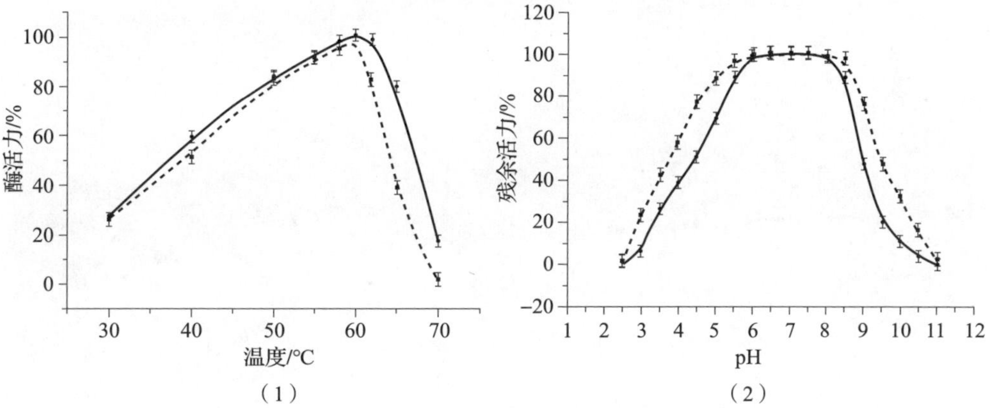

图 3-13 Gt-GBE 和 Gt-GBEΔ*C* 的最适反应温度和最适反应 pH

（1）最适反应温度 （2）最适反应 pH 实线：Gt-GBEΔ*C* 虚线：Gt-GBE

（三）*C* 末端氨基酸片段影响酶催化性能的机制

相比于 Gt-GBE，Gt-GBEΔ*C* 删除了 *C* 末端 26 个氨基酸残基，两种蛋白质分子的催化特性没有发生显著变化，而 Gt-GBE 和 Gt-GBEΔ*C* 对金属离子的响应值、依赖性及其热稳定性发生了显著变化。在 Gt-GBE 的分离、纯化过程中发现，在缺乏金属离子的溶液中，粗 Gt-GBE 溶液澄清但无法与镍柱（His Trap HP）结合，而在添加了金属离子后，粗 Gt-GBE 溶液可以与镍柱结合并通过含有 500 mmol/L 咪唑的磷酸缓冲液洗脱。与此不同的是，Gt-GBEΔ*C* 可以在不存在金属离子的条件下与镍柱结合并通过 500 mmol/L 咪唑的磷酸缓冲液洗脱。根据以上现象，推测溶剂中的金属离子可以协助 Gt-GBE 分散于溶剂中，而在不含金属离子的溶剂中，低浓度的 Gt-GBE 则发生轻微的聚集，不利于处于 *C* 末端的组氨酸标签（His-tag）与镍柱结合。

Gt-GBE 的 *C* 末端 26 个氨基酸残基对 Gt-GBE 对金属离子的依赖性及稳定性有重要影响，Gt-GBE 和 Gt-GBEΔ*C* 可能以如图 3-14 所示模型存在于溶液中。Gt-GBE 需要与金属离子通过静电相互作用结合，从而形成稳定的网络结构，而 Gt-GBEΔ*C* 则不依赖于金属离子，可以自由地游离于溶液中。因此，Gt-GBE 和 Gt-GBEΔ*C* 呈现热稳定性差异可能是由于：在加热过程中，Gt-GBE 所形成的网络结构更易于缠绕聚沉，而 Gt-GBEΔ*C* 则可以游离在溶液中从而减少因热变性所引发的蛋白质聚沉。此外，Gt-GBE 和 Gt-GBEΔ*C* 提高热稳定性的机制可能不同，具有完整序列的 Gt-GBE 通过静电相互作用提高其稳定性，而 Gt-GBEΔ*C* 则可能是通过去除分子表面灵活性较强的区域，加强了分子表面刚性从而提高了热稳定性。

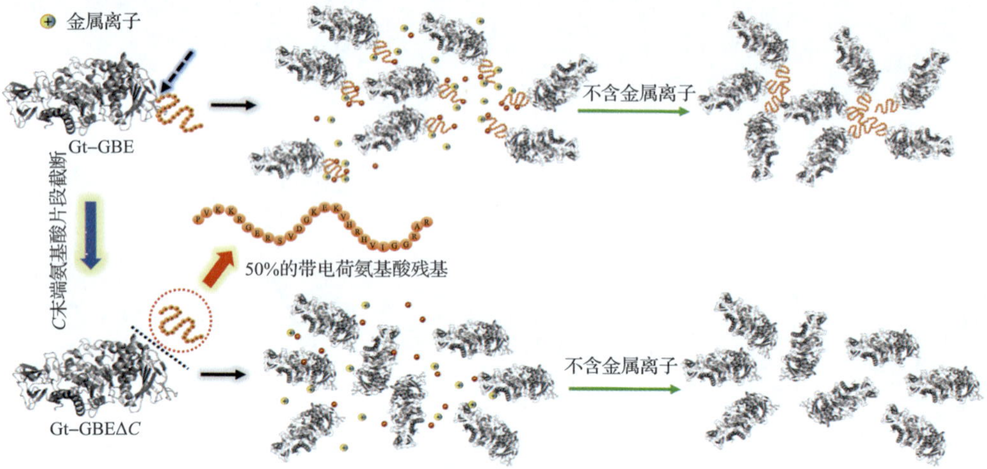

图 3-14　Gt-GBE 和 Gt-GBEΔ*C* 在溶剂中的状态模型

删除 Gt-GBE 的 *C* 末端部分氨基酸残基会导致一系列关于金属离子的淀粉分支酶生化性质的变化，这也进一步说明 Gt-GBE 的 *C* 末端氨基酸残基与溶剂中金属离子的相互作用对于淀粉分支酶的生化性质，尤其是稳定性，具有重要的作用。通过删除 Gt-GBE 的 *C* 末端部分氨基酸残基，可以得到具有更高热稳定性和更低金属离子依赖性的 Gt-GBE *C* 末端缺失型突变体，其使用性能更适合淀粉改性的工业化需求，改性后的淀粉衍生物更适用于食品、医药领域。

二、酶蛋白分子内部的静电相互作用

（一）盐桥特性及其分布规律

蛋白质中的静电相互作用既可以来自蛋白质分子外部，如蛋白质分子与溶剂中金属离子之间的静电相互作用，也可以来自蛋白质分子内部，即蛋白质分子内氨基酸残基之间形成的静电相互作用[34]。蛋白质分子内部的静电相互作用，又称为离子键或盐桥，是带相反电荷的两个氨基酸残基侧链相互接近且带正电荷的胍基 N^+ 与带负电荷的羧基 O^- 之间的距离小于 0.4nm 时所形成的静电相互作用，长期以来被认为是影响蛋白质稳定性的重要因素[35,36]。

1. 盐桥在蛋白质分子一级结构中的分布

盐桥在蛋白质一级结构中的分布与组成盐桥的两个氨基酸残基在一级序列上的远近有着重要关系，以精氨酸和赖氨酸的盐桥在一级序列上的分布为例，如图 3-15 所示。盐桥的形成集中于一级序列之差相对较小的两个氨基酸残基之间，两个氨基酸残基在一级序列上的序列差小于 5 时出现最大分布密度，这种盐桥称为“近端盐桥”。

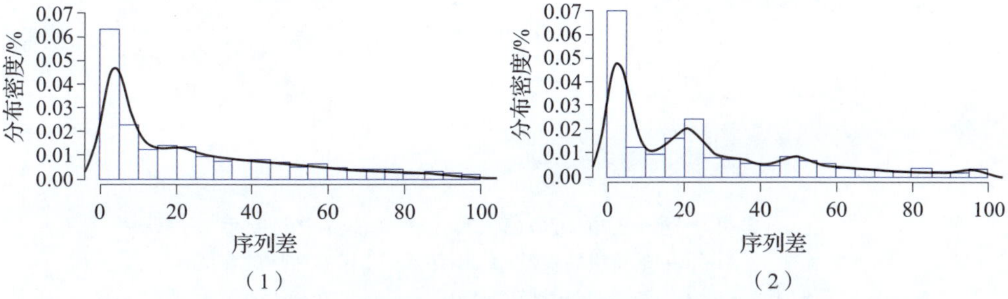

图 3-15 含有精氨酸和赖氨酸的盐桥在一级序列上的分布
（1）含有精氨酸的盐桥 （2）含有赖氨酸的盐桥

2. 近端盐桥在蛋白质分子一级结构中的分布

蛋白质分子中的盐桥有超过三分之一属于近端盐桥，以 Arg-Glu、Arg-Asp、Lys-Glu 和 Lys-Asp 四种近端盐桥在蛋白质分子一级结构中的分布为例（图 3-16），在含有赖氨酸的近端盐桥（Lys-Glu 盐桥和 Lys-Asp 盐桥）中，有 50% 以上组成盐桥的两个氨基酸残基在一级序列上的序列差为 4；在含有精氨酸的 Lys-Glu 近端盐桥中，有近 70% 的盐桥形成于一级序列上的序列差为 5 的两个带相反电荷的氨基酸残基之间。与上述三种近端盐桥不同的是，Lys-Asp 近端盐桥大多形成于一级序列上的序列差为 2 或 4 的两个带相反电荷的氨基酸残基之间。

3. 盐桥在蛋白质分子二级结构中的分布

以 Arg-Glu、Arg-Asp、Lys-Glu 和 Lys-Asp 四种近端盐桥为例，盐桥在蛋白质分子二级结构中的分布情况如表 3-1 所示。其中 α- 螺旋 -α- 螺旋（H-H）结构在四种盐桥中最为丰富，其在 Arg-Glu 盐桥中的含量为 22.4%，在 Arg-Asp 盐桥中的含量为 13.1%，在 Lys-Glu 盐桥中的含量为 16.2%，在 Lys-Asp 盐桥中的含量为 7.15%。盐桥更易在两种相似结构的氨基酸残基之间形成，在四种盐桥中，β- 折叠 -β- 折叠（E-E）和无规卷曲 - 无规卷曲（R-R）这两种结构也相对较多。

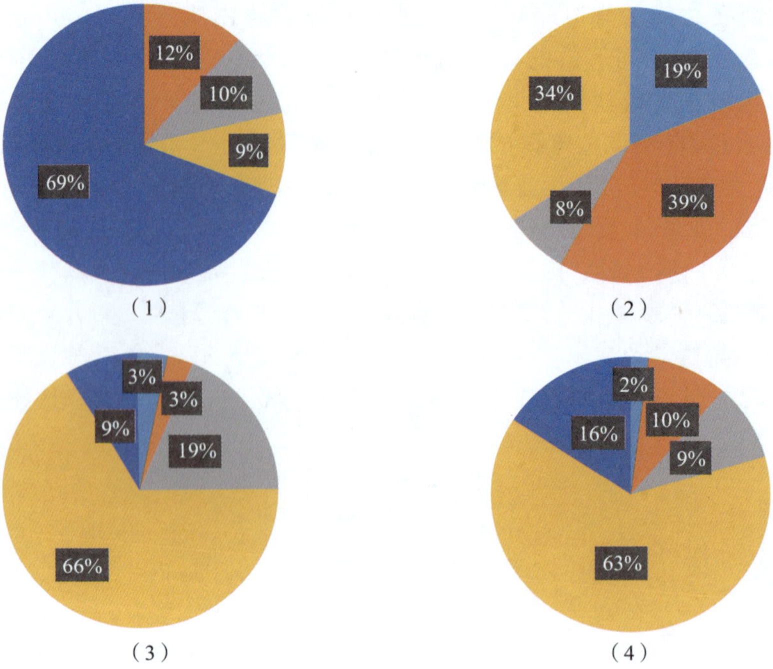

图 3-16　近端盐桥在蛋白质分子一级结构中的分布

(1) 在 Arg-Glu 盐桥中的含量　(2) 在 Arg-Asp 盐桥中的含量

(3) 在 Lys-Glu 盐桥中的含量　(4) 在 Lys-Asp 盐桥中的含量

不同颜色表示两个氨基酸残基序列差分别为 1(浅蓝色)、2(橙色)、3(灰色)、4(黄色)、5(深蓝)

表 3-1　　盐桥在蛋白质分子二级结构中的分布

二级结构	在 Arg-Glu 盐桥中的含量 /%	在 Arg-Asp 盐桥中的含量 /%	在 Lys-Glu 盐桥中的含量 /%	在 Lys-Asp 盐桥中的含量 /%
H-H	22.4	13.1	16.2	7.2
E-E	17.1	11.6	6.8	7.1
R-R	4.5	5.9	12.2	9.9
H-R	3.1	4.2	3.7	5.5
T-R	1.7	5.1	3.2	9.5
S-R	1.6	2.4	4.9	7.4
E-B	0.3	0	0	0.03

注：H：α- 螺旋；E：β- 折叠；R：无规卷曲；B：β- 转角；T：氢键转角；S：转角。

4. 盐桥在蛋白质分子三、四级结构中的分布

盐桥在蛋白质分子三、四级结构中的分布如图 3-17 所示。对于未形成盐桥的 4 种带电荷氨基酸，平均约 48% 的氨基酸残基分布于蛋白质分子表面。对于已经形成盐桥的氨基酸残基，只有平均约 15% 含有赖氨酸的盐桥和 25% 含有精

氨酸的盐桥分布于蛋白质分子表面。这表明在蛋白质分子中有大量未形成盐桥的带电荷氨基酸残基分布于蛋白质分子表面，间接表明基于一个带电荷的氨基酸残基构建突变体以形成盐桥更可能发生在蛋白质分子的表面。

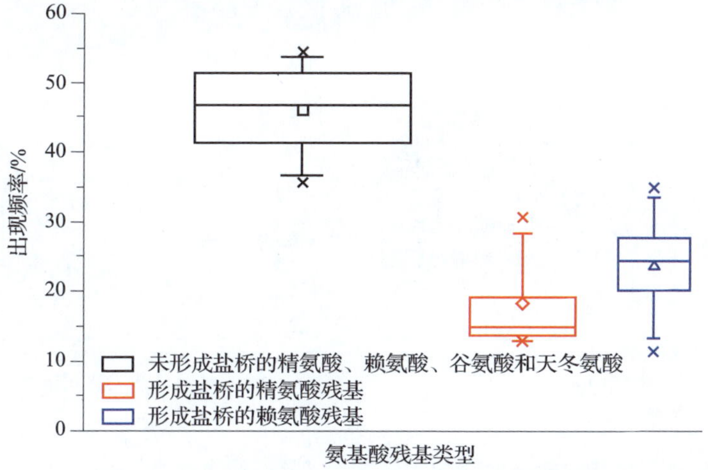

图 3–17 形成盐桥和未形成盐桥的带电荷氨基酸在蛋白质分子三、四级结构中的分布

5. 构成盐桥的氨基酸残基主链和侧链位置分布

盐桥的位置主要由形成盐桥的两个氨基酸残基主链和侧链的相互关系决定。因此，盐桥主链 C_α–C_α 之间距离和侧链顶端氮 – 氧（N–O）之间距离的相互关系是深入了解盐桥在蛋白质分子中分布规律的关键。其中，C_α– C_α 之间距离为来源于精氨酸和赖氨酸的 C_α 与来源于天冬氨酸和谷氨酸的 C_α 之间的距离。N–O 之间距离为来源于精氨酸和赖氨酸的 N^+ 与来源于天冬氨酸和谷氨酸的 O^- 之间的距离。

如图 3–18 所示，对于含有谷氨酸的盐桥来说，形成盐桥的两个氨基酸残基 C_α–C_α 之间距离为 0.4 ~ 1.4nm。对于含有天冬氨酸的盐桥来说，形成盐桥的两个氨基酸残基 C_α–C_α 之间距离为 0.4 ~ 1.2nm。相比于含有天冬氨酸的盐桥，含有谷氨酸的盐桥的两个氨基酸残基 C_α–C_α 之间的最大距离比含有天冬氨酸的盐桥 C_α–C_α 之间的最大距离大 0.2nm，这是由于谷氨酸比天冬氨酸侧链多一个 C 原子。

盐桥主链 C_α–C_α 之间距离和侧链顶端 N–O 之间距离的密度分布图可以反映出盐桥在某种特定位置的分布频率情况。如图 3–19 所示，构成盐桥的两个氨基酸残基 C_α–C_α 之间距离在 0.4~0.6nm 处有较大的密度，表明在此位置范围内盐桥出现的概率最大。

6. 盐桥在蛋白质分子不同结构中的分布

（1）盐桥在 α– 螺旋中的存在性 如图 3–18 所示，形成盐桥的两个氨基酸残基 C_α–C_α 之间的最小距离为 0.4nm。而 α– 螺旋中相邻两个氨基酸残基之间的距离约为 0.15nm[37]。因此，在 α– 螺旋中相邻氨基酸残基之间几乎没有形成盐桥的可能。此外，形成盐桥的两个氨基酸残基 C_α-C_α 之间的最大距离为 1.4nm，而在 α-螺旋中平均每 3.6 个氨基酸残基组成螺旋上升一圈并向上平移约 0.54nm[38]。因此，在 α-螺旋中能形成盐桥的两个氨基酸残基在一级序列上的序列差不能超过 9。

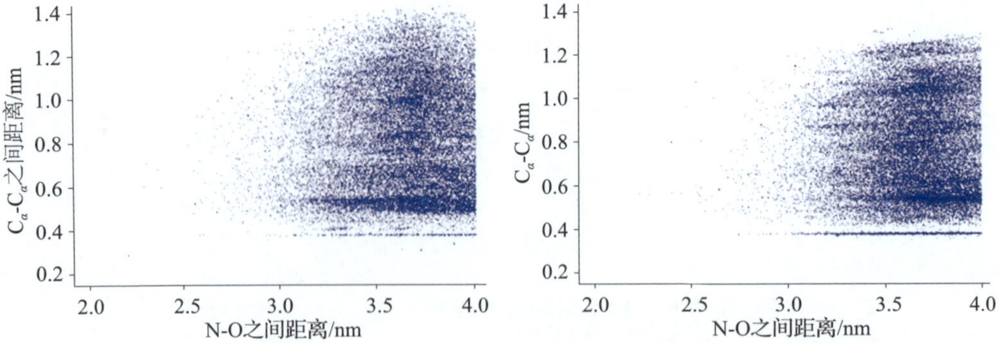

（1） （2）

图 3-18 含有谷氨酸和天冬氨酸的盐桥的分布

（1）含有谷氨酸的盐桥 （2）含有天冬氨酸的盐桥

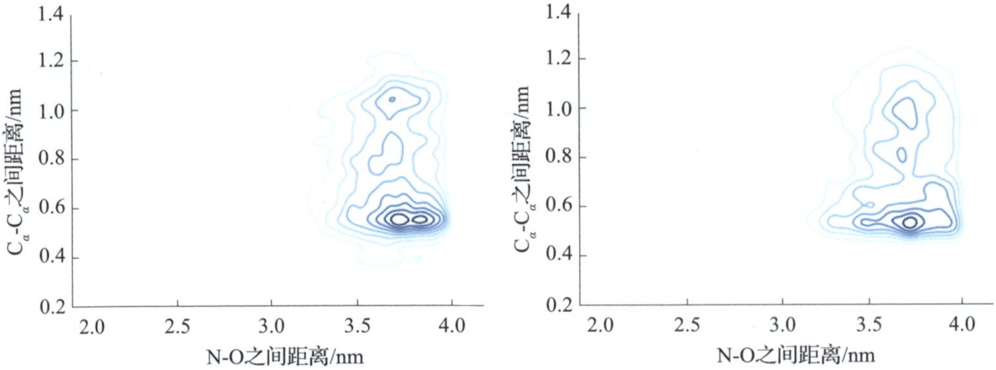

（1） （2）

图 3-19 含有谷氨酸和天冬氨酸盐桥的密度分布

（1）含有谷氨酸的盐桥 （2）含有天冬氨酸的盐桥

（2）盐桥在 β-折叠中的分布 蛋白质分子中的另一种常见结构 β-折叠，其结构中多数肽链呈现伸展状态，相邻两个氨基酸残基之间轴心距离约为 0.35nm[38,39]，该数值接近形成盐桥的两个氨基酸残基 N-O 之间的最小距离。因此，在 β-折叠中相邻的两个带相反电荷的氨基酸残基之间可能形成盐桥。同样，根据形成盐桥的两个氨基酸残基 C_α-C_α 之间最大距离推测，在 β-折叠中能形成盐桥的两个带相反电荷氨基酸残基在一级序列上的序列差最多为 4。

（3）盐桥在 β-转角和无规卷曲中的分布 在蛋白质分子中还存在着 β-转角

和无规卷曲两种结构[39,40]。β-转角一般由2～16个氨基酸残基组成。常见的β-转角由4个氨基酸组成，其中甘氨酸和脯氨酸是β-转角中常见的氨基酸残基。无规卷曲结构相对松散，但有明确和稳定的构象，且易受侧链的影响。有序非重复的β-转角和无规卷曲结构经常构成酶的活性部位或其他特异性功能部位。由于β-转角和无规卷曲的结构较为松散无序，相比于在α-螺旋和β-折叠结构中盐桥的分布，该种结构中盐桥的分布规律较少。目前，未发现盐桥在这两种结构中分布的明确规律。

7. 盐桥对相应区域中氨基酸残基遗传稳定性的影响

盐桥在蛋白质分子正确的折叠、结构和功能等方面扮演着重要的角色[41]。按照生物进化的观点，具有重要生物学意义的盐桥应该在每一代中得以保留以保持生物的遗传稳定性。图3-20所示为四种带电荷氨基酸残基在蛋白质分子中特定位置出现的频率图。对于Arg-Glu盐桥而言，有超过50%的精氨酸继续维持其遗传稳定性，即在进化树的每一分支点，在特定精氨酸残基位点处维持该位点为精氨酸残基；相应的，在该种盐桥中有超过50%谷氨酸会继续维持其遗传稳定性，即在进化树的每一分支点，在特定谷氨酸残基位点处维持该位点为谷氨酸残基。对于其他三种盐桥（Arg-Asp盐桥、Lys-Glu盐桥和Lys-Asp盐桥），也有类似的现象，即约有50%的盐桥会在进化树的每一分支点中保持原有的氨基酸残基类型。这表明在生物进化过程中，蛋白质分子中的盐桥在遗传中被尽量保留下来，说明盐桥对生物体来说是重要的，且具有较高的遗传稳定性。从图3-20中还可以看出，除Lys-Glu盐桥外，在Arg-Glu、Arg-Asp和Lys-Asp盐桥中，在进化树的每一分支点处，第二个出现的比例较高的氨基酸残基是不同的、带同种电荷的氨基酸。

有一定进化关系的蛋白质的氨基酸序列中相同的氨基酸序列中的氨基酸残基被称为保守氨基酸残基。当盐桥中的一种氨基酸残基保守时，该盐桥中另一种带相反电荷的氨基酸残基有将近80%的概率是保守的；在某一进化分支点，当盐桥中一种氨基酸残基突变为未带电荷的中性氨基酸残基时，该盐桥中另一种带相反电荷的氨基酸残基只有10%～20%的概率是保守的；而当盐桥中一种氨基酸残基突变为与盐桥中氨基酸残基相似的、带同种电荷的氨基酸残基时，该盐桥中另一种带相反电荷的氨基酸残基是保守的概率上升到40%～50%。结果表明，在生物的遗传进化中，盐桥被尽可能地保留下来，当盐桥中的一种氨基酸残基发生突变致使盐桥被破坏时，盐桥中另一种带相反电荷的氨基酸残基会很快发生变化。

通常，研究者认为遗传稳定性越强的氨基酸残基对蛋白质分子稳定性的贡献越大。相比于一般氨基酸残基，盐桥中氨基酸残基的遗传稳定性较强，对蛋白质分子的稳定性贡献率较大。盐桥的遗传稳定性可能会影响相应区域的遗传稳定性，而区域遗传稳定性的提高有利于该区域对蛋白质分子整体稳定性的贡

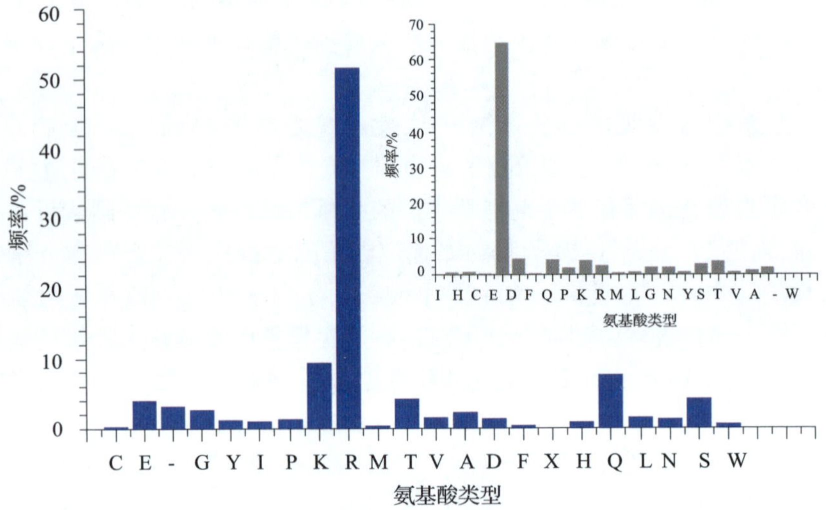
频率/%
60
50
40
30
20
10
0
C E - G Y I P K R M T V A D F X H Q L N S W
氨基酸类型
70
60
50
40
30
20
10
0
I H C E D F Q P K R M L G N Y S T V A - W
氨基酸类型

（1）

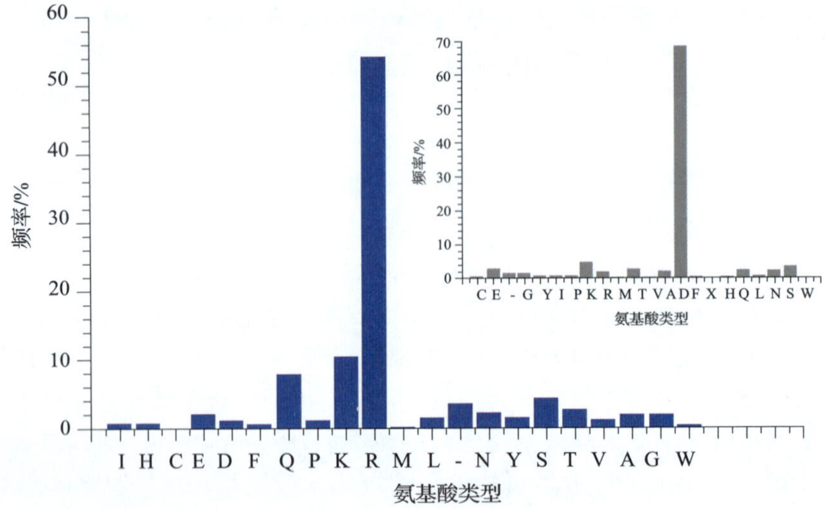
频率/%
60
50
40
30
20
10
0
I H C E D F Q P K R M L - N Y S T V A G W
氨基酸类型
70
60
50
40
30
20
10
0
C E - G Y I P K R M T V A D F X H Q L N S W
氨基酸类型

（2）

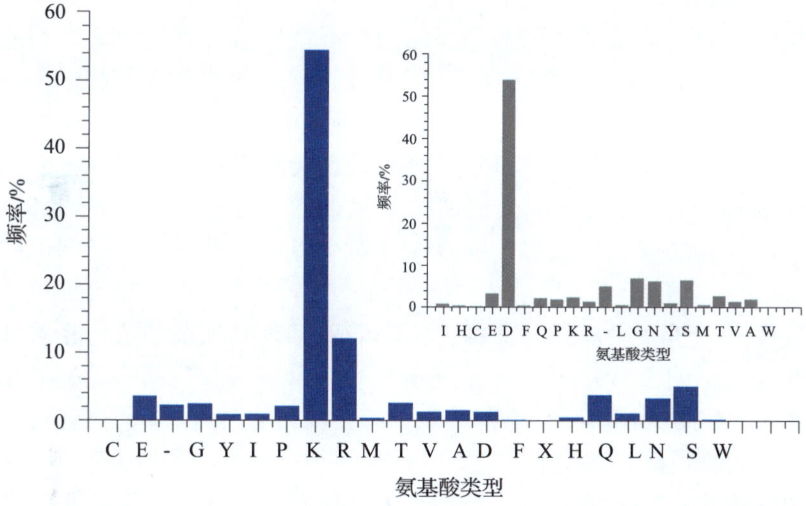

（3）

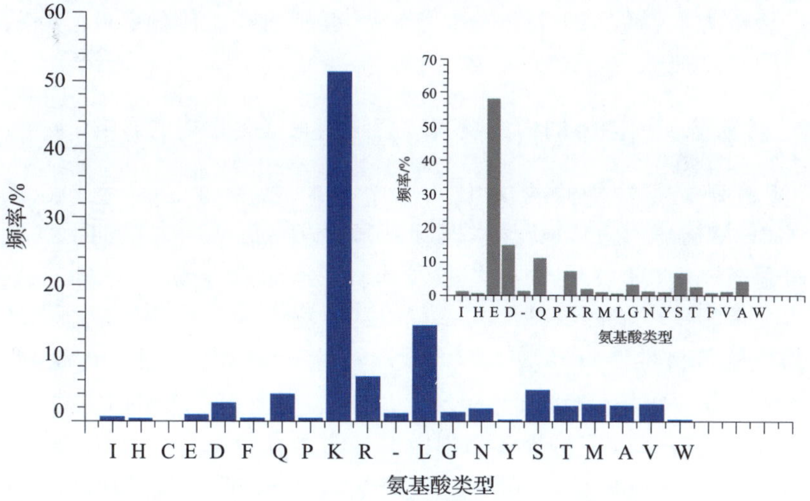

（4）

图 3-20　盐桥在蛋白质分子中特定位点出现的频率

（1）Arg-Glu 盐桥　（2）Arg-Asp 盐桥　（3）Lys-Glu 盐桥　（4）Lys-Asp 盐桥

（1）- 蓝色柱：Arg-Glu 盐桥中 Arg 位置处可能出现的所有氨基酸残基；（1）- 灰色柱：Arg-Glu 盐桥中 Glu 位置处可能出现的所有氨基酸残基；（2）- 蓝色柱：Arg-Asp 盐桥中 Arg 位置处可能出现的所有氨基酸残基；（2）- 灰色柱：Arg-Asp 盐桥中 Asp 位置处可能出现的所有氨基酸残基；（3）- 蓝色柱：Lys-Glu 盐桥中 Lys 位置处可能出现的所有氨基酸残基；（3）- 灰色柱：Lys-Glu 盐桥中 Glu 位置处可能出现的所有氨基酸残基；（4）- 蓝色柱：Lys-Asp 盐桥中 Lys 位置处可能出现的所有氨基酸残基；（4）- 灰色柱：Arg-Glu 盐桥中 Asp 位置处可能出现的所有氨基酸残基；“-”代表氨基酸在该位点空缺。

献率。依据以上分析，有必要进一步探究盐桥的遗传稳定性对所处氨基酸区域遗传稳定性的影响。

当盐桥中的一个氨基酸残基是保守的，该盐桥所处氨基酸区域的遗传稳定性较高，为61%～100%；相反地，当盐桥中的一个氨基酸残基是非保守的，该盐桥所处氨基酸区域的遗传稳定性较低，为0%～45%。这说明盐桥的存在且稳定的遗传可以显著提高其所在氨基酸区域的遗传稳定性和保守性。从生物进化论的角度来看，蛋白质分子特定氨基酸区域遗传稳定性较高，表明其对维持蛋白质分子结构和功能更加重要，即该区域对于蛋白质分子结构稳定性的贡献率较大。

综合以上分析，组成盐桥的两个氨基酸残基具有较强的遗传相关性，其中一个氨基酸残基的遗传稳定性会显著影响另一个氨基酸残基的遗传稳定性。因此，若人为构建的盐桥中一个氨基酸残基具有较高的遗传稳定性，可能会显著提高另一个氨基酸残基的遗传稳定性，并且提高相应区域的遗传稳定性。从生物进化论的角度来说，具有较高遗传稳定性的区域对蛋白质分子维持生物功能、保持结构稳定性具有重要的作用。因此，构建旨在提高蛋白质分子稳定性的盐桥，除应满足盐桥的生物信息学特征外，还应尽可能选择遗传稳定性较高的氨基酸残基。

（二）淀粉分支酶盐桥的构建及其对酶结构与催化性能的影响

1. 淀粉分支酶盐桥的构建

Gt-GBE结构中存在11个α-螺旋、26个β-折叠和大量的无规卷曲，其分子表面存在一定量的带电荷氨基酸残基，在该淀粉分支酶中适当位置处进行突变，两个带相反电荷的氨基酸残基可以通过静电相互作用形成盐桥。为了降低盐桥构建的盲目性，应当基于野生型淀粉分支酶中原有带电荷氨基酸残基，寻找可行的氨基酸残基位点进行突变，与之产生静电相互作用形成盐桥。

对于近端盐桥，以淀粉分支酶中内源性带电荷氨基酸残基位点为基础，对与其一级序列差不超过5的氨基酸残基进行突变。近端盐桥的两个氨基酸残基C_α-C_α之间距离集中于0.4nm或0.6nm左右，且多数位于蛋白质分子的同一类结构中；对于非近端盐桥，盐桥的两个氨基酸残基C_α-C_α之间距离集中于0.6～0.8nm，且多数位于蛋白质分子的同一类结构中。此外，盐桥的存在可以提高蛋白质分子相应区域的遗传稳定性，即提高该区域对蛋白质分子整体稳定性的贡献率。为了最大程度地筛选出可以提高Gt-GBE热稳定性的盐桥组合，应尽可能选择保守性较强的氨基酸残基组成盐桥。依以上条件进行筛选，班宵逢等筛选出了Gt-GBE的潜在盐桥，如表3-2所示，并对拟构建的盐桥的两个氨基酸残基的保守性进行了分析，如表3-3所示。

表 3-2　Gt-GBE 中盐桥的生物信息学分析[42]

二级结构	氨基酸 1	氨基酸 2	C_α-C_α 距离 /nm①	序列差	近端 / 非近端盐桥②
α- 螺旋	R170	H224	0.68	54	-
	D227	Q231	0.62	4	+
	K335	T339	0.59	4	+
β- 折叠	K32	V37	0.43	5	+
	R49	G98	0.81	49	-
	R569	I571	0.57	2	+
无规卷曲	R269	I266	0.80	3	+

注：① 氨基酸 1 与氨基酸 2 的 C_α-C_α 之间距离；
② +，近端盐桥；-，非近端盐桥。

表 3-3　Gt-GBE 中拟构建的盐桥中两个氨基酸残基的保守性分析[42]

二级结构	氨基酸 1	氨基酸 2	氨基酸 1 的保守性	氨基酸 2 的保守性
α- 螺旋	R170	H224	nc	c
	D227	Q231	nc	c
	K335	T339	nc	nc
β- 折叠	K32	V37	c	nc
	R49	G98	c	c
	R569	I571	c	c
无规卷曲	R269	I266	nc	nc

注：nc，非保守；c，保守。

2. 淀粉分支酶盐桥的构建对酶催化性能的影响

（1）对酶的比活的影响　野生型和突变体淀粉分支酶的酶活力如表 3-4 所示。通过对比突变体与野生型淀粉分支酶酶活力发现，突变体淀粉分支酶的酶活力与野生型淀粉分支酶相似，这暗示突变体淀粉分支酶中突变位点处氨基酸残基的改变未对淀粉分支酶的催化性能产生显著影响。并且，构建于淀粉分支酶不同二级结构的突变体均未对其 K_m 产生显著影响，说明突变位点处氨基酸残基的改变未明显改变淀粉分支酶的催化性能。

表 3-4　野生型和突变体淀粉分支酶的比活和 K_m

二级结构	野生型 / 突变体	比活 /（U/mg）	K_m
—	野生型	282.3 ± 0.4	1.08 ± 0.02
α- 螺旋	突变体 H224E	281.6 ± 0.3	1.08 ± 0.01
	突变体 H224D	283.3 ± 0.2	1.09 ± 0.02
	突变体 Q231R	295.1 ± 0.2	1.01 ± 0.03
	突变体 Q231K	297.7 ± 0.1	0.98 ± 0.03
	突变体 T339E	292.7 ± 0.4	1.02 ± 0.01
	突变体 T339D	296.3 ± 0.4	1.01 ± 0.02

续表

二级结构	野生型 / 突变体	比活 / (U/mg)	K_m
β- 折叠	突变体 V37E	278.5 ± 0.2	1.09 ± 0.02
	突变体 V37D	275.9 ± 0.3	1.12 ± 0.03
	突变体 G98E	288.3 ± 0.2	1.05 ± 0.01
	突变体 G98D	291.8 ± 0.1	0.97 ± 0.02
	突变体 I571D	280.5 ± 0.4	1.07 ± 0.01
无规卷曲	突变体 I266E	280.7 ± 0.1	1.09 ± 0.04

（2）对酶热稳定性的影响　野生型和突变体淀粉分支酶的半衰期如表 3-5 所示。理性构建于 α- 螺旋和 β- 折叠结构中的盐桥对于淀粉分支酶热稳定性的贡献均大于构建于无规卷曲结构中的盐桥，并且 β- 折叠结构中的盐桥更有利于淀粉分支酶延长半衰期。此外，野生型和突变体淀粉分支酶的半衰期在 60℃和 65℃下呈现相似的时长，为 6 ~ 7min。

表 3-5　野生型和突变体淀粉分支酶的半衰期

二级结构	野生型 / 突变体	60℃半衰期 $t_{1/2}$/min	65℃半衰期 $t_{1/2}$/min
—	野生型	42.1 ± 1.1	6.9 ± 0.2
α- 螺旋	突变体 H224D	58.2 ± 1.2	8.1 ± 0.3
	突变体 H224E	59.8 ± 0.8	9.2 ± 0.1
	突变体 Q231R	53.2 ± 1.7	8.2 ± 0.1
	突变体 Q231K	53.6 ± 1.9	8.3 ± 0.1
	突变体 T339E	49.1 ± 0.7	7.2 ± 0.2
	突变体 T339D	50.4 ± 2.3	7.3 ± 0.1
β- 折叠	突变体 V37E	65.2 ± 1.5	10.3 ± 0.0
	突变体 V37D	69.4 ± 1.7	10.9 ± 0.1
	突变体 G98E	82.1 ± 2.5	12.6 ± 0.3
	突变体 G98D	88.3 ± 2.1	13.2 ± 0.2
	突变体 I571D	64.2 ± 1.2	11.3 ± 0.3
无规卷曲	突变体 I266E	42.7 ± 1.0	6.9 ± 0.0

热失活速率曲线分为陡峭区Ⅰ区（0 ~ 10 min）和平缓Ⅱ区（10 ~ 30 min）（图 3-21）。在野生型和突变体淀粉分支酶的失活变性过程中，酶分子在Ⅰ区快速失活，在Ⅱ区的失活速率低于Ⅰ区且持续时间较长。在Ⅰ、Ⅱ两区内，淀粉分支酶失活速率曲线均符合一级反应动力学。

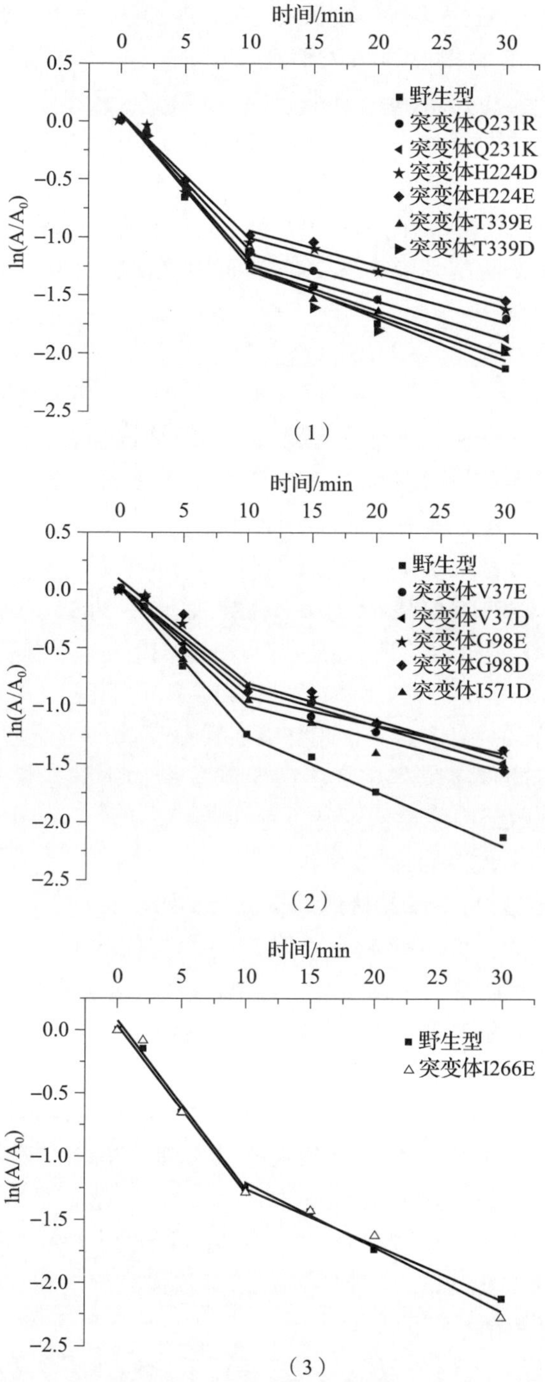

图 3-21　野生型及突变体淀粉分支酶的热失活速率曲线

（1）盐桥构建于 α-螺旋中的突变体与野生型淀粉分支酶 （2）盐桥构建于 β-折叠中的突变体与野生型淀粉分支酶 （3）盐桥构建于无规卷曲中的突变体与野生型淀粉分支酶

相比于野生型淀粉分支酶，盐桥构建于α-螺旋结构中的突变体在Ⅰ区具有与野生型淀粉分支酶相似的热失活速率；而突变体淀粉分支酶在Ⅱ区的热失活速率明显低于野生型淀粉分支酶，这表明构建于α-螺旋结构中的盐桥对淀粉分支酶热稳定性的贡献大多在于延缓淀粉分支酶在Ⅱ区的热失活速率。如图3-21（2）所示，构建于β-折叠结构中的盐桥不仅可以降低淀粉分支酶在Ⅱ区的热失活速率，且可以在一定程度上降低淀粉分支酶在Ⅰ区的热失活速率；而盐桥构建于无规卷曲中的突变体具有和野生型淀粉分支酶相似的热失活速率曲线。

野生型和突变体淀粉分支酶的热失活过程均需先经历Ⅰ区的“快失活过程”，然后经历Ⅱ区的“慢失活过程”。此外，相比于野生型淀粉分支酶，除突变体I266E外，盐桥构建于淀粉分支酶α-螺旋结构和β-折叠结构中的突变体均需要较高的能量才能导致失活，而盐桥构建于淀粉分支酶无规卷曲中的突变体具有和野生型淀粉分支酶相似的动力学参数。

3. 淀粉分支酶盐桥的构建对酶二级结构的影响

CD曲线可以反映蛋白质分子中α-螺旋、β-折叠和无规卷曲等二级结构的相对含量，CD曲线的弯曲程度可以反映蛋白质分子中二级结构的丰富程度。随着野生型淀粉分支酶的CD吸收强度大幅下降，其CD曲线趋于平缓（图3-22），表明在保温的过程中野生型淀粉分支酶中有大量二级结构被破坏。此外，在淀粉分支酶保温过程中，构建于同一结构中的盐桥，由于突变位点的差异其对酶分子整体结构稳定性贡献也存在差异。

4. 淀粉分支酶盐桥的结构分析

（1）构建于α-螺旋中的盐桥的结构分析　野生型淀粉分支酶中Arg170位于由Tyr169-His183组成的α-螺旋中（以*N*端为起始端的α2-螺旋），His224位于由Pro219-Ala232组成的α-螺旋中（以*N*端为起始端的α3-螺旋），其C_α-C_α之间距离为0.68nm（图3-23），符合盐桥中C_α-C_α的分布规律。

将淀粉分支酶中的His224突变为带负电荷的谷氨酸和天冬氨酸，其带负电荷的羧基能与处于相邻α-螺旋中的Arg170的胍基通过静电相互作用形成盐桥。蛋白质分子中带相反电荷氨基酸残基之间静电相互作用的大小与电荷大小成正比，与正负电荷之间距离的平方成反比。在盐桥Arg170-Asp224中，精氨酸胍基中的N^+与天冬氨酸羧基中的O^-之间最近的距离只有约0.15nm（图3-24），因此，Arg170-Asp224盐桥具有相对较强的静电相互作用，在保温过程中可以较强地稳定两个平行的α-螺旋。

对于His224位点处的谷氨酸突变，由于谷氨酸比天冬氨酸的侧链多一个C原子，相比于突变体H244D，突变体H224E中Arg170胍基中的2个N^+分别与Glu224羧基中的2个O^-之间的距离更近，该处盐桥具有更强的静电相互作用，在保温过程中可以更强地维持该区域的稳定性。

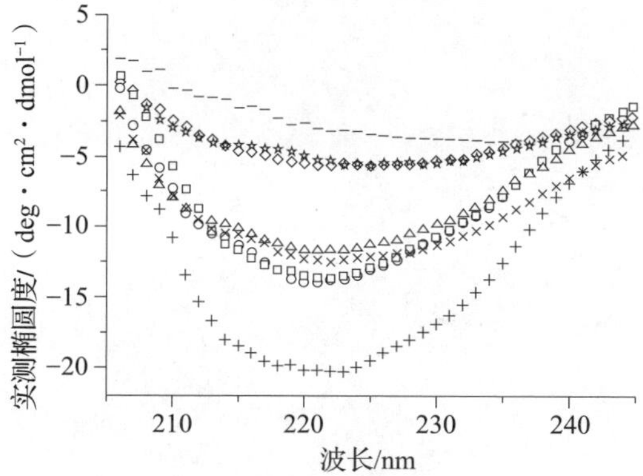

（1）

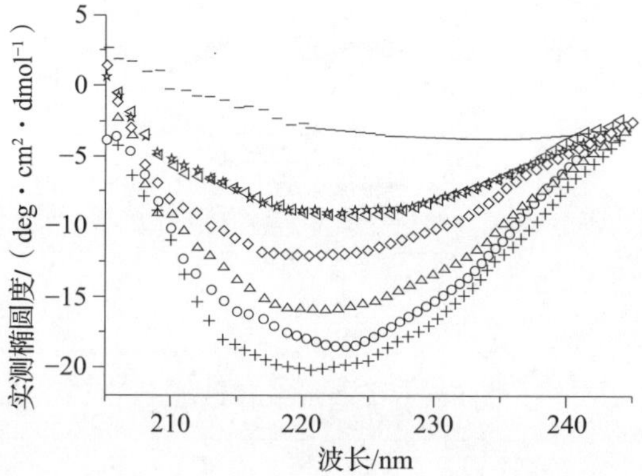

（2）

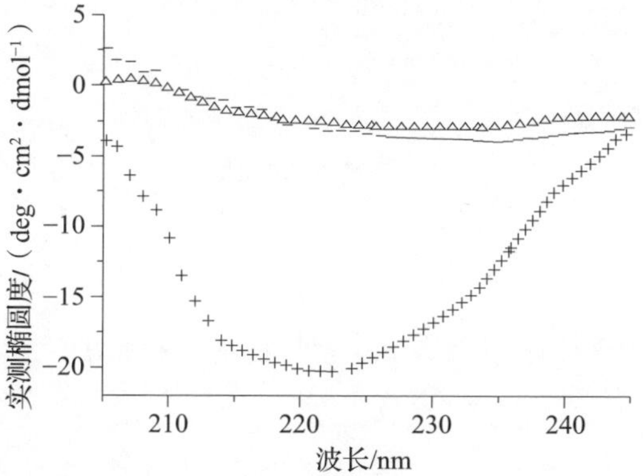

（3）

图 3-22　野生型和突变体淀粉分支酶的 CD 图谱

（1）（–）野生型淀粉分支酶；（○）突变体 H244E；（□）突变体 H244D，（×）突变体 Q231R；（△）突变体 Q231K；（◇）突变体 T339E；（☆）突变体 T339D　（2）（–）野生型淀粉分支酶；（○）突变体 G98E；（△）突变体 G98D；（◇）突变体 I571D；（☆）突变体 V37E；（◁）突变体 V37D　（3）（–）野生型淀粉分支酶；（△）突变体 I266E 在 65℃保温后的 CD 图谱；（+）野生型淀粉分支酶保温前 CD 图谱

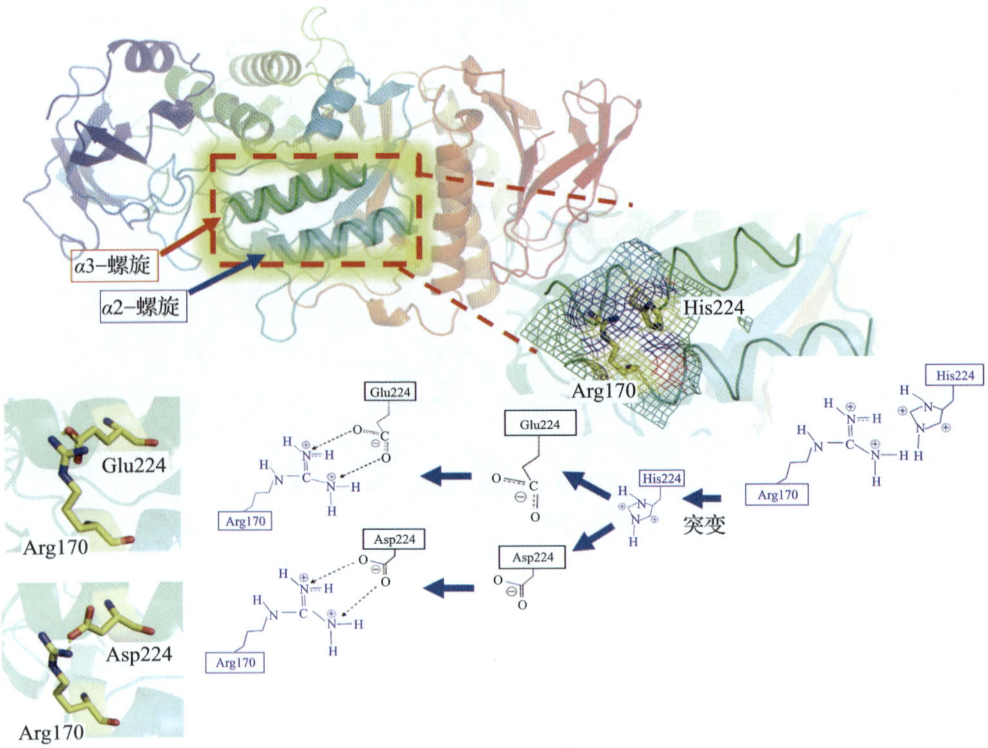

图 3-23 构建于淀粉分支酶第 170 和第 224 位点处的盐桥

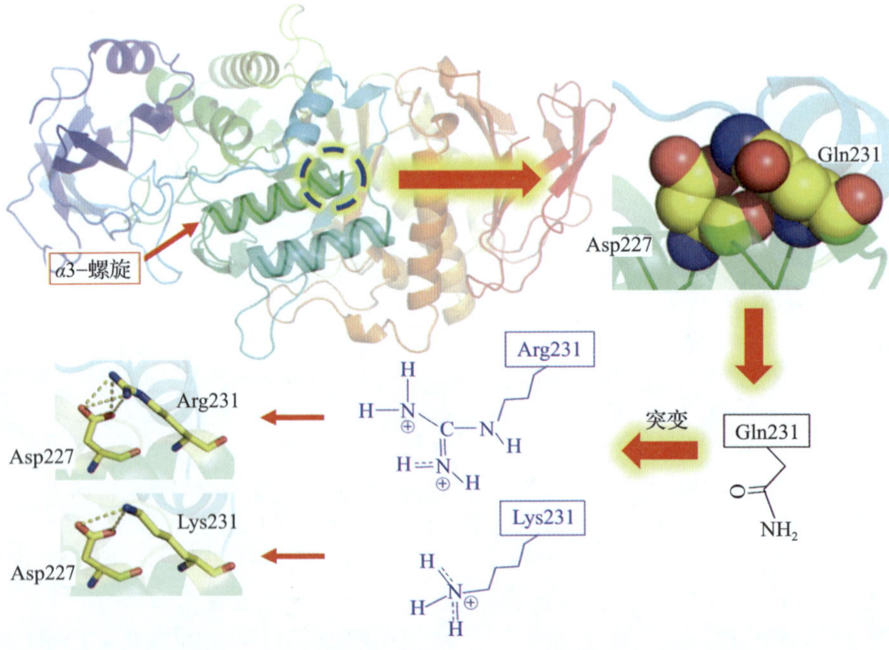

图 3-24 构建于淀粉分支酶第 227 和第 231 位点处的盐桥

淀粉分支酶中的 α3- 螺旋由 Pro219-Ala232 组成，其位于淀粉分支酶活性中心（β/α）$_8$ 区域中。将 Gln231 分别突变为精氨酸和赖氨酸可与该螺旋结构中第 227 位点处带负电荷的天冬氨酸形成近端盐桥，该盐桥构建于由 Pro219-Ala232 组成的 α- 螺旋中两个相邻的螺旋之间（图 3-24）。在该盐桥中，Arg231 和 Lys231 的 C_α 与 Asp227 的 C_α 之间距离为 0.62nm，符合盐桥的生物信息学特征。

突变体 Q231R 中精氨酸胍基中的 2 个 N^+ 分别与天冬氨酸羧基中 2 个 O^- 之间的距离为 0.31nm，0.30nm 与 0.39nm，0.41nm，而突变体 Q231K 中赖氨酸胍基中的 1 个 N^+ 与天冬氨酸羧基中 2 个 O^- 之间的距离分别为 0.38nm 和 0.33nm。Asp227-Arg231 和 Asp227-Lys231 盐桥中 N-O 原子之间的距离大于 Arg170-Asp224、Arg170-Glu224、Asp227-Arg231 和 Asp227-Lys231 盐桥，因此 Asp227-Arg231 和 Asp227-Lys231 盐桥中的静电相互作用弱于 Arg170-Asp224、Arg170-Glu224、Asp227-Arg231 和 Asp227-Lys231 盐桥。

相比于构建于两组 α2- 螺旋和 α3- 螺旋之间 Arg170-Asp224 和 Arg170-Glu224 盐桥，Asp227-Arg231 和 Asp227-Lys231 盐桥只存在于 α3- 螺旋之中，其对该区域热稳定性的贡献不及能够强化 α2- 螺旋和 α3- 螺旋之间结构刚性的盐桥，即 Asp227-Arg231 和 Asp227-Lys231 盐桥对淀粉分支酶的热稳定性的提升低于 Arg170-Asp224 和 Arg170-Glu224 盐桥。

在由 Pro327-His343 组成的 α6- 螺旋中，339 位点处氨基酸残基与 335 处氨基酸残基 C_α 之间距离为 0.59nm，符合蛋白质分子中盐桥 C_α 的分布规律。在突变体 T339E 中，Lys335 胍基中 N^+ 与 Glu339 中 O^- 之间的距离为 0.26nm；在突变体 T339D 中，Lys335 胍基中 N^+ 与 Asp339 中 2 个 O^- 之间的距离为 0.33nm 和 0.36nm。当两个带相反电荷的氨基酸残基侧链相互靠近且 N-O 之间距离小于 0.40nm 时可以通过静电相互作用形成盐桥。

Lys335-Glu339 和 Lys335-Asp339 盐桥位于 Pro327-His343 所组成 α6- 螺旋中的第 2 个和第 3 个螺旋中（图 3-25），是构建于 α6- 螺旋内部的盐桥。相比于 α2- 螺旋和 α3- 螺旋，α6- 螺旋位于距离淀粉分支酶活性中心（β/α）$_8$ 区域相对较远的地方，因此，强化 α6- 螺旋结构刚性的盐桥对淀粉分支酶热稳定性的贡献较小。相比于构建在 α2- 螺旋和 α3- 螺旋之间的 Arg170-Asp224 和 Arg170-Glu224 盐桥，构建于 α6- 螺旋内部的 Lys335-Glu339 和 Lys335-Asp339 盐桥对淀粉分支酶热稳定性提升的作用相对较小。

（2）构建于 β- 折叠中的盐桥的结构分析　β- 折叠在淀粉分支酶分子中多以肽键平面折叠成锯齿状呈现。淀粉分支酶的 *N* 端由 6 个反向平行的 β- 折叠组成，在该区域中每 3 个 β- 折叠反向平行并成为一组（第一组 β- 折叠由 Ala28-Gln33、Val36-Tyr44 和 Val75-Pro81 3 个 β- 折叠组成，第二组 β- 折叠由 Arg49-Val54、Gly98-Lys103 和 Lys90-Thr95 3 个 β- 折叠组成），两组 β- 折叠之间通过无规卷曲结构连接（图 3-26、图 3-27）。

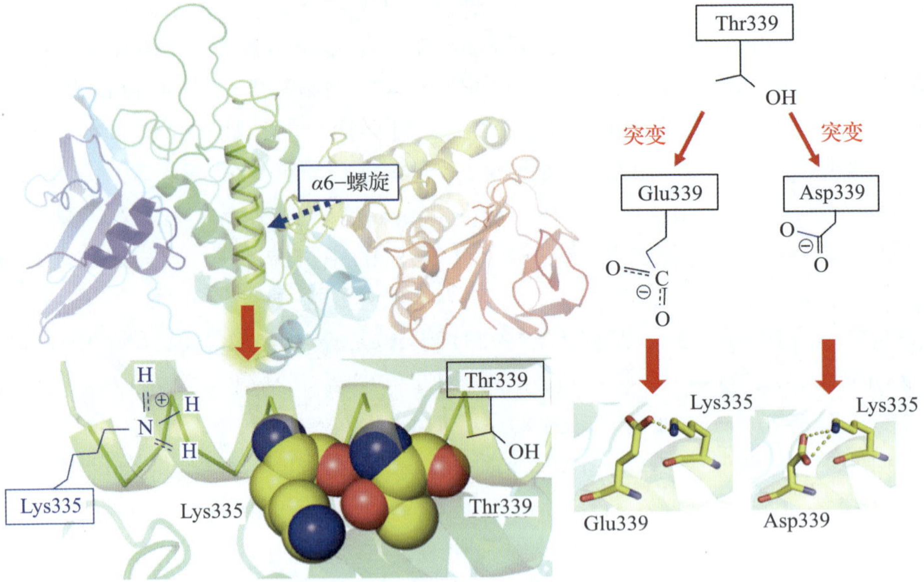

图 3-25　构建于淀粉分支酶中第 335 和第 339 位点处的盐桥

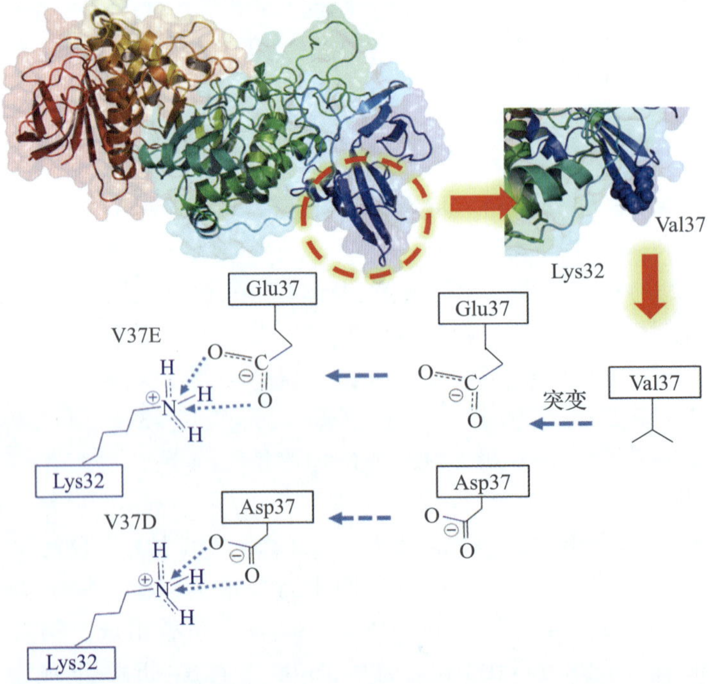

图 3-26　构建于淀粉分支酶中第 32 和第 37 位点处的盐桥

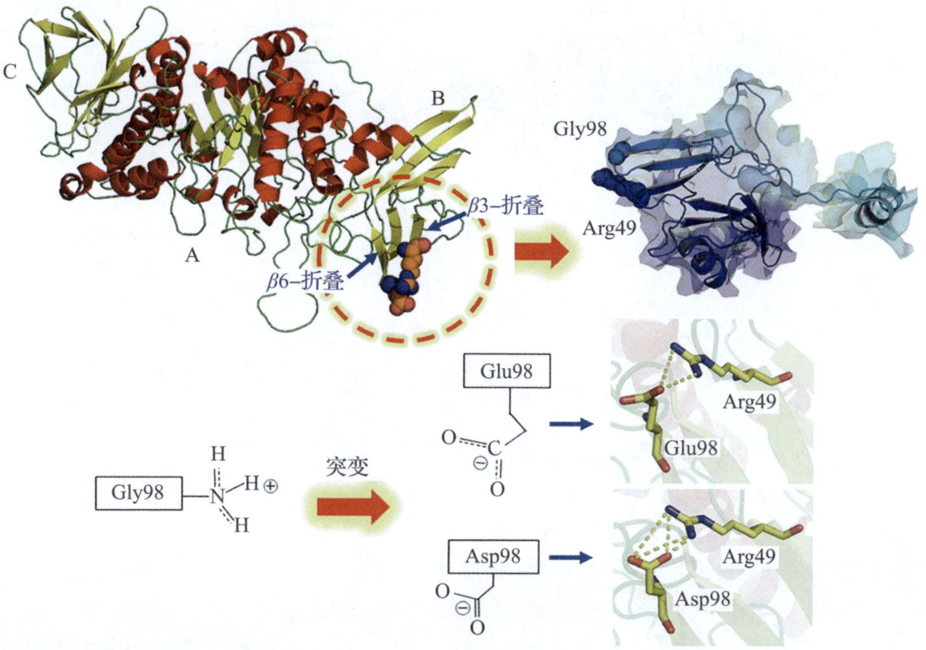

图 3-27 构建于淀粉分支酶中第 49 和第 98 位点处的盐桥

将第一组 β- 折叠中 Val37 突变为带负电荷的谷氨酸和天冬氨酸，可以与 Lys32 形成盐桥，强化淀粉分支酶 *N* 端结构的刚性。在第二组 β- 折叠中，将 Gly98 突变为带负电荷的谷氨酸和天冬氨酸，可与 Arg49 形成静电相互作用，同样具有加强淀粉分支酶中 *N* 端结构稳定性的作用。Lys32-Glu/Asp37 和 Arg49-Glu/Asp98 两类盐桥均有效增强了淀粉分支酶的热稳定性，同时也表明加强淀粉分支酶中 *N* 端结构稳定性的突变可以提高淀粉分支酶的热稳定性。

（3）构建于无规卷曲中的盐桥的结构分析 B-factor 可用于衡量酶区域柔性，经 B-factor 分析发现，无规卷曲区域的柔性明显强于淀粉分支酶的其他区域，强化该区域的刚性可能有利于淀粉分支酶的稳定性。结合先前的生物信息学和淀粉分支酶的 B-factor 信息分析，选取酶分子表面柔性较大的 Ile266 为研究对象。将 Ile266 突变为带负电荷的谷氨酸，突变后的 Glu266 可与该无规卷曲区域中 Arg269 通过静电相互作用形成盐桥，其羧基 COO^- 与氨基 N^+ 之间距离约为 0.24nm，如图 3-28 所示。虽然在淀粉分支酶无规卷曲中构建 Glue266-Arg269 盐桥有助于降低该区域的柔性，但结果显示蛋白质分子的热稳定性并没有显著提升，这可能是由于在淀粉分支酶中该无规卷曲区域柔性较强，盐桥的构建不足以强烈地提升所处区域的刚性。

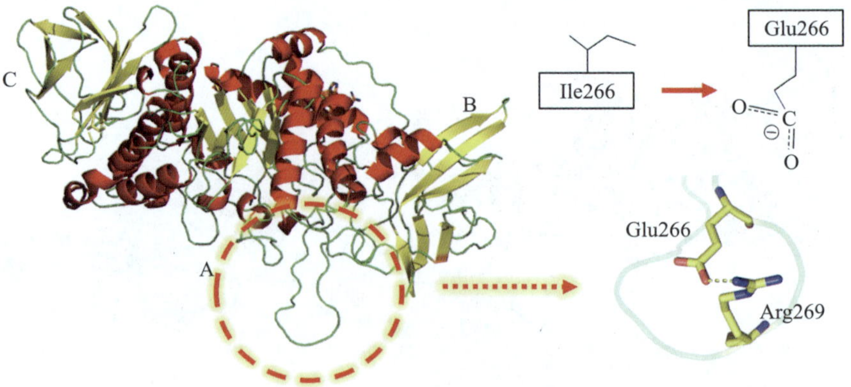

图 3-28 构建于淀粉分支酶中第 266 和第 269 位点处的盐桥

（三）淀粉分支酶网络盐桥的构建

1. 淀粉分支酶网络盐桥的筛选

根据盐桥的生物信息学分析和酶分子的空间构象，可理性设计由多个带电荷氨基酸残基组成的网络盐桥。相比于两个带相反电荷的氨基酸残基所构成的盐桥，网络盐桥更有利于酶分子的稳定。为了减少盲目性，网络盐桥的构建应在构建两个氨基酸残基盐桥的基础上，选取合适的突变位点，构建涉及三个带电荷氨基酸残基的网络盐桥。

进化印迹（Evolutionary trace，ET）是分析同源蛋白序列相同位置氨基酸残基功能和结构的工具。在同源蛋白的遗传进化中，当特定位置处氨基酸残基在其同源蛋白中依据不同物种变化较大时，ET 排名较低，相应的 ET 值较高；反之，则 ET 排名较高，而相应 ET 值较小。ET 值通常介于 0 ~ 1。

以构建的盐桥中内源性带电荷氨基酸残基为中心，以 C_α-C_α 之间距离不大于 1.5nm 为半径且满足侧链 N-O 之间距离小于 0.6nm 为初步筛选条件，筛选出满足以上条件的所有氨基酸残基。为了更大概率地构建旨在提高淀粉分支酶稳定性的网络盐桥，应至少包含一个 ET 值相对较低的氨基酸残基。此外，分析显示形成盐桥的带电荷氨基酸残基大多位于蛋白质分子表面，因此通过计算氨基酸残基的溶剂可及性（一般描述为可及表面积），一般选择位于蛋白质分子表面的氨基酸残基构建网络盐桥。

2. 网络盐桥的构建对淀粉分支酶催化活性的影响

（1）网络盐桥的构建对酶比活的影响　如表 3-6 所示，由于这些突变氨基酸残基虽紧邻淀粉分支酶的（β/α）$_8$ 活性中心，但并不直接参与淀粉分支酶的催化反应，所以 5 种突变未显著影响淀粉分支酶的活性，只有突变体 I571D-R569-R617H 相比于野生型提高了约 13% 的淀粉分支酶比活。此外，这些突变的引入未明显改变突变体淀粉分支酶与底物的亲和力。

表 3-6　　野生型和突变体淀粉分支酶的比活和 K_m

野生型 / 突变体	比活 / (U/mg)	K_m
野生型	282.3 ± 0.4	1.08 ± 0.02
突变体 Q231R-D227-D131H	288.4 ± 0.9	1.11 ± 0.21
突变体 Q231K-D227-D131H	293.5 ± 0.8	1.04 ± 0.06
突变体 T339E-K335-I291H	287.6 ± 1.3	1.15 ± 0.17
突变体 T339D-K335-I291H	283.6 ± 2.1	1.13 ± 0.05
突变体 I571D-R569-R617H	319.6 ± 4.3	1.09 ± 0.07

（2）网络盐桥的构建对酶热稳定性的影响　如表 3-7 所示，突变体 Q231R-D227-D131H 和 Q231K-D227-D131H 将淀粉分支酶在 60℃下的半衰期提高了约 1.4 倍；突变体 T339E-K335-I291H 和 T339D-K335-I291H 将淀粉分支酶在 60℃下的半衰期提高了 1.3 ~ 1.4 倍；突变体 I571D-R569-R617H 将淀粉分支酶在 60℃下的半衰期提高了约 1.5 倍。相应地，各个网络盐桥突变体也不同程度地提高了淀粉分支酶在 65℃下的半衰期。

表 3-7　　野生型和突变体淀粉分支酶的半衰期

野生型 / 突变体	60℃半衰期 $t_{1/2}$/min	65℃半衰期 $t_{1/2}$/min
野生型	42.1 ± 1.1	6.9 ± 0.2
突变体 Q231R-D227-D131H	61.5 ± 1.3	10.2 ± 0.2
突变体 Q231K-D227-D131H	62.7 ± 1.0	10.5 ± 0.3
突变体 T339E-K335-I291H	59.3 ± 0.8	9.2 ± 0.1
突变体 T339D-K335-I291H	55.8 ± 1.4	8.6 ± 0.2
突变体 I571D-R569-R617H	66.4 ± 1.7	11.3 ± 0.5

热变性曲线可以较为直观地展现酶分子的热稳定性。图 3-29 所示为野生型和突变体淀粉分支酶的热变性曲线。相比于野生型淀粉分支酶，突变体 Q231R-D227-D131H、Q231K-D227-D131H 和 I571D-R569-R617H 的热变性曲线整体向右有较大平移，表明其具有更高的热变性温度，即具有更高的热稳定性。

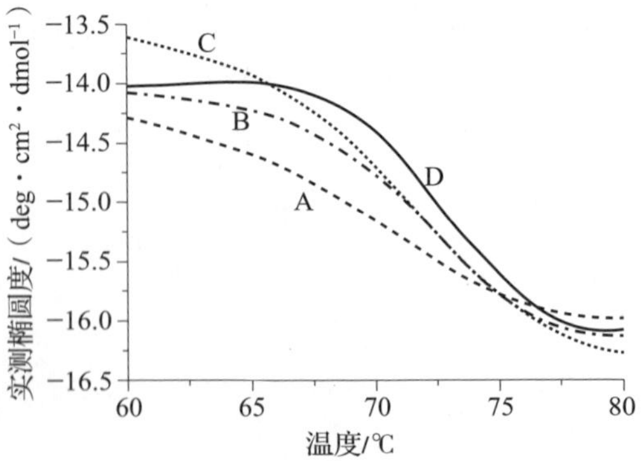

（1）

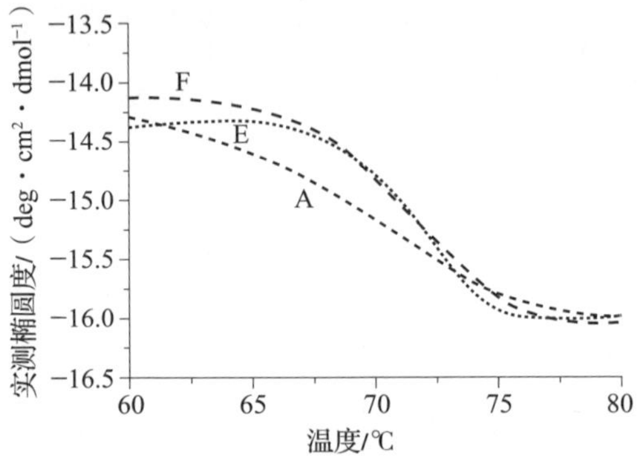

（2）

图 3-29　野生型及突变体淀粉分支酶的热变性曲线

A—野生型　B—突变体 Q231K-D227-D131H　C—突变体 Q231R-D227-D131H
D—突变体 I571D-R569-R617H　E—突变体 T339D-K335-I291H　F—突变体 T339E-K335-I291H

3. 网络盐桥的构建对淀粉分支酶二级结构的影响

通过CD图谱可以看出野生型淀粉分支酶在保温后失去了大部分二级结构［图 3-30（1）］。相比于野生型淀粉分支酶，突变体 Q231R-D227-D131H、Q231K-D227-D131H、T339E-K335-I291H、T339D-K335-I291H 和 I571D-R569-R617H 在保温后仍具有相对较强的 CD 吸收曲线［图 3-30（2）］，说明这些突变的引入在不同程度上起到了维持淀粉分支酶二级结构的功能。其中，以突变体 I571D-R569-R617H 对淀粉分支酶二级结构的保护作用最为强烈。

4. 网络盐桥的构建对淀粉分支酶三级结构的影响

蛋白质分子中色氨酸相互结构关系的变化可以通过内源荧光强度的变化来反映，因此内源荧光强度的变化可以在一定程度上反映蛋白质分子三级结构的变化。图 3-31 所示为野生型和突变体淀粉分支酶在保温前后的内源荧光光谱图。

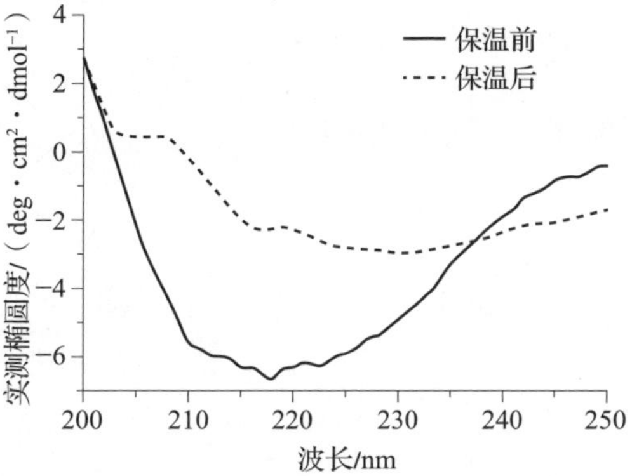

（1）

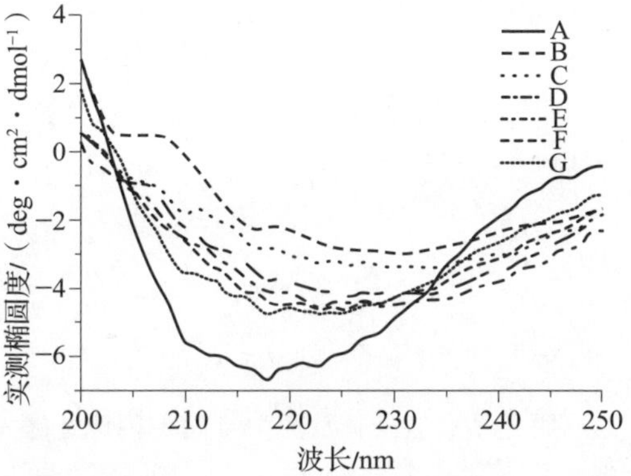

（2）

图 3–30　野生型和突变体淀粉分支酶的 CD 图谱

（1）野生型淀粉分支酶在保温前后的 CD 图谱　（2）野生型和突变体淀粉分支酶在保温前后的 CD 图谱　曲线 A 表示野生型淀粉分支酶在保温前的 CD 图谱，曲线 B ~ G 分别表示野生型及突变体 T339D–K335–I291H、T339E–K335–I291H、Q231R–D227–D131H、Q231K–D227–D131H、I571D–R569–R617H 在保温后的 CD 图谱。

如图 3–31（1）所示，保温前的野生型淀粉分支酶内源荧光光谱的最大吸收光强度（FI_{max}）较强，而在保温后，其吸收光强度显著下降，表明在 65℃下保温的过程中，淀粉分支酶的三级结构被破坏。相比于野生型淀粉分支酶，突变体 Q231R–D227–D131H、Q231K–D227–D131H、T339E–K335–I291H、T339D–K335–I291H 和 I571D–R569–R617H 在保温后仍具有相对较强的 FI_{max}，表明网络盐桥的形成具有保护淀粉分支酶三、四级结构的作用。除突变体 I571D–R569–R617H 外，其余网络盐桥突变体在保温后具有相似的 FI_{max}，表明这些突变体中的网络盐桥对淀粉分支酶三、四级结构的贡献率相似。而相比于其他突变体，突变体 I571D–R569–R617H 则对淀粉分支酶的三、四级结构有更加显著的保护作用。

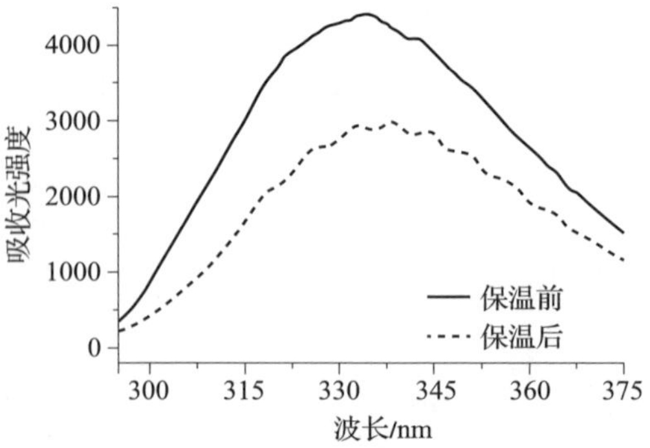

（1）

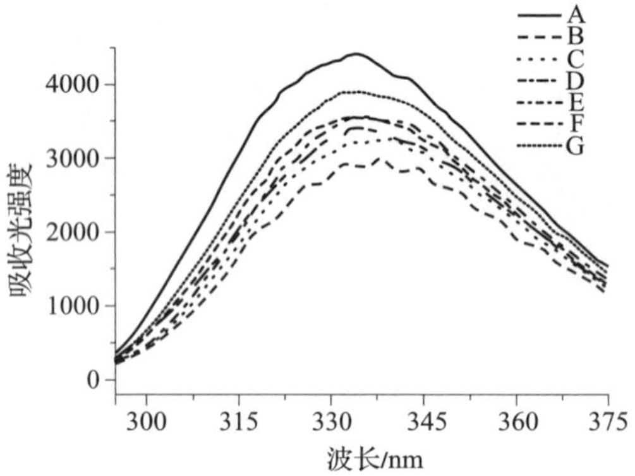

（2）

图 3-31 野生型和突变体淀粉分支酶的内源荧光光谱图

（1）野生型淀粉分支酶在保温前后的内源荧光光谱图 （2）野生型和突变体淀粉分支酶在保温前后的内源荧光光谱图 曲线 A 表示野生型淀粉分支酶在保温前的内源荧光光谱图，曲线 B ~ G 分别表示野生型及突变体 T339D-K335-I291H、T339E-K335-I291H、Q231R-D227-D131H、Q231K-D227-D131H、I571D-R569-R617H 在保温后的内源荧光光谱图。

5. 网络盐桥的结构

野生型和突变体淀粉分支酶的结构如图 3-32 所示，淀粉分支酶中，α3-螺旋位于淀粉分支酶活性区域中心，属于（β/α）$_8$ 桶状结构中的一组（β/α）。Asp227 和 Gln231 位于 α3- 螺旋的末端，且 Asp227 为保守性较强的氨基酸残基。先前将 Gln231 突变为带正电荷的精氨酸和赖氨酸，使其能与 Asp227 在 α3- 螺旋内部形成紧邻淀粉分支酶活性中心（β/α）$_8$ 桶状结构的盐桥，结果显示构建的 Arg/Lys231-Asp227 盐桥能够在一定程度上提高淀粉分支酶的稳定性。Asp131 与 Asp227 之间 C_α- C_α 之间距离为 0.6nm 左右，其位于 α1- 螺旋与 β8- 折叠之间的转角中，且距离淀粉分支酶活性中心氨基酸残基 Gly235 仅有约 1nm。将 Asp131 突变为带正电荷的组氨酸，可以与先前的 Arg/Lys231-Asp227 盐桥通过静电相互作用形成网络盐桥［图 3-32（1）、图 3-32（2）］。相比于 Arg/Lys231-Asp227 在 α3- 螺旋内部的盐桥，涉及 α3- 螺旋、α1- 螺旋和 β8-

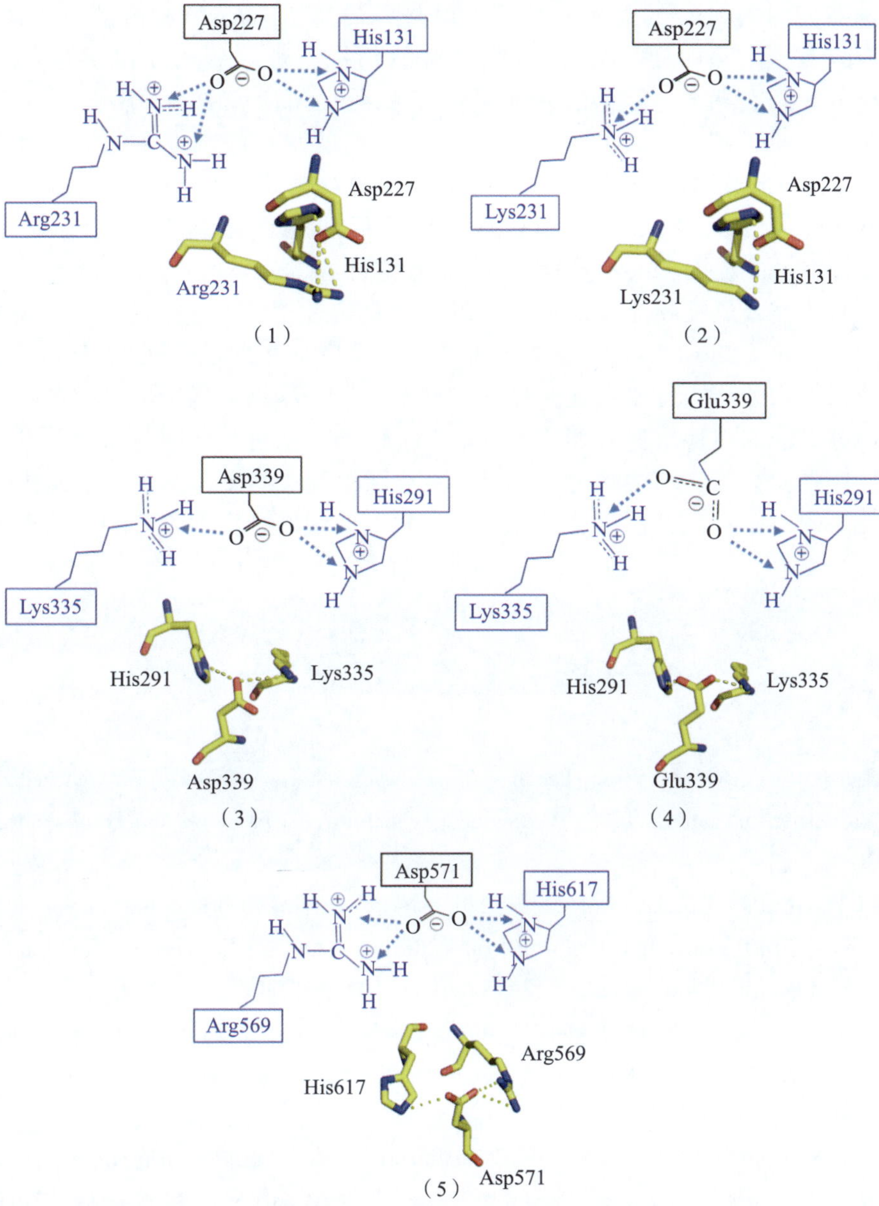

图 3-32　突变体淀粉分支酶的结晶结构

（1）突变体 Q231R-D227-D131H （2）突变体 Q231K-D227-D131H （3）突变体 T339E-K335-I291H （4）突变体 T339D-K335-I291H （5）突变体 I571D-R569-R617H

折叠三个区域的网络盐桥更有利于淀粉分支酶的稳定性。结果显示，该种网络盐桥能够有效提高淀粉分支酶的稳定性。

Lys335 和 Thr339 位于淀粉分支酶的 α6- 螺旋中，是淀粉分支酶活性中心 $(\beta/\alpha)_8$ 桶状结构中由第 348~352 位点处氨基酸残基所组成 β- 折叠的延伸。将

Thr339 突变为谷氨酸或天冬氨酸，可以与 Lys335 在 α6- 螺旋内部形成盐桥，强化 α6- 螺旋结构的刚性，提升该区域的热稳定性。Asp291 位于与 α6- 螺旋平行的 α4- 螺旋中，这两个螺旋均为淀粉分支酶活性中心（β/α）$_8$ 中不同 β 折叠的延伸区域。将 Asp291 突变为带正电荷的组氨酸，可在两组相对平行的 α- 螺旋中形成网络盐桥，更有利于淀粉分支酶的稳定。相比于 Lys335-Glu/Asp339 盐桥，基于 Lys335-Glu/Asp339 盐桥形成的网络盐桥 I291H-Lys335-Glu/Asp339 进一步提高了淀粉分支酶的热稳定性。

已有研究报道淀粉分支酶的 *C* 末端与其稳定性相关，位于淀粉分支酶的 *C* 末端的 Arg569、Ile571 和 Arg617 之间可以形成涉及 β23- 折叠和 β26- 折叠的网络盐桥。该种结构可以强化淀粉分支酶 *C* 末端的刚性，理论上可以进一步提升淀粉分支酶的热稳定性。相比于 Asp571-Arg569 盐桥，该网络盐桥并未进一步明显增强淀粉分支酶的稳定性，但却将比活提高了约 13%。这可能是由于淀粉分支酶的 *C* 末端与其活性密切相关，强化该区域的稳定性更有利于淀粉分支酶活力的提升。

参考文献

[1] Ren J, Li C, Gu Z, et al. Digestion rate of tapioca starch was lowed through molecular rearrangement catalyzed by 1, 4-α-glucan branching enzyme [J]. Food Hydrocolloids, 2018, 84: 117-124.

[2] Li Y, Ren J, Liu J, et al. Modification by α-D-glucan branching enzyme lowers the *in vitro* digestibility of starch from different sources [J]. International Journal of Biological Macromolecules, 2018, 107: 1758-1764.

[3] Li W, Li C, Gu Z, et al. Relationship between structure and retrogradation properties of corn starch treated with 1, 4-α-glucan branching enzyme [J]. Food Hydrocolloids, 2016, 52: 868-875.

[4] Ban X, Dhoble A S, Li C, et al. Bacterial 1, 4-α-glucan branching enzymes: characteristics, preparation and commercial applications [J]. Critical Reviews in Biotechnology, 2020, 40: 380-396.

[5] Li W, Li C, Gu Z, et al. Retrogradation behavior of corn starch treated with 1, 4-α-glucan branching enzyme [J]. Food Chemistry, 2016, 203: 308-313.

[6] Ban X, Wu J, Kaustubh B, et al. Additional salt bridges improve the thermostability of 1, 4-α-glucan branching enzyme [J]. Food Chemistry, 2020, 316: 126348.

[7] Han H, Ling Z, Khan A, et al. Improvements of thermophilic enzymes: From genetic modifications to applications [J]. Bioresource Technology, 2019, 279: 350-361.

[8] Turner N J. Directed evolution drives the next generation of biocatalysts [J] . Nature Chemical Biology，2009（5）：567–573.

[9] Ruan Y，Zhang R and Xu Y. Directed evolution of maltogenic amylase from *Bacillus licheniformis* R–53：Enhancing activity and thermostability improves bread quality and extends shelf life [J] . Food Chemistry，2022，381：132222.

[10] 向玉 . 计算设计提高枯草芽孢杆菌脂肪酶 A 的热稳定性 [D] . 无锡：江南大学，2020.

[11] Pouyan S，Lagzian M，Sangtarash M H. Enhancing thermostabilization of a newly discovered α–amylase from *Bacillus cereus* GL96 by combining computer–aided directed evolution and site–directed mutagenesis [J] . International Journal of Biological Macromolecules，2022，197：12–22.

[12] Yu J，Wu J，Xie D，et al. Characterization and rational design for substrate specificity of a prolyl endopeptidase from *Stenotrophomonas maltophilia* [J] . Enzyme and Microbial Technolog，2020，138：109548.

[13] Otten L G，Hollmann F，Arends I W C E. Enzyme engineering for enantioselectivity：From trial–and–error to rational design? [J] . Trends in Biotechnology，2010，28：46–54.

[14] Chica R A，Doucet N，Pelletier J N. Semi–rational approaches to engineering enzyme activity：Combining the benefits of directed evolution and rational design [J] . Current Opinion in Biotechnology, 2005，16：378–384.

[15] Cheng F，Zhu L，Schwaneberg U，Directed evolution 2.0：Improving and deciphering enzyme properties [J] . Chemical Communications，2015，15：9760–9772.

[16] Vasina M，Velecky J，Planas–Igesias J，et al. Tools for computational design and high–throughput screening of therapeutic enzymes [J] . Advanced Drug Delivery Reviews，2022，183：114143.

[17] Li C，Ban X，Zhang Y，et al. Rational design of disulfide bonds for enhancing the thermostability of the 1，4–α–Glucan branching enzyme from *Geobacillus thermoglucosidans* STB02 [J] . Journal of Agricultural and Food Chemistry，2020，68（47）：13791–13797.

[18] Binderup K，Preiss J. Glutamate–459 is important for *Escherichia coli* branching enzyme activity [J] . Biochemistry，1998，37（25）：9033–9037.

[19] Mikkelsen R，Binderup K，Preiss J. Tyrosine residue 300 is important for activity and stability of branching enzyme from *Escherichia coli* [J] . Archives of Biochemistry and Biophysics，2001，385（2）：372–377.

[20] Liu Y，Li C，Gu Z，et al. Alanine 310 is important for the activity of 1，4–α–glucan branching enzyme from *Geobacillus thermoglucosidans* STB02 [J] . International

Journal of Biological Macromolecules，2017，97：156–163.

[21] Liu Y，Ban X，Li C，et al. Met349 mutations enhance the activity of 1，4–α–glucan branching enzyme from *Geobacillus thermoglucosidans* STB02 [J]. Journal of Agricultural and Food Chemistry，2017，65（28）：5674–5680.

[22] 刘艺婷. 淀粉分支酶在大肠杆菌中的分泌表达及其分子改造研究 [D]. 无锡：江南大学，2017.

[23] Hernandez J M，Gaborieau M，Castignolles P，et al. Mechanistic investigation of a starch–branching enzyme using hydrodynamic volume SEC analysis [J]. Biomacromolecules，2008，9（3）：954–965.

[24] 江海旻. 理性设计提高淀粉分支酶催化能力及其在麦芽糊精改性中的应用 [D]. 无锡：江南大学，2021.

[25] Ban X，Xi S，Jiang H，et al. The amino acid on the top of the active groove allosterically modulates product specificity of the 1，4–α–glucan branching enzyme [J]. Food Chemistry，2022，384：132458.

[26] Tan N Y，Bailey U M，Jamaluddin M F，et al. Sequence–based protein stabilization in the absence of glycosylation [J]. Nature Communications，2014，5：3099.

[27] Fields P A. Review：Protein function at thermal extremes：balancing stability and flexibility [J]. Comparative Biochemistry and Physiology Part A，2001（129）：417–431.

[28] Teilum K，Olsen J G，Kragelund B B. Protein stability，flexibility and function [J]. Biochimica et Biophysica Acta – Proteins and Proteomics，2011：969–976.

[29] Jiang H，Xie X，Ban X，et al. Flexible loop in carbohydrate–binding module 48 allosterically modulates substrate binding of the 1，4–α–Glucan branching enzyme [J]. Journal of Agricultural and Food Chemistry，2021，69（20）：5755–5763.

[30] Sriram S M，Kim B Y，Kwon Y T. The N–end rule pathway：Emerging functions and molecular principles of substrate recognition [J]. Nature Reviews Molecular Cell Biology，2011：735–747.

[31] Martin L，Markus W. Engineering proteins for thermostability：the use of sequencealignments versus rational design and directed evolution [J]. Current Opinion in Biotechnology，2001，12：371–375.

[32] Ban X，Liu Y，Zhang Y，et al. Thermostabilization of a thermophilic 1，4–α–glucan branching enzyme through C–terminal truncation [J]. International Journal of Biological Macromolecules，2018，107：1510–1518.

[33] Ban X，Li C，Zhang Y，et al. Importance of *C*–terminal extension in thermophilic 1，4–α–glucan branching enzyme from *Geobacillus thermoglucosidans* STB02 [J]. Applied Biochemistry and Biotechnology，2020，190（3）：1010–1022.

[34] Gribenko A V, Makhatadze G I. Role of the charge–charge interactions in defining stability and halophilicity of the CspB proteins [J]. Journal of Molecular Biology, 2007, 366 (3): 842–856.

[35] Elcock A H, Mccammon J A. Electrostatic contributions to the stability of halophilic proteins [J]. Journal of Molecular Biology, 1998, 280: 731–748.

[36] Ban X, Xie X, Li C, et al. The desirable salt bridges in amylases: Distribution, configuration and location [J]. Food Chemistry, 2021 (3): 129475.

[37] Starosolski Z A, Birmanns S. Combined approach towards automatic identification of protein secondary structure elements in volumetric data sets [J]. Biophysical Journal, 2010, 98 (3): 382–382a.

[38] Eisenberg D. The discovery of the α–helix and β–sheet, the principal structural features of proteins [J]. Proceedings of the National Academy of Sciences, 2003, 100 (20): 11207–11210.

[39] Jacob C R, Luber S, Reiher M. Understanding the signatures of secondary–structure elements in proteins with Raman optical activity spectroscopy [J]. Chemistry–A European Journal, 2009, 15 (48): 13491–13508.

[40] Balasco N, Esposito L, Simone A D, et al. Role of loops connecting secondary structure elements in the stabilization of proteins isolated from thermophilic organisms [J]. Protein Science, 2013, 22 (7): 1016–1023.

[41] Makhatadze G I, Loladze V V, Ermolenko D N, et al. Contribution of Surface Salt Bridges to Protein Stability: Guidelines for Protein Engineering [J]. Journal of Molecular Biology, 2003, 327 (5): 1135–1148.

[42] 班宵逢. 静电相互作用对淀粉分支酶热稳定性影响的研究 [D]. 无锡：江南大学，2017.

第四章

基于淀粉分支酶的淀粉高支化改性技术

天然淀粉具有 α-1，4 糖苷键比例较高、长直链较多等特点，使其存在诸多缺点，如稳定性差、溶解度低、易回生、黏度大等，极大地限制了其在具体场景中的应用。此外，α-1，4 糖苷键极易被人体内的淀粉酶水解，进而使得淀粉被快速消化，这将会引起机体血糖的快速升高并增加患有高血糖、高血压等慢性疾病的风险。因此，近年来通过酶法高支化改性淀粉，提高 α-1，6 糖苷键占比及短链分支比例已成为淀粉生物改性的一大热点。相比于天然淀粉，高支化改性淀粉短期回生值及长期回生焓值降低，稳定性、抗回生性等显著增强，淀粉的抗消化性进一步提高，有助于改善餐后血糖负荷，对非胰岛素依赖型糖尿病和心血管疾病等可起到辅助治疗作用。高支化改性淀粉在运动饮料、淀粉基功能性食品等领域均展现出了良好的应用前景，其酶法制备工艺和结构特性研究也广受关注。

第一节　淀粉的生物改性

一、淀粉改性的目的

淀粉的改性是指在淀粉固有特性的基础上，利用加热、酸、碱、氧化剂、酶制剂以及具有各种官能团的有机反应试剂来改变淀粉的天然性质，在淀粉分子上引入新的化学基团、改变淀粉颗粒结构或分子结构，从而赋予淀粉新的特性。其目的主要在于改善天然淀粉的加工性能和营养价值[1]，一般主要从以下几个方面进行考虑。

① 改善蒸煮特性：通过改性改变原淀粉的蒸煮特性，降低淀粉的糊化温度，提高其增稠及质构调整的能力。

② 延缓回生：通过空间位阻或离子作用，阻碍淀粉分子间以氢键形成的缔合，提高其稳定性，从而延缓回生。

③ 增强稳定性：高温杀菌、机械搅拌、泵送原料、酸性环境都容易造成淀粉分子的分解或剪切稀化现象，使得淀粉黏度下降，失去增稠、稳定及质构调整作用。在冷冻食品中应用时，温度波动也会使淀粉糊析水，从而导致产品品质下降。因此，需要对淀粉进行交联改性或稳定化处理，以提高其稳定性。

④ 改善凝胶透明性及光泽：淀粉在一些凝胶类及奶油类食品中应用时，需要具备良好的凝胶透明性及光泽，从而使得产品具有较好的视觉吸引力。

⑤ 调控营养特性：淀粉本身具有一定的营养特性，是食品中主要的供能物质之一。但其具有较高的热量，且在体内消化速率较快，易导致餐后血糖水平迅速升高，不适合一些特定人群如糖尿病人、肥胖患者及高脂血症患者等长期食用，也不符合现代的健康饮食理念。通过对淀粉进行物理或生物改性制备消化性降低的低热量淀粉产品，可满足各类人群的营养健康需求。

基于上述目的，选择不同技术手段对淀粉进行改性，可以克服天然淀粉存在的缺点，进而拓宽淀粉在工业上的应用范围和提高其应用价值，并促进淀粉改性技术的发展。

二、淀粉改性的方法

目前，按照改性的技术方法及改性后淀粉的变化情况，可将淀粉的改性分为化学改性、物理改性、生物改性及复合改性四类。

（一）化学改性

化学改性是目前淀粉改性中应用最多最广泛的一种方法，一般通过衍生化反应实现，如淀粉的醚化、酯化、交联、氧化、阳离子化和接枝反应等，通过采用不同的化学试剂和淀粉进行反应，以达到改变其结构和性质的目的。化学改性主要依靠化学试剂，对设备的特定要求较少，因此可较好地应用于工业中进行大规模的改性处理。但由于化学试剂易产生残留，且通常会伴随环境污染问题，因此，化学改性在食品领域的应用也具有一定的局限性。

（二）物理改性

物理改性主要是通过物理方式（如微波、湿热处理、挤压、预糊化、超声波、辐射、球磨等）改变天然淀粉的微晶结构和理化性质等，有效增强淀粉的实际使用性能，是一种快捷、有效的淀粉处理方法。改性过程一般不涉及化学试剂的添加，因此，经物理手段得到的改性淀粉具有安全性高、清洁标签等优势。此外，物理改性操作较为简单，但部分物理改性方法对设备的要求较高。

（三）生物改性

随着生物技术的创新发展，生物改性在淀粉改性中的应用日益增多。生物改性主要是利用各类酶制剂处理淀粉，改变淀粉的颗粒结构或分子结构等，进而满足工业应用的需要，具有安全、绿色、低碳等优势。目前，通过生物改性技术制备的淀粉主要有多孔淀粉、脱支淀粉、高支化淀粉等。

（四）复合改性

在针对某一些特定行业的生产需求时，单独的改性处理已无法满足实际需求，需要采用多种改性方法结合处理，这种方式称为复合改性。复合改性是指采用两种或两种以上的方法进行处理，根据实际情况选择不同的改性处理方法，这样不仅可以缩短反应时间、提高反应效率、使改性过程更具针对性，而且还能减少副产物的生成，降低成本，进而实现大批量生产，并且采用复合改性得到的改性淀粉还可以同时具备每种改性方法得到的改性淀粉各自的优点。

三、生物改性的优势

近年来，随着淀粉酶制剂开发和应用技术的发展，淀粉的生物改性也逐步得到了重视。相比于常用的化学及物理改性方法，生物改性主要具有以下优势。

① 反应条件温和：大多数淀粉酶的最适 pH 为 5 ~ 8，最适反应温度为 50 ~ 90℃，一般不涉及极端高温、强酸、强碱等反应环境，反应过程相对温和。

② 专一性强：每种淀粉酶都会专一性地催化一种或一类底物，能够有针对性地改变淀粉的特定区域或结构。

③ 安全绿色：生物改性主要是将酶制剂添加至淀粉溶液中进行反应，改性过程一般不涉及有机试剂、危险试剂等，且酶制剂均来源于常用的工业微生物，具有安全保障，对环境的污染较小。

④ 成本低：淀粉酶可通过微生物进行大批量的发酵生产，培养基组分价格低廉，且由于酶的催化效率高，在改性过程中添加量极少，一次发酵所得的酶液可供多次改性使用，故而生物改性的成本也相对较低。

四、生物改性常用的酶制剂

生物改性的核心在于，根据淀粉的来源、结构、理化性质及加工需要，采用不同的淀粉酶催化，改变淀粉的结构及淀粉糊的性质，从而改善淀粉的加工性能或营养特性，提高产品附加值，以拓宽淀粉的应用范围。目前，已有多种淀粉酶被广泛应用于淀粉的生物改性，如 α- 淀粉酶、β- 淀粉酶、葡萄糖淀粉酶、异淀粉酶、普鲁兰酶、淀粉分支酶、4，6-α- 葡萄糖基转移酶等。

不同淀粉酶对淀粉的作用方式不同，使得改性后产物的结构、功能及用途也存在差异。如表 4-1 所示，α- 淀粉酶、β- 淀粉酶及葡萄糖淀粉酶等为常见的水解酶，可作用于颗粒淀粉[2]，生成富含孔隙结构、吸附能力强的多孔淀粉。异淀粉酶、普鲁兰酶等属于淀粉脱支酶，能够高效地水解支链淀粉中的 α-1，6 糖苷键，进而得到具有特定理化性质、适宜于特定加工工艺的高直链淀粉产物，在抗性淀粉的生产中有着巨大的应用潜力。淀粉分支酶、4，6-α- 葡萄糖基转移酶等是常见的糖基转移酶，可特异性水解淀粉中的 α-1，4 糖苷键，并将水解下来的链段以 α-1，6 或 α-1，4 糖苷键的形式重新连接到受体链上形成新的分支，有效修饰淀粉结构，从而提高淀粉分子的分支度，是淀粉高支化改性的关键酶制剂。

表 4-1　　不同淀粉酶的作用方式及应用场景

淀粉酶名称	作用方式	应用场景
α-淀粉酶	水解 α-1，4 糖苷键，内切	多孔淀粉的生产、淀粉的液化
β-淀粉酶	水解 α-1，4 糖苷键，外切	淀粉的糖化、麦芽糖的生产
葡萄糖淀粉酶	水解 α-1，4 糖苷键和 α-1，6 糖苷键	淀粉的糖化、葡萄糖的生产
异淀粉酶	水解 α-1，6 糖苷键	大分子淀粉的脱支处理
普鲁兰酶	水解 α-1，6 糖苷键	较小分子淀粉的脱支处理
淀粉分支酶	水解 α-1，4 糖苷键，并通过转糖基反应产生 α-1，6 糖苷键	淀粉的高支化改性、慢消化淀粉及抗性淀粉的生产
4，6-α-葡萄糖基转移酶	水解 α-1，4 糖苷键，并通过转糖基反应产生 α-1，6 糖苷键或通过歧化反应产生 α-1，4 糖苷键	异麦芽低聚糖、异麦芽多糖和慢消化淀粉的生产

第二节　淀粉高支化改性的原理及优势

一、淀粉高支化改性的原理

淀粉的高支化改性主要是利用淀粉分支酶等糖基转移酶特异性水解 α-葡聚糖链中的 α-1，4 糖苷键，并将水解下来的链段与受体链以 α-1，6 糖苷键的形式连接在一起形成新的分支，有效修饰淀粉结构，从而提高淀粉分子的分支度。改性后得到的高支化淀粉 α-1，6 糖苷键含量明显增加，且短分支的比例上升、长分支比例下降，直链淀粉含量减少，这些结构变化赋予了高支化淀粉独特的理化性质。

以淀粉分支酶为例，根据 Hizukuri 提出的支链淀粉结构模型，其高支化改性机制如图 4-1 所示。支链淀粉由一系列不同长度的线性葡聚糖链通过 α-1，6 糖苷键聚合而成。其中，最外侧、不包含分支点的短链称为 A 链，其通过还原末端葡萄糖残基第 6 位的 D 连接于 B 链上；B 链包含一个或多个分支点，并通过 α-1，6 糖苷键连接于 C 链或其他 B 链上；C 链是淀粉分子的主链，包含了淀粉分子唯一的还原末端[18]。淀粉分支酶倾向于水解淀粉分子的 B 链外链，并将其重新连接于 A 链，这一过程使得受体链转变为 B 链，供体链成为新 A 链，随后 B 链的长外链继续被水解，并连接于新 A 链上，经过反复交替的 B 链外链至

A 链上的转糖基反应，产物中 α-1，6 糖苷键比例上升，平均外链长、直链淀粉含量、直链淀粉及支链淀粉相对分子质量均降低，短分支比例及内链比例增加，淀粉结晶结构破坏，分子无序排列，颗粒内部结构充分暴露，进而生成了一种内链骨架紧密、外链缩短、高度分支的短簇状分子产物，从而改变了淀粉的理化性质。

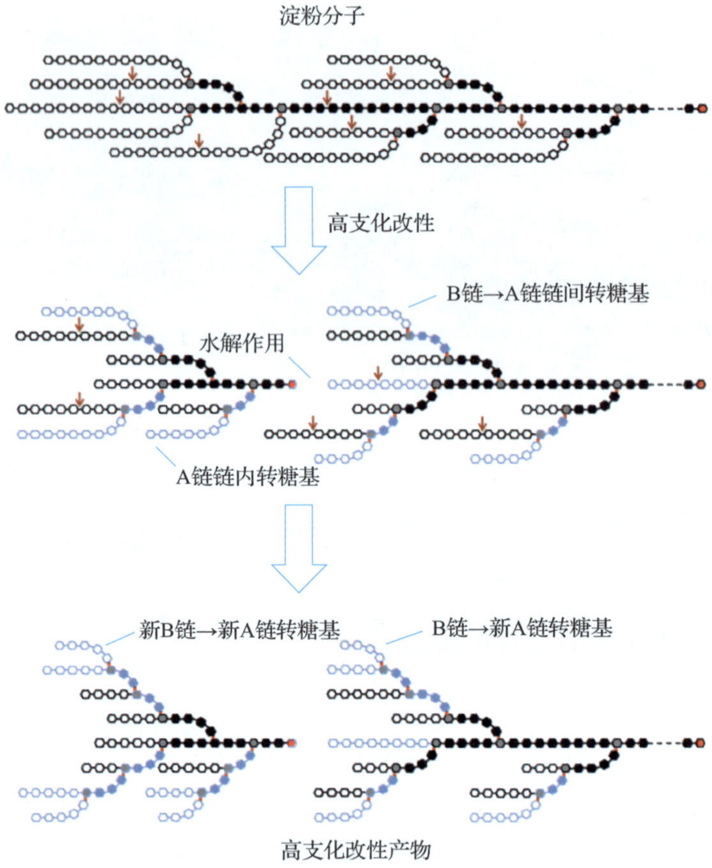

图 4-1　淀粉高支化改性的原理及其产物结构示意图[3]

二、淀粉高支化改性的工艺

目前，淀粉的高支化改性主要是利用糖基转移酶（如淀粉分支酶、4，6-α-葡萄糖基转移酶等），在适宜温度及 pH 条件下持续搅拌并催化淀粉反应一定时间，反应结束后，纯化精制，收集固形物经干燥、研磨、过筛后即可得到淀粉的高支化改性产物。根据改性过程的差异，淀粉的高支化改性主要分为三种形式，即对颗粒淀粉的高支化改性、对糊化淀粉的高支化改性以及依次对颗粒淀粉和糊化淀粉进行两阶段高支化改性，其工艺流程如图 4-2 所示。

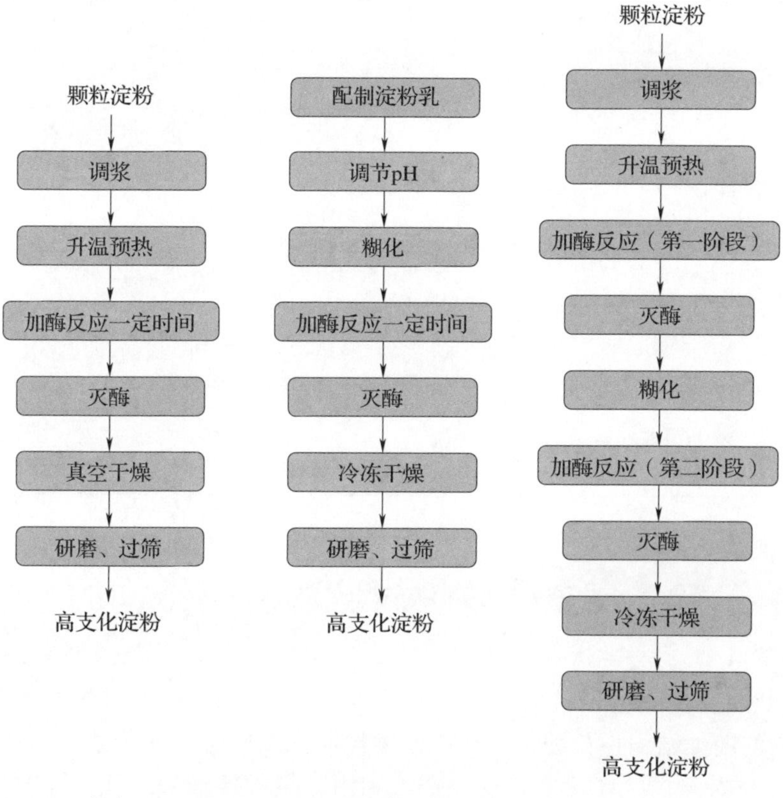

图 4-2　酶法制备高支化淀粉的工艺流程

（1）对颗粒淀粉的高支化改性

（2）对糊化淀粉的高支化改性　（3）对淀粉的两阶段高支化改性

三、利用淀粉分支酶对淀粉进行高支化改性的优势

淀粉分支酶具有独特的转糖基活性，可特异性水解淀粉分子中的 α-1，4 糖苷键，生成 α-1，6 糖苷键，从而实现淀粉分子的高支化改性。改性过程既不会引入新的化学基团，也不会产生其他类型的糖苷键，仅发生 α-1，4、α-1，6 糖苷键的重排，有效修饰了淀粉结构。这种淀粉分子糖苷键重构的方式副产物少、产物得率高，在食品、化工等工业领域已展现出巨大的市场潜力。

此外，如表 4-2 所示，利用淀粉分支酶进行高支化改性，在生产工艺上较其他淀粉酶有显著优势，其生产过程不需要乙醇洗涤，不需要回生处理，大大降低了高支化改性淀粉的生产成本。

表 4-2 不同类型淀粉酶改性淀粉的改性原理和洗涤过程

淀粉酶种类	改性原理	洗涤过程	参考文献
β-淀粉酶	缩短淀粉外链、增强分支密度	产物中加入 3 倍体积的 90%（体积分数）乙醇，离心洗涤 3 次，除去麦芽糖	[4]
麦芽糖 α-淀粉酶	缩短淀粉内外链、增强分支密度	产物中加入等体积无水乙醇，离心洗涤 1 次，除去麦芽糖	[5]
普鲁兰酶	脱支形成线性寡糖链，回生形成 B 型或 B 型、V 型混合结晶	产物中加入无水乙醇，4℃过夜回生，离心收集沉淀，用 90%（体积分数）乙醇继续离心洗涤 3 次	[6]
淀粉蔗糖酶	延长淀粉外链，回生形成 B 型结晶	产物在 4℃回生处理 12 h，去离子水离心洗涤 3 次，除去果糖和未回生部分	[7]
淀粉分支酶	α-1，4、α-1，6 糖苷键重构，形成高度分支的分子结构	无	[8 ~ 10]

第三节 高支化改性对淀粉分子结构的影响

利用淀粉分支酶进行高支化处理后，淀粉分子内部的糖苷键发生重构，通过对产物的精细结构进行分析，从淀粉颗粒形态、相对分子质量、α-1，6 糖苷键比例、分支模式、环状聚合物的产生和内链结构特征等方面，均可以发现高支化改性对淀粉分子结构产生了显著影响。

一、淀粉颗粒形态

淀粉的颗粒形态是淀粉最基础的结构特性之一，随着高支化改性的持续进行，淀粉的颗粒形态也会发生一定的变化，进而影响淀粉的应用性能。以淀粉分支酶改性木薯淀粉为例，如图 4-3 所示，天然木薯淀粉颗粒通常为圆形，带有不规则的截短结构，呈现出"D 字形"，经高支化改性后，逐渐出现凹槽，颗粒结构的完整性被逐渐破坏，呈现出不规则形状，而改性时间不同，颗粒表面的破损程度也会有所不同。

二、分子质量

在淀粉分支酶高支化改性过程中，淀粉分子发生一定程度的降解，相对分子质量显著下降。如表 4-3 所示，玉米淀粉经高支化改性后重均分子量（$\bar{M}_w$）由原淀粉的 1.10×10^7 降低至 7.46×10^5，且 $\bar{M}_w$ 和分散系数（PI）均与麦芽糊精接近。此外，高支化改性产物的葡萄糖当量（DE 值）为 2.08，与麦芽糊精相似，淀粉分子在高支化改性过程中发生了一定程度的降解，所得产物具有一定的还原性。

（1）　（2）　（3）

（4）　（5）

图 4-3　高支化改性对木薯淀粉颗粒形态的影响[11]

（1）原木薯淀粉　（2）改性 4h　（3）改性 6h　（4）改性 8h　（5）改性 10h

表 4-3　玉米淀粉及其经高支化改性后的产物的重均分子量、分散系数和 DE 值[3]

样品	M_w	PI	DE 值
普通玉米淀粉	1.10×10^7	3.13	n.d.
麦芽糊精	5.10×10^5	2.15	2.49 ± 0.07
高支化改性产物	7.46×10^5	1.96	2.08 ± 0.01

注：n.d. 表示未测得。

三、α-1，6 糖苷键比例

淀粉分支酶的高支化改性的本质是 α-1，4 糖苷键的断裂和 α-1，6 糖苷键的生成。高支化改性对淀粉 α-1，6 糖苷键比例的影响如图 4-4 所示。样品淀粉的 α-1，6 糖苷键出峰位置为 4.9mg/kg，α-1，4 糖苷键出峰位置为 5.3mg/kg。对这两个位置的峰面积进行积分计算 α-1，6 糖苷键比例，普通玉米淀粉中 α-1，6 糖苷键比例为 3.19%，而高支化玉米淀粉的 α-1，6 糖苷键比例增加，且随着高支化改性时间的延长，其增加幅度变大。

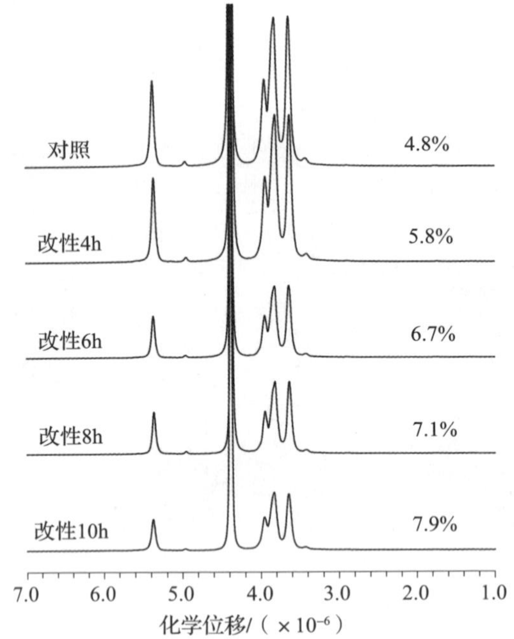

图 4-4 高支化改性对玉米淀粉 α-1，6 糖苷键比例的影响[12]

四、分支模式

基于淀粉分支酶的高支化改性后产物的分支模式可通过链长分布进行评价[13,14]。

通过异淀粉酶对原淀粉及高支化改性产物进行充分脱支可以反映淀粉支链的分布情况，从链长分布来看（图 4-5），高支化改性后的产物中 DP 为 13 ~ 24 的链

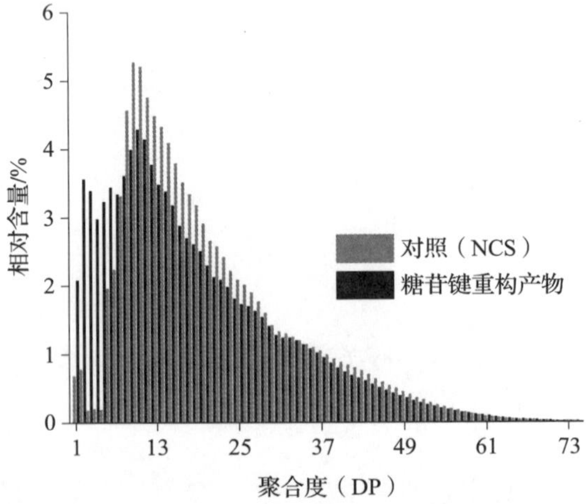

图 4-5 高支化改性对玉米淀粉链长分布的影响[3]

段比例显著降低，而 DP < 13 的短链比例显著增加，其中 DP 为 2 ~ 8 的短链增加尤为明显。结合异淀粉酶脱支率来看，高支化改性产物中包含了大量以 α-1，6 糖苷键连接于主链的 DP 为 2 ~ 8 的短分支，呈一种短簇状的分子结构。

五、环状聚合物的产生

淀粉分支酶在高支化改性过程中，发生水解作用所得的链段自身可以进行环化作用，称为链内环化[15]。含有还原末端的线性淀粉的理论相对分子质量为 $162n+18+23$，不含有还原末端的环状聚合物的理论相对分子质量为 $162n+23$，其中 n 表示聚合度，18 和 23 分别表示水和钠的相对分子 / 原子质量，162 表示脱水葡萄糖单元的相对分子质量[16]。如图 4-6 所示，玉米淀粉经高支化改性后，产物中以线性淀粉分子为主，存在少量环状聚合物，随着反应时间的延长，环状聚合物逐渐积累，以 DP 为 7（相对分子质量为 1157）的环状聚合物为主大量积累（图 4-6）。

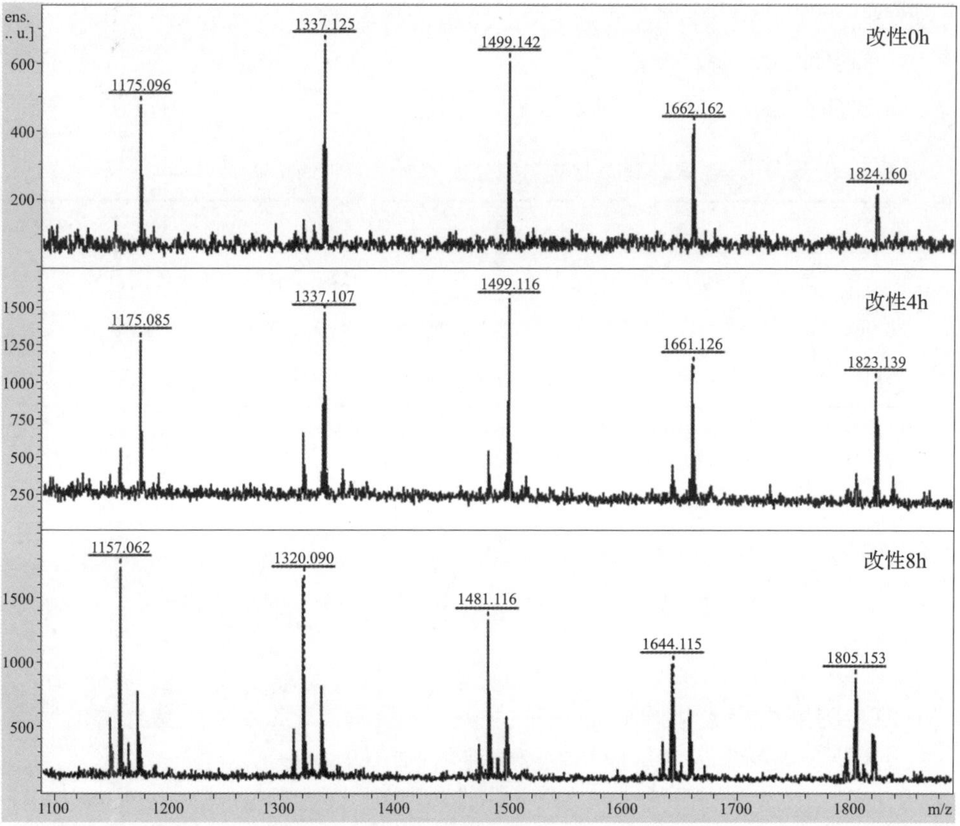

图 4-6 玉米淀粉经淀粉分支酶改性 0，4，8h 后所得产物[17]

六、内链结构特征

支链淀粉中所有 A 链均为外链，而 B 链被分支点分割成不同的片段，每条 B 链包含一段外链和至少一段内链[18,19]。淀粉分子经 β- 淀粉酶彻底水解之后，A 链被修剪成麦芽糖（DP 为 2）或麦芽三糖（DP 为 3）残基，其余 DP ≥ 4 的链段均源自 B 链或 C 链；且 β- 淀粉酶在作用于 B 链和 C 链时，能将外链全部切除或留下一个葡萄糖单元[20]。因此，利用 β- 淀粉酶对原淀粉和高支化改性后的样品进行充分处理，其所得产物的结构即可反映样品的内链结构特征。

从内链骨架的分子质量分布来看，经高支化改性后的样品经 β- 淀粉酶处理后，产物的分子质量分布明显右移，呈单峰状分布，且内链的分子质量分布更加均一；从碘结合能力来看，高支化改性后的样品碘结合能力显著下降，高支化形成了更多的短簇状分支，由于经 β- 淀粉酶处理后外链长度均小于 4 个葡萄糖单元，因此碘结合能力的强弱即反映了内链的结构特征，进一步证明了高支化改性使产物的长内链减少、内链结构更加紧密，难以与碘结合；从链长分布来看（表 4–4），有着较低的 β- 淀粉酶水解率的高支化改性产物内链的比例更高，而其平均内链长度最短，且 β- 淀粉酶水解后产物短链比例更高，证明了高支化改性产物具有紧密的内链骨架，尤其是 DP 为 3 ~ 6 的短内链明显增多。

表 4–4　玉米淀粉及其经不同处理的产物的平均链长[3]

样品	CL	BCL_{LD}	CL_{LD}	ICL	ECL
普通玉米淀粉	20.54 ± 0.43	15.28 ± 0.45	11.92 ± 0.36	9.42	10.12
麦芽糊精	16.03 ± 0.25	14.83 ± 0.01	11.32 ± 0.00	8.82	7.21
高支化改性产物	18.34 ± 0.04	13.64 ± 0.19	10.36 ± 0.30	7.86	9.48

注：CL，样品平均链长；BCL_{LD}，β- 极限糊精（β-LD）的 B 链平均链长；CL_{LD}，β-LD 的平均链长；ICL，样品内链平均链长；ECL，样品外链平均链长。$ICL = CL_{LD} - 2.5$，其中 2.5 表示 β-LD 的 ECL；$ECL = CL - ICL - 1$，其中 1 表示分支点。

第四节　淀粉高支化改性的应用

淀粉的酶法高支化改性主要通过糖基转移酶催化 α-1，4 糖苷键的水解和 α-1，6 糖苷键的生成，从而有效修饰淀粉的结构和性质。这个过程既不会引入新的化学基团，也不会产生其他类型的糖苷键，仅发生 α-1，4、α-1，6 糖苷键的重组装，因此具有工艺简单、副产物少、产物得率高等显著优势，在食品、化工等工业领域已展现出巨大的市场潜力，可用于生产具备独特性质的产物，包括高支化淀粉、高支化糊精和环状葡聚糖等，不同的高支化改性产物根据其理化性质的特点可应用于不同领域。

一、用于慢消化淀粉和慢消化糊精的生产

慢消化淀粉/慢消化糊精是一类新型的低血糖生成指数（GI）的淀粉衍生物，两者的相对分子质量具有较大差异，但都可以被小肠缓慢吸收、持续释放能量，有利于降低餐后血糖水平、改善血脂，对一些饮食相关的慢性疾病，如糖尿病、心血管疾病和肥胖等代谢综合征具有辅助治疗作用[21]。通过淀粉分支酶催化淀粉高支化改性可以制得这种慢消化淀粉衍生物，与快消化碳水化合物相比，其被人体摄入后可缓慢消化并持续释放能量，可在较长时间内维持饱腹感，从而避免摄入过多的热量，对肥胖症等慢性疾病具有预防和控制作用[22]；同时，慢消化淀粉/慢消化糊精不会导致血糖水平短期内急剧升高，有助于改善餐后血糖负荷，对于非胰岛素依赖型糖尿病和心血管疾病具有辅助治疗作用，并且可以降低结肠癌的发病率，能一定程度辅助调节人的认知和情绪，因此可以满足消费者对食品营养及健康的需求，在食品领域具有广阔的应用前景[23]。

作为一类淀粉衍生物，慢消化淀粉/慢消化糊精可以添加至谷类食物、烘焙食品、淀粉基类零食、饮料等食品中。其中低DE值的慢消化糊精可产生类似脂肪的口感，可作为脂肪替代品在冰淇淋等食物中使用[24]。此外，溶解性和流动性大幅改善的慢消化糊精也可替代常用于食品工业中的麦芽糊精，减弱普通麦芽糊精引起的餐后血糖水平波动，使食品更符合当代消费者对健康的需求。Gourineni等将慢消化碳水化合物添加至布丁、能量棒、乳粉中，制得了低血糖指数的食品[25,26]。

二、用于抗性淀粉和抗性糊精的生产

在健康或特殊膳食的加工领域，淀粉的高支化修饰也发挥着重要的作用。Ren等利用淀粉分支酶对木薯淀粉进行高支化修饰，使快消化淀粉含量降低了14.5%，并生成了抗消化的环状糊精，使木薯淀粉的血糖指数显著降低[27]，从而更加适合糖尿病患者食用。同样地，Jo等用淀粉分支酶和淀粉蔗糖酶协同处理甘薯淀粉，使其慢消化淀粉和抗性淀粉含量显著增加[28]，其产物也可用作血糖平衡的调节剂。通过淀粉分支酶催化所得的高支化产物可用于开发能维持饱腹感、持续释放能量、避免血糖水平剧烈波动、适合普通人群日常食用的淀粉衍生产品，这些开发极大地顺应了当今食品发展的趋势，可见淀粉分支酶具有广阔的市场应用前景。

三、用于高品质清洁标签淀粉的生产

随着全球消费者消费观的转变，清洁标签产品逐渐问世。清洁标签产品的要求是在产品标签中尽可能少出现 E 编码（即欧盟认可的添加剂），保持标签配料表中的食品天然的属性，其特征主要体现在以下三个方面。① 产品成分：天然、有机、安全、无不熟悉的成分、无化学 / 农药残留、无过敏原、非转基因。② 产品配料表：配料越少越好、简单易懂，配料须全部列明。③ 产品制作过程：简单加工、透明、真实、可信任。淀粉作为一种绿色可再生的加工原料，在食品、医药、化工等领域应用广泛，基于此，在“大健康”的时代背景下，积极响应市场需求，利用酶法改性淀粉，生产符合清洁标签概念的高品质淀粉及其衍生产品已成为淀粉行业重要的发展方向。

四、用于食品改良剂的生产

对淀粉进行高支化修饰不仅能有效地增强淀粉的稳定性及抗回生性等性能，还可以显著改善淀粉基产品的流变性能，在食品领域有着良好的应用前景。Li 等通过在冷冻面团的制备过程中添加玉米淀粉经高支化修饰后形成的短簇状麦芽糊精作为面团品质改良剂，发现可以显著增加冷冻面团的体积，降低其硬度，并为酵母细胞提供更多的冷冻保护，使得面团在冷冻 8 周后具有更高的弹性模量和更连续的面筋网络结构，进而更好地满足实际的工业需求[29]。高支化修饰后的木薯淀粉作为增稠剂还可以应用于番茄酱的生产，替代黄原胶，改善番茄酱的组织状态，提高番茄酱的整体感官指标，维持番茄酱的储藏稳定性等[11]。

参考文献

[1] 赵凯 . 淀粉非化学改性技术[M]. 北京：化学工业出版社，2009.

[2] Goto M，Kuwano E，Kanlayakrit W，et al. Role of the carbohydrate moiety of a glucomylase from aspergillus-awamori var. kawachi in the digestion of raw starch[J]. Bioscience Biotechnology and Biochemistry，1995，59（1）：16-20.

[3] 孔昊存 . 淀粉分子糖苷键重构及其产物对小鼠糖脂代谢的调控作用[D]. 无锡：江南大学，2021.

[4] Miao M，Li R，Huang C，et al. Impact of β-amylase degradation on properties of sugary maize soluble starch particles[J]. Food Chemistry，2015，177：1-7.

[5] Ao Z, Simsek S, Zhang G, et al. Starch with a slow digestion property produced by altering its chain length, branch density, and crystalline structure [J]. Journal of Agricultural and Food Chemistry, 2007, 55 (11): 4540–4547.

[6] Li H, Li J, Xiao Y, et al. *In vitro* digestibility of rice starch granules modified by β-amylase, transglucosidase and pullulanase [J]. International Journal of Biological Macromolecules, 2019, 136: 1228–1236.

[7] 张昊. 基于生物酶法的支链淀粉分子结构再设计及其低消化性形成机制 [D]. 无锡: 江南大学, 2020.

[8] Ren J, Li C, Gu Z, et al. Digestion rate of tapioca starch was lowed through molecular rearrangement catalyzed by 1, 4-α-glucan branching enzyme [J]. Food Hydrocolloids, 2018, 84: 117–124.

[9] Zhang X, Leemhuis H, Van Der Maarel M J. Digestion kinetics of low, intermediate and highly branched maltodextrins produced from gelatinized starches with various microbial glycogen branching enzymes [J]. Carbohydrate Polymers, 2020, 247: 116729.

[10] Sorndech W, Sagnelli D, Meier S, et al. Structure of branching enzyme-and amylomaltase modified starch produced from well-defined amylose to amylopectin substrates [J]. Carbohydrate Polymers, 2016, 152: 51–61.

[11] 李雅迪. 木薯淀粉的高支化修饰及其流变学特性的研究 [D]. 无锡: 江南大学, 2017.

[12] 李雯雯. 玉米淀粉的高支化改性及其对回生性质的影响 [D]. 无锡: 江南大学, 2016.

[13] Bates F L, French D, Rundle R E. Amylose and Amylopectin Content of Starches Determined by Their Iodine Complex Formation [J]. Journal of the American Chemical Society, 1943, 65 (2): 142–148.

[14] Wu C, Zhou X, Tian Y, et al. Hydrolytic mechanism of α-maltotriohydrolase on waxy maize starch and retrogradation properties of the hydrolysates [J]. Food Hydrocolloids, 2017, 66: 136–143.

[15] Takata H, Takaha T, Okada S, et al. Structure of the cyclic glucan produced from amylopectin by *Bacillus stearothermophilus* branching enzyme [J]. Carbohydrate Research, 1996, 295: 91–101.

[16] Takata H, Takaha T, Okada S, et al. Cyclization reaction catalyzed by branching enzyme [J]. Journal of Bacteriology, 1996, 178 (6): 1600–1606.

[17] 任俊彦. 淀粉的高支化修饰及其产物的消化性能研究 [D]. 无锡: 江南大学, 2018.

[18] 张玲. 玛咖淀粉的物理化学性质及分子结构研究 [D]. 无锡: 江南大学, 2018.

[19] Kong H C, Yu L X, Gu Z B, et al. An innovative short-clustered maltodextrin as starch substitute for ameliorating postprandial glucose homeostasis [J]. Journal of Agricultural and Food Chemistry, 2021, 69 (1): 354-367.

[20] Roman L, Yee J, Hayes A M R, et al. On the role of the internal chain length distribution of amylopectins during retrogradation: Double helix lateral aggregation and slow digestibility [J]. Carbohydrate Polymers, 2020, 246: 116633.

[21] 俞露茜. 双酶法制备慢消化糊精及其对小鼠糖脂代谢的影响 [D]. 无锡: 江南大学, 2021.

[22] 李才明, 李阳, 顾正彪, 等. 麦芽糊精的支化修饰及其特性研究进展 [J]. 中国食品学报, 2018, 18 (10): 1-8.

[23] 辛辰昊. 淀粉分支酶在大肠杆菌中的非经典分泌研究 [D]. 无锡: 江南大学, 2019.

[24] 陈磊. 功能淀粉糊精的制备及其应用研究 [D]. 广州: 华南理工大学, 2014.

[25] Gourineni V, Stewart M L, Skorge R, et al. Glycemic index of slowly digestible carbohydrate alone and in powdered drink-mix [J]. Nutrients, 2019, 11 (6): 1228.

[26] Gourineni V, Stewart M L, Skorge R, et al. Slowly digestible carbohydrate for balanced energy: *In vitro* and *in vivo* evidence [J]. Nutrients, 2017, 9 (11): 1230.

[27] Ren J, Li C, Gu Z, et al. Digestion rate of tapioca starch was lowed through molecular rearrangement catalyzed by 1, 4-α-glucan branching enzyme [J]. Food Hydrocolloids, 2018, 84: 117-124.

[28] Jo A R, Kim H R, Choi S J, et al. Preparation of slowly digestible sweet potato Daeyumi starch by dual enzyme modification [J]. Carbohydrate Polymers, 2016, 143: 164-171.

[29] Li Y, Li C, Ban X, et al. New insights into the alleviating role of starch derivatives on dough quality deterioration caused by freeze [J]. Food Chemistry, 2021, 362 (1): 130240.

第五章

高支化改性对淀粉回生性质的影响

淀粉在一定温度下能够吸水溶胀、分裂形成均匀的糊状流体体系。糊化后形成的淀粉糊糊丝短，且较柔软、黏稠、易成膏状，具有较好的抗剪切性及热稳定性，被广泛应用于食品、化学、医药及造纸工业等领域[1]。然而，淀粉糊冷却后会形成不透明的凝胶结构，在低温下储藏一定时间，凝胶结构易发生坍塌并析出水分。淀粉凝胶回生可引起淀粉类食品的质构变化，如组织变硬、弹性和风味消失、口感变差，造成产品货架期缩短，极大地限制了淀粉的加工及应用[2]。麦芽糊精作为一种价格低廉、口感滑腻、无异味的淀粉衍生物，被广泛应用于食品领域，但低 DE 值的麦芽糊精存在稳定性较差、凝沉性强的缺陷，在储存过程中会发生聚集回生，形成絮状沉淀。因此，有必要采用各种方法抑制淀粉及其衍生物的回生，以改善淀粉类食品的品质。

第一节　淀粉的回生过程及其控制方法

一、淀粉的回生过程

淀粉回生是指淀粉在过量水分条件下经加热糊化后，在冷却时被破坏的直链淀粉及支链淀粉链逐渐重排形成有序结构的过程[3,4]。淀粉与水的体系在加热、冷却及储藏过程中均伴随着淀粉分子结构的变化（图 5-1），即在加热过程中淀粉颗粒膨胀、直链淀粉浸出、部分淀粉颗粒破坏，从而形成淀粉糊；在淀粉糊冷却过程中形成直链淀粉网络（凝胶化 / 直链淀粉回生）；在储藏过程中形成有序或结晶的支链淀粉分子（支链淀粉回生）[5]。淀粉回生通常伴随着一系

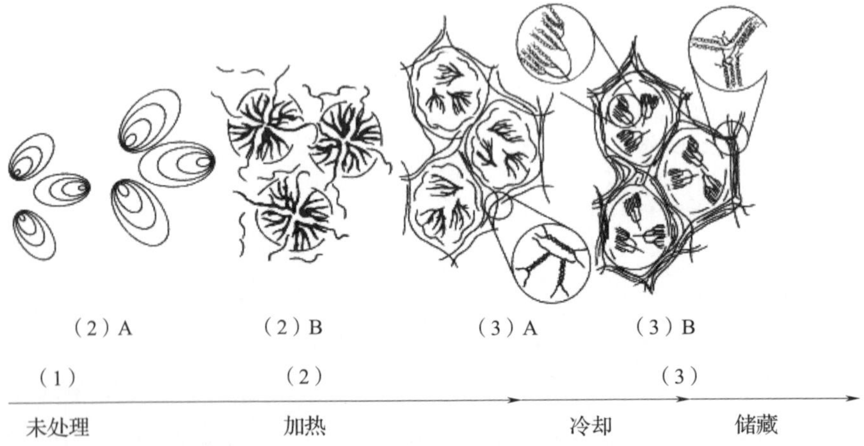

图 5-1　淀粉与水的体系在加热、冷却及储藏过程中发生的变化示意图[5]

（1）天然淀粉颗粒　（2）淀粉糊化　（2）A 淀粉颗粒膨胀　（2）B 直链淀粉浸出和部分颗粒被破坏　（3）淀粉回生　（3）A 凝胶化 / 直链淀粉回生　（3）B 支链淀粉回生

列物理变化，如黏度上升、淀粉糊浊度增加、形成凝胶、析出水分并形成B型晶体结构（六方晶体，每个晶胞含有36个结晶水）[6,7]。

淀粉回生是持续进行的过程，根据回生时间的长短将淀粉回生划分为短期回生和长期回生。短期回生通常在淀粉糊化后几小时以内发生，主要由直链淀粉重结晶引起。游离的直链淀粉分子通过氢键等相互作用，形成双螺旋结构，交联形成网络结构并形成晶核。长期回生一般发生在淀粉糊化后几周时间，主要是由支链淀粉有序化重排导致[8,9]。短期回生对于淀粉凝胶的初始硬度、黏性及食品加工后的消化性起决定作用，而长期回生则是影响凝胶结构及淀粉加工后的结晶度[10]。

二、影响淀粉回生的因素

淀粉回生通常受到多种因素的影响，如水分含量、储藏条件、添加剂、淀粉分子结构等。

（一）水分含量

淀粉的回生程度及速率均受到水分含量的影响。当体系中水分含量较高时，淀粉分子链的移动性增强，同时淀粉分子链的浓度降低；当体系中水分含量较低时，淀粉分子不易移动，导致淀粉分子链不易聚合。因此，样品中水分含量过高和过低均会抑制淀粉回生。Zeleznak等采用差示扫描量热仪研究支链淀粉回生焓值的变化，发现当水分含量为40%～45%时，支链淀粉回生程度最大[11]。Jouppila等采用研究了不同含水量的玉米淀粉在不同贮藏温度下回生速率的变化，结果发现80%固形物含量的样品的结晶半衰期随温度的升高而降低，但温度为90℃时，其结晶半衰期延长，表明回生速率在高温时受水分含量影响[12]。

（二）储藏条件

储藏时间和储藏温度对淀粉回生程度均有较大的影响。研究表明，储藏时间延长能够促进淀粉回生中完美晶体的形成[13]。一般来说，淀粉凝胶在4℃条件下成核方式为一次成核，此时淀粉具有最大回生速率和成核速率，而在25℃条件下成核方式为连续成核，更利于淀粉重结晶晶体的增长。因此温度循环（4℃／30℃）储藏会阻碍晶体形成，抑制淀粉回生，同时能够增强其均匀性和稳定性[14,15]。

（三）添加物

淀粉回生受到各种添加物的影响，如碳水化合物、盐、蛋白质、脂质、多酚类物质等。在淀粉中添加不同的物质能抑制或促进淀粉回生，这不仅取决于添加剂的种类还取决于添加物浓度以及实验条件。例如，添加低浓度 NaCl，淀粉凝胶在 4℃或 25℃下储藏，其回生程度减弱[16,17]；而添加高浓度 NaCl，淀粉凝胶在 -20℃下储藏，其回生程度增加[18]。

（四）淀粉分子结构

影响淀粉回生的根本因素是淀粉中直链淀粉与支链淀粉的含量比例以及支链淀粉侧链链长。直链淀粉由于几乎无分支，在溶液中分子空间位阻小，易聚集发生重排；支链淀粉由于具有较多分支侧链，在溶液中空间位阻大，不易重排[19]。此外，淀粉分子的链长对回生也有一定的影响。有文献报道支链淀粉侧链 DP 为 6 ~ 9 或大于 25，淀粉不易发生回生，而侧链 DP 为 12 ~ 22 则会促进淀粉回生[20]。

三、抑制淀粉回生的方法

目前，国内外抑制淀粉回生的方法主要分为物理法、化学法和生物法三类。

（一）物理法

物理法主要分为两类。一类是通过改变温度、压力、湿度、剪切应力及储藏条件等控制淀粉回生，目前常用的手段有湿热处理、挤压处理、超声波处理、电离放射处理等。另一类是在淀粉中添加外源物质以改善淀粉的回生程度，目前常用的外源物质有蛋白质、脂质、多糖、盐、亲水性胶体等[21]。第一类物理法是利用超声场、电场、压力场、电磁场等物理场改变淀粉的性质，具有快速、反应过程简单、对环境友好等优点，但同时也存在设备要求高、能耗高等问题。第二类物理法改善淀粉回生程度依添加物浓度和实验条件而定，存在一定的不稳定性。此外，将不同来源、不同种类的淀粉相互混合均匀，混合后的新淀粉也具有一定的延缓淀粉回生的作用。研究表明，将马铃薯淀粉和大米淀粉以 1∶1（质量比）的比例混合均匀，在 4℃储藏 2 周，其回生程度明显低于同样条件下储藏的单一淀粉的回生程度[22]。

（二）化学法

化学法是通过化学试剂与淀粉发生反应，改变淀粉的物理、化学及其功能性质，进而改善回生程度，使其更适于工业应用。化学法主要包括化学取代和交联两种方法。化学取代中化学基团的引入干扰了淀粉分子内部和分子间的氢键相互作用，淀粉颗粒结构被削弱，无定形区分子的自由运动增强，从而抑制了淀粉的重结晶。交联淀粉能够限制支链淀粉的分支运动，达到稳定淀粉颗粒的目的。常用的化学手段主要包括酸解处理、氧化处理、酯化处理等[23]。化学法处理量大，易实现大批量工业化生产，且改性较彻底。然而，化学法需使用大量化学试剂，对环境影响较大，且考虑到化学改性产品的安全性问题，其在食品领域的应用受到了限制。

（三）生物法

生物法主要分为两类，一类是通过改变控制淀粉回生性质对应的基因或控制淀粉合成过程中所涉及酶的表达进行基因修饰，改变淀粉结构，从而抑制回生[21]。另一类是通过添加生物酶对淀粉进行降解，使其支链淀粉外侧的链长变短，淀粉分子链排列的无序性程度增加，从而抑制淀粉回生。其中，经淀粉分支酶处理得到高支化淀粉是一种常用的生物改性技术。改性之后长链含量减少，分支点增多，分支度和溶解度均有所提高，可以延缓淀粉回生[24]。目前，淀粉分支酶已用于改性多种淀粉，改性产品包括高支化淀粉、高支化糊精及环状糊精等。生物酶法具有安全、环保、无污染的特点，是一种相对安全的改性方法，在底物选择性、产物特异性以及改性效果方面有显著优势。

第二节　高支化改性对淀粉短期回生性质的影响

一、高支化改性对淀粉黏度特性的影响

峰值黏度（淀粉糊糊化过程中达到的最高黏度值）与水结合能力有关，反映淀粉颗粒的脆弱性。图 5-2 所示为淀粉分支酶作用不同时间后玉米淀粉的黏度曲线，与对照组相比，高支化玉米淀粉的峰值黏度降低，这可能是由于淀粉分支酶作用于玉米淀粉时存在一定的水解作用，切下的链段未被转接至淀粉分子上，因此在黏度特性中反映为峰值黏度降低。

崩解值为峰值黏度与谷值黏度（淀粉糊糊化过程中达到的最低黏度值）的差值，反映淀粉颗粒的稳定性。与对照组相比，当淀粉分支酶作用 10h 时，玉米淀粉的崩解值降低 52.2%（图 5-2），表明淀粉分支酶处理致使改性玉米淀粉颗粒结构更加紧密，从而使高支化玉米淀粉颗粒更加稳定。

50℃保温前后的黏度差值表示淀粉糊所形成凝胶的强度。普通玉米淀粉回生后形成包含三维网状结构的坚硬凝胶，直链淀粉形成的网状结构能够增加凝胶的弹性及刚性，使其不易变形。而蜡质玉米淀粉中几乎不含直链淀粉，回生后形成软凝胶，并呈现出较好的渗透性及较大的黏着性。因此，50℃保温前后的黏度差值越大，说明凝胶强度越大，同时从侧面反映直链淀粉含量越高[25]。对照组在 50℃保温期间黏度降低较明显（图 5-2），表明形成了较强的凝胶结构，而高支化玉米淀粉的黏度差值则小于对照组，且随着淀粉分

支酶作用时间延长，黏度差值降低变得不明显，说明高支化玉米淀粉的凝胶结构较弱，直链淀粉含量较少。这与动态时间扫描、直链淀粉含量测定结果一致。

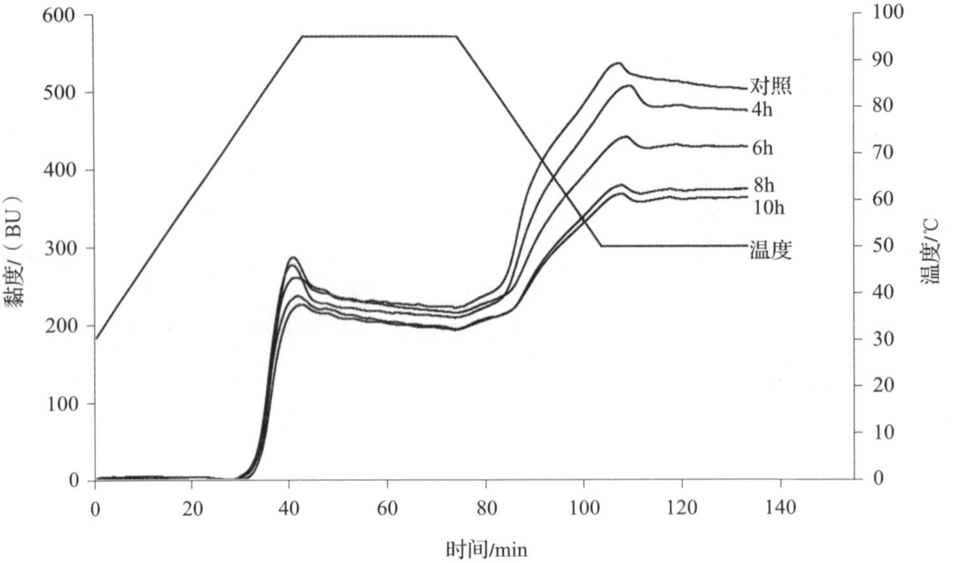

图 5-2 淀粉分支酶作用不同时间后玉米淀粉的黏度曲线

4，6，8，10h 分别表示经淀粉分支酶改性 4，6，8，10h 后的玉米淀粉。

短期回生值是温度降至 50℃时的黏度与谷值黏度的差值，反映淀粉糊在冷却过程中黏度上升的程度。短期回生值和终值黏度（淀粉糊糊化结束后降温过程终点时的黏度值）能够反映淀粉短期回生程度。短期回生值和终值黏度与直链淀粉的快速聚集有关[26]。直链淀粉分子较长，且几乎没有分支，因此在冷却初期容易发生聚集而形成凝胶网络结构[27]。体系中高含量的直链淀粉为淀粉在回生初期直链淀粉聚集提供了有利条件。对照组在冷却期间黏度快速增加，且终值黏度较大（图 5-2），表明玉米淀粉易发生短期回生，即经糊化分散的玉米淀粉分子链通过氢键快速聚集在一起形成凝胶网络结构。而高支化玉米淀粉的短期回生值和终值黏度均有所降低，且淀粉分支酶改性时间越长，两者的降低幅度越大。经淀粉分支酶作用 10h 后，玉米淀粉的短期回生值比对照组降低了 45.7%，而终值黏度则降低了 27.7%。根据上述高支化玉米淀粉分子结构的分析，淀粉分支酶作用玉米淀粉时能够水解直链淀粉中 α-1，4 糖苷键，致使高支化玉米淀粉的直链淀粉含量减少，高支化玉米淀粉糊中直链淀粉聚集受到限制，在几小时内不易发生回生，即其短期回生被抑制，从而反映在短期回生值和终值黏度降低上。

二、高支化改性对淀粉短期回生淀粉流变学特性的影响

淀粉糊化后冷却初期，直链淀粉分子由于几乎无分支结构，空间位阻小，因此易于定向迁移，通过氢键相互作用缔合在一起，形成三维凝胶网络结构，导致淀粉糊体系的黏弹性发生变化[28]。采用旋转流变仪测定淀粉糊在回生初期黏弹性的变化，以储能模量（G'）作为衡量指标。G' 能够反映由直链淀粉聚合所形成的三维凝胶网络结构的弹性性质，G' 增大，表明三维凝胶网络结构增强[29]。

采用Gt-GBE对玉米淀粉进行改性，观察其在4℃下储藏2h内 G' 随时间的变化（图5-3）。对照组的 G' 随着时间延长而增大，且在2h后仍然呈现增长的趋势，表明4℃下对照组的确发生了直链淀粉聚合，形成了凝胶网络结构。高支化玉米淀粉的 G' 在整个检测过程中也呈现上升的趋势，但相较于对照组，其上升速率缓慢。此外，高支化玉米淀粉的 G' 值均低于对照组，且随着淀粉分支酶作用时间延长，其降低幅度增大。当淀粉分支酶作用10h时，高支化玉米淀粉的 G' 值最低。这表明淀粉分支酶处理有助于减缓玉米淀粉回生过程中凝胶形成的速率，并控制凝胶网络结构的强度，延缓玉米淀粉的短期回生。

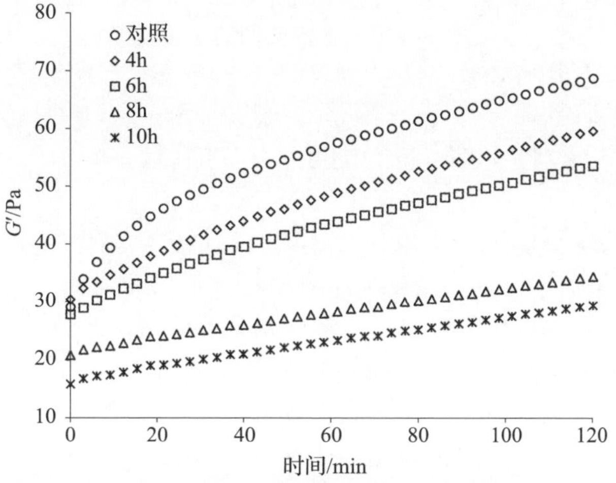

图5-3　淀粉分支酶作用不同时间后的玉米淀粉在4℃下储藏2h内 G' 随时间的变化曲线

4，6，8，10h分别表示经淀粉分支酶改性4，6，8，10h后的玉米淀粉。

在流变学分析中，另一重要参数为损耗模量（G''），G'' 反映网络结构的黏性性质[29]。为进一步研究改性玉米淀粉的流变学性质，引入损耗角正切值（$\tan\delta$）这一参数。$\tan\delta$ 是 G'' 与 G' 的比值，它能够反映体系的黏性和弹性对最终黏弹性的相对贡献[30]。图5-4所示为 $\tan\delta$ 随时间的变化规律。随着测试时间延长，所有样品的 $\tan\delta$ 均减小，表明在4℃下储存所有样品的直链淀粉重

排均在不断地进行，这一变化趋势与 Choi 等报道的一致[31]。经淀粉分支酶作用的玉米淀粉凝胶的 tan δ 均高于对照组，且随着淀粉分支酶作用时间延长而增大，表明与对照组相比，高支化玉米淀粉凝胶体系中的黏性成分更多，而弹性成分更少。

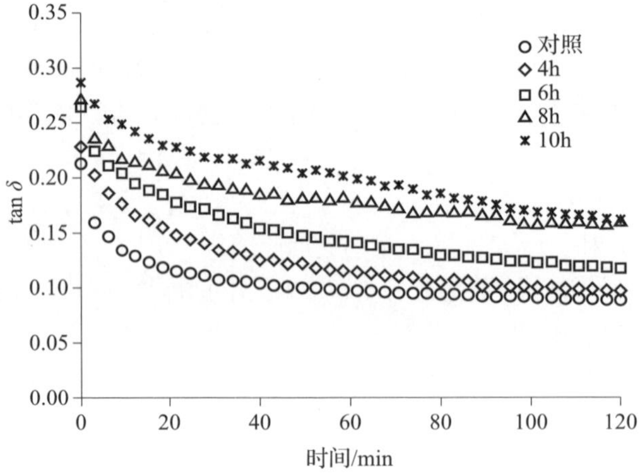

图 5-4 淀粉分支酶作用不同时间后的玉米淀粉在 4℃下储藏 2h 内 tan δ 随时间的变化曲线

4，6，8，10h 分别表示经淀粉分支酶改性 4，6，8，10h 后的玉米淀粉。

三、高支化改性抑制淀粉短期回生的机制

低场核磁共振是一种用于检测复合物的物理化学结构的重要技术，能够检测质子的弛豫行为（一种激发态跃迁到能量较低的激发态或基态的过程）。其中，横向弛豫时间（T_2，横向磁化矢量衰减到最大值的 37% 所需要的时间）能够反映水分子的运动性。对于淀粉糊体系，T_2 越小，说明体系中水分子运动性越弱，即淀粉分子与水分子结合越紧密；T_2 越大，说明体系中水分子运动性越强，即淀粉分子对水分子的束缚越小或水分子未被束缚[32,33]。因此，T_2 常用来表征淀粉糊体系中水分子的运动状态。

利用 Gt-GBE 对玉米淀粉作用不同时间，观察玉米淀粉在 4℃下储藏时，T_2 随储藏时间的变化。随着储藏时间的延长，所有样品的 T_2 均减小（图 5-5），表明样品中的水分子运动性降低。糊化的淀粉在储藏过程中由无定形状态向稳定有序状态转变，即发生回生。淀粉分子重排会牵制水分子的运动，降低其运动性，从而导致 T_2 减小[34]。

经淀粉分支酶处理得到的高支化玉米淀粉的 T_2 在任一储藏时间点均高于对照组，且随着淀粉分支酶处理时间增加，T_2 逐渐增大，表明高支化玉米淀粉体系中水分子自由度较高，受到淀粉分子的束缚较小。淀粉短期回生主要是直链

淀粉重结晶引起，而这个过程涉及水分子的运动。直链淀粉重结晶时，水分子会迁移至结晶层中。水分运动性较高说明只有少量水分子进入淀粉结晶结构，较少的无定型区转变为重结晶区[35]。

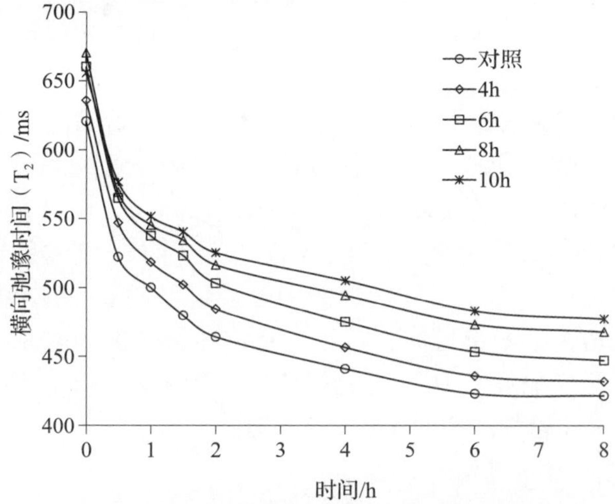

图 5-5 淀粉分支酶作用不同时间后的玉米淀粉在 4℃下储藏 8h 内 T_2 随时间的变化曲线

4，6，8，10h 分别表示经淀粉分支酶改性 4，6，8，10h 后的玉米淀粉。

综上可知，高支化玉米淀粉的直链淀粉含量对短期回生值存在较大的影响，进而影响着其短期回生程度。淀粉短期回生主要是由直链淀粉重结晶引起。淀粉中直链淀粉含量越高，其短期回生值越大，即越容易发生短期回生。经过淀粉分支酶处理后的高支化淀粉的凝胶结构较弱，表明直链淀粉含量较少；且淀粉分支酶处理使得高支化淀粉体系中水分子自由度较高，减缓了淀粉回生过程中凝胶形成的速率，并控制了凝胶网络结构的强度，从而延缓了淀粉的短期回生。

第三节 高支化改性对淀粉长期回生性质的影响

一、高支化改性对淀粉长期回生程度的影响

X 射线衍射（X-ray diffraction，XRD）技术可测定淀粉体系回生后的晶体含量。XRD 图谱中的衍射峰越高、越窄，表明晶体含量越高，淀粉回生程度越大[27]，因此可采用 XRD 表征淀粉的回生程度。天然玉米淀粉呈现典型的 A 型峰，XRD 波谱特征峰在 15°，17°，18°，23° 处出现强的衍射峰（图 5-6）。李雯雯分析了基于 Gt-GBE 的高支化改性对淀粉长期回生程度的影响，发现玉米

淀粉经糊化和低温下储藏 14d 后，在 17° 处出现特征峰，即形成了 B 型结晶。[36] 这主要是由于玉米淀粉颗粒与水在加热过程中相互作用，玉米淀粉颗粒的晶体结构被破坏，而在长期低温储藏过程中，玉米淀粉分子发生聚集，支链淀粉重结晶，从而形成了此衍射峰。此外，所有回生的样品均在 17° 处有衍射峰，高支化玉米淀粉回生后的衍射峰强度略小于对照组，且随着改性时间延长，衍射峰强度减小。根据衍射图谱中晶体峰面积与衍射峰总面积的比例可以计算各样品的相对结晶度。玉米淀粉经淀粉分支酶改性后，相对结晶度降低，且相对结晶度随着淀粉分支酶改性时间延长而降低。当淀粉分支酶改性 10h 时，样品的相对结晶度（聚合物中结晶区域所占比例）降至 9.6%，降低幅度为 22.0%，表明玉米淀粉经淀粉分支酶改性后，其长期回生受到了一定的抑制。同时，淀粉分支酶作用玉米淀粉后会水解支链淀粉中较长链段的 α-1，4 糖苷键，使原长链段变短，同时切下的短链可能会接至支链淀粉分子上，因此改性玉米淀粉中长链含量减少，短链含量增加。而淀粉长期回生主要由支链淀粉重结晶引起，因此，高支化玉米淀粉的长期回生得到了控制。

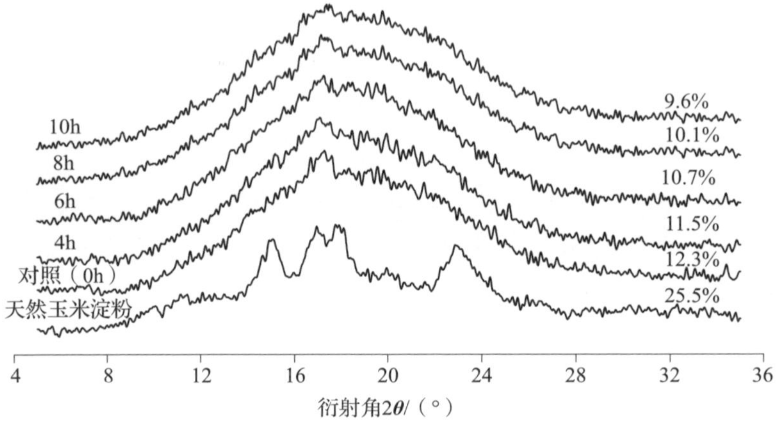

图 5-6 淀粉分支酶作用不同时间后的玉米淀粉经糊化后在 4℃下储藏 14d 的 XRD 图
4，6，8，10h 分别表示经淀粉分支酶改性 4，6，8，10h 后的玉米淀粉；
右侧百分数表示相对结晶度。

二、高支化改性对长期回生淀粉热力学性质的影响

差示扫描量热法（Differential Scanning Calorimeter，DSC）是测定淀粉体系热力学的经典方法，通过 DSC 两次扫描可测定淀粉的糊化及回生性质。

淀粉样品在储藏过程中发生回生，淀粉体系形成许多不完美、异质性的晶体结构，采用 DSC 对样品进行第二次加热扫描破坏结晶，从而测得支链淀粉分子形成的结晶熔化所需的热量，即回生焓值（ΔH_r）。淀粉样品在 4℃下冷藏不

同天数后 ΔH_r 均随着储藏时间延长而增大（表 5-1）。在 28d 的储藏期内，对照组的 ΔH_r 由 2.62J/g 增加至 6.64J/g。这说明储藏期间样品确实发生了重结晶，因此需要更多的热量使晶体熔化。玉米淀粉经淀粉分支酶处理后，其各储藏期内的 ΔH_r 均有不同程度的降低，且淀粉分支酶处理时间越长，ΔH_r 降低幅度越大。与对照组相比，当淀粉分支酶处理时间达到 10h 时，储藏 28d 后的 ΔH_r 降低了 22.3%，表明淀粉分支酶处理能够有效抑制玉米淀粉的长期回生。

表 5-1　淀粉分支酶作用不同时间后的玉米淀粉在 4℃下储藏不同天数后的回生焓值（ΔH_r）

单位：J/g

淀粉分支酶作用时间	储藏时间						
	1d	3d	5d	7d	14d	21d	28d
对照	2.62 ± 0.24	3.79 ± 0.28	4.55 ± 0.28	5.37 ± 0.16	6.03 ± 0.14	6.31 ± 0.23	6.64 ± 0.12
4h	2.44 ± 0.20	3.36 ± 0.39	4.22 ± 0.17	4.81 ± 0.23	5.47 ± 0.13	5.85 ± 0.32	6.01 ± 0.36
6h	2.12 ± 0.16	3.11 ± 0.16	3.94 ± 0.18	4.53 ± 0.30	5.18 ± 0.23	5.47 ± 0.15	5.68 ± 0.21
8h	1.87 ± 0.37	2.76 ± 0.17	3.58 ± 0.34	4.24 ± 0.21	4.87 ± 0.37	5.23 ± 0.31	5.42 ± 0.18
10h	1.60 ± 0.38	2.41 ± 0.13	3.38 ± 0.31	3.85 ± 0.20	4.63 ± 0.23	4.94 ± 0.26	5.16 ± 0.21

注：对照表示原玉米淀粉；4，6，8，10h 分别表示经淀粉分支酶改性 4，6，8，10h 后的玉米淀粉。

Avrami 方程被广泛用于研究淀粉回生过程中的结晶动力学，如式（5-1）所示。

$$\varphi=1-\exp(-kt^n) \tag{5-1}$$

式中　φ——t 时刻结晶分数；

k——结晶速率常数；

n——Avrami 常数。

其中，Avrami 常数 n 和结晶速率常数 k 是两个重要的参数。n 与晶核形成方式有关，k 反映了晶体生长及晶体形成速率[37]。表 5-2 所示为淀粉分支酶作用不同时间后玉米淀粉的重结晶动力学参数。各样品的确定性系数（R^2）（0.9801～0.9910）接近 1，说明实验数据在 Avrami 模型中得到了较好的拟合。所有样品的 n 均小于 1，表明所有样品的成核方式均为一次成核。与对照组相比，高支化玉米淀粉的 n 有所增大，且随着淀粉分支酶处理时间延长，n 增加幅度增大，说明晶核在结晶开始时形成，且成核速率减慢。此外，k 随着淀粉分支酶处理时间增加而减小，当淀粉分支酶处理 10h 时，k 比对照组降低了 27.6%，表明重结晶速率降低。综上可知，淀粉分支酶处理有效抑制了玉米支链淀粉的长期回生。

表 5-2 淀粉分支酶作用不同时间后玉米淀粉的重结晶动力学参数（4℃）

淀粉分支酶作用时间	重结晶动力学参数		
	n	k	R^2
对照	0.60	0.47	0.9897
4h	0.64	0.46	0.9801
6h	0.65	0.43	0.9910
8h	0.69	0.38	0.9856
10h	0.72	0.34	0.9876

注：对照表示原玉米淀粉；4，6，8，10h 分别表示经淀粉分支酶改性 4，6，8，10h 后的玉米淀粉。

三、高支化改性抑制淀粉长期回生的机制

淀粉分子在回生过程中发生重排，通过氢键相互作用缔合，因此氢键相互作用可作为评价回生的指标。采用傅里叶变换红外光谱（Fourier transform infrared spectroscopy，FT-IR）分析 Gt-GBE 作用不同时间后的玉米淀粉在 4℃下储藏 14d 后氢键含量的变化，结果如图 5-7 所示。在 3000～3600cm^{-1} 处存在宽而强的吸收峰，这是淀粉中的羟基伸缩振动吸收峰[26]。对照组的羟基吸收峰较为平坦，表明体系中氢键含量较高，而高支化玉米淀粉的吸收峰相对尖锐，且随着淀粉分支酶处理时间增加，其羟基吸收峰更加尖锐，这说明玉米淀粉经淀粉分支酶处理后回生过程中形成的氢键含量有所减少。因此，淀粉分支酶处理后玉米淀粉的长期回生得到了抑制。

高支化玉米淀粉的长期回生与其支链淀粉链长有关。支链平均链长较短的支链淀粉在长期储藏过程中不易发生回生。糊化后支链淀粉的重排取决于其侧链长。在长期储藏过程中，支链淀粉侧链容易聚集缠绕，形成重结晶。B 链（淀粉分子上存在 α-1，6 糖苷键且只有非还原性末端的链段）含量高，支链淀粉更易发生分子间重排[38]。淀粉分支酶具有水解和转糖基作用，支链淀粉中部分较长分支侧链的 α-1，4 糖苷键会被水解，水解得到的短链继而被转接至支链淀粉侧链上，导致短链含量增加，而长链含量减少，支链淀粉的平均链长减小。因此，高支化玉米淀粉的支链平均链长较短，不易发生重排，长期回生也受到了抑制。此外，淀粉短期回生阶段直链淀粉所形成的晶核能够为支链淀粉回生提供晶种源，使支链淀粉结晶区以该晶核为中心增长并形成晶体。由于淀粉分支酶处理导致直链淀粉含量减少，短期回生受到抑制，因此，所形成

晶种数量减少，在一定程度上也限制了支链淀粉的重结晶，从而抑制了长期回生。

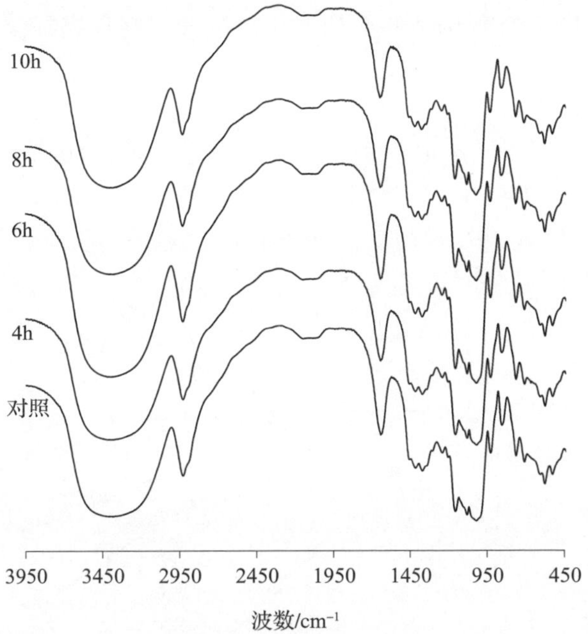

图 5-7　淀粉分支酶作用不同时间后的玉米淀粉在 4℃下储藏 14d 的红外光谱图

4，6，8，10h 分别表示经淀粉分支酶改性 4，6，8，10h 后的玉米淀粉。

第四节　高支化改性对麦芽糊精溶液稳定性的影响

麦芽糊精具有增稠性强、溶解性好、速溶性佳、载体性好、甜度低及易于消化吸收、低热、低脂肪等优点，市场应用前景广阔；但麦芽糊精在储存过程中容易聚集、回生，存在透明度稳定性差、凝沉性强、黏度稳定性及冻融稳定性差等缺陷，一定程度上限制了其应用范围。目前多采用化学法对麦芽糊精进行改性，但该方法具有效率较低、稳定性较差及存在化学残留等缺陷。与化学法相比，生物酶法改性具有催化效率高、反应条件温和且安全的优势，是淀粉及其衍生物的常用改性手段之一。采用具有转糖基作用的淀粉分支酶对麦芽糊精进行改性，可为生物酶法改性麦芽糊精提供一种新思路，扩大淀粉分支酶及麦芽糊精的应用范围。此外，对麦芽糊精稳定性及分子结构进行相关性分析，可为生产及应用具有特定性质的麦芽糊精提供理论指导。

一、高支化改性对麦芽糊精溶液透明度及透明度稳定性的影响

麦芽糊精在储存过程中透明度的变化可以最直观地表征淀粉分支酶对麦芽糊精稳定性的改善效果。王哲利用 Ro-GBE 对麦芽糊精进行了酶法改性，证明其能有效改善麦芽糊精的稳定性[39]。改性与未经改性的麦芽糊精样品溶液的透光率随时间的变化曲线如图 5-8 所示，其储存 30d 时的实时状态图如图 5-9 所示。原麦芽糊精在 4℃下储存 4d 完全浑浊（透光率 7%），当添加 Ro-GBE100U/g、反应 12h 时，改性麦芽糊精样品在 4℃下储存 30d 透光率达 94.2%，且在视觉上仍保持澄清透明。

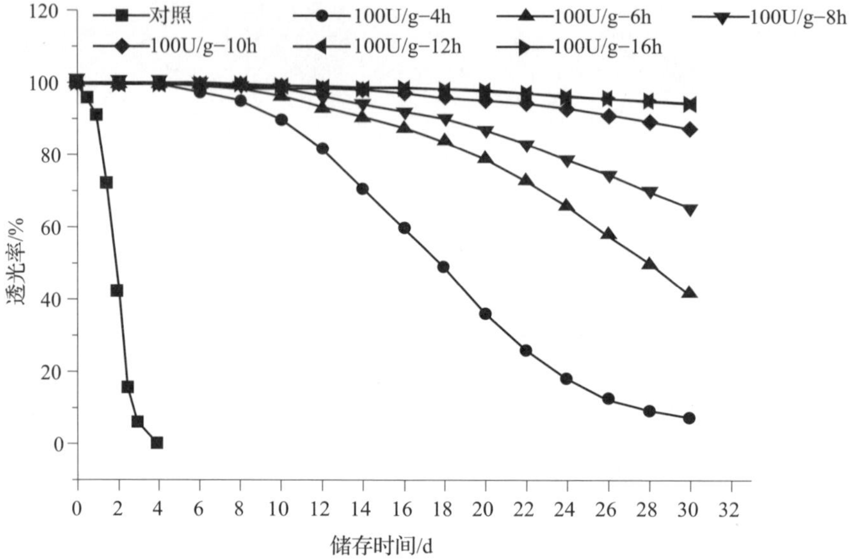

图 5-8 Ro-GBE 改性不同时间后麦芽糊精溶液在 4℃下储存 30d 的透光率

对照：原麦芽糊精；100U/g：加酶量为 100 U/g；4，6，8，10，12，16h 分别表示经淀粉分支酶改性 4，6，8，10，12，16h 后的麦芽糊精。

图 5-9 Ro-GBE 改性不同时间后麦芽糊精溶液储存 30d 的实时状态

样品从左到右分别代表改性反应时间 0，4，6，8，10，12，16h。

二、高支化改性对麦芽糊精溶液黏度及黏度稳定性的影响

黏度会影响麦芽糊精产品的口感，王哲探究了淀粉分支酶对麦芽糊精黏度及黏度稳定性的影响[39]。将改性前后的麦芽糊精样品分别配制成40%（质量分数）干基浓度的水溶液，采用快速黏度分析仪（RVA）测定其黏度。原麦芽糊精的初始黏度为100mPa·s，改性时间为4，6，8，10，16h的麦芽糊精样品初始黏度均为81mPa·s，改性后黏度降低幅度均为19%，说明淀粉分支酶改性会降低麦芽糊精的黏度，而改性时间的长短对黏度的降低幅度几乎无影响（图5-10）。同时，将样品在4℃下分别放置1，2，4，6，8，10d后测定其黏度，探究样品的黏度稳定性。原麦芽糊精在4℃下储存1d时，黏度明显增加，即由100mPa·s增加至176mPa·s，增加幅度为76%，这可能是由于在第1天的储存过程中，大部分原麦芽糊精样品回生，导致黏度迅速增加，而后黏度随储存时间的增加而缓慢增加（图5-10）。在4℃下储存10d时，改性时间为4，8，12，16h的麦芽糊精样品黏度分别由初始的81mPa·s增加为95，86，84，83mPa·s，增加幅度较小，这说明淀粉分支酶改性明显提高了麦芽糊精的黏度稳定性。

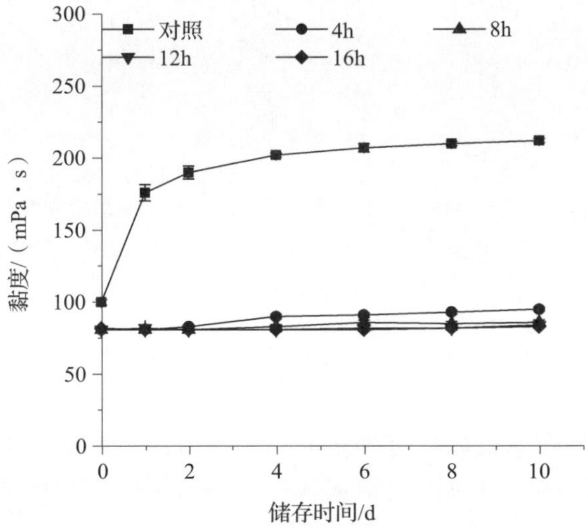

图5-10　淀粉分支酶改性前后麦芽糊精的黏度稳定性

对照：原麦芽糊精；4，8，12，16h分别表示经淀粉分支酶改性　4，8，12，16h后的麦芽糊精。

三、高支化改性对麦芽糊精溶液凝沉性的影响

麦芽糊精溶液在储存过程中发生沉降是其凝沉性最直观的表现。可用沉淀

物质量分数反映样品的凝沉性，质量比越高，凝沉性越强，表明麦芽糊精的稳定性越差。将不同改性时间的麦芽糊精样品在4℃下静置一周（图5-11），发现原麦芽糊精样品沉淀物与溶液的质量比为34.59%，淀粉分支酶改性后，麦芽糊精样品凝沉性显著减弱，且随改性时间的延长其减弱程度增加，改性时间为12h的麦芽糊精样品沉淀物与溶液的质量比仅为3.07%，减弱幅度为91.12%。表明淀粉分支酶改性使麦芽糊精具有更高的分支度，支链分子的相对分子质量降低，分子重排生成更多短簇状结构，从而使空间位阻增大，分子间缔合减少，减弱了麦芽糊精的凝沉性，溶液稳定性增加[39]。

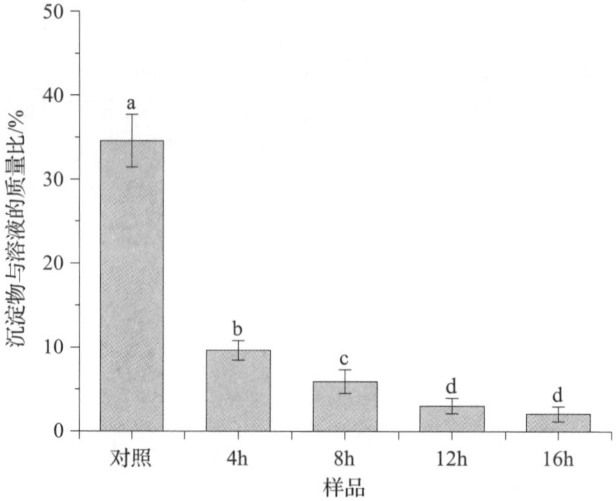

图5-11 淀粉分支酶改性前后麦芽糊精的凝沉性

对照：原麦芽糊精；4，8，12，16h分别表示经淀粉分支酶改性4，8，12，16h后的麦芽糊精；图中不同字母表示组间均值在$P<0.05$水平上有显著差异。

四、高支化改性对麦芽糊精冻融稳定性的影响

麦芽糊精溶液在冻融循环过程中的稳定性可用沉淀析出率表示，沉淀析出率越低，冻融稳定性越好。配制干基浓度为20%（质量分数）的麦芽糊精水溶液，经历1～5次冻融循环后测定其沉淀析出率（表5-3），在1～5次冻融循环过程中，原麦芽糊精溶液的沉淀析出率随冻融次数的增加而增大。经过5次冻融循环后，原麦芽糊精的沉淀析出率为19.46%，几乎全部析出，说明原麦芽糊精的冻融稳定性很差。而经淀粉分支酶改性后的麦芽糊精冻融稳定性明显增强，改性4h的麦芽糊精溶液在经历5次冻融循环后沉淀析出率仅有2.11%，而改性时间为8，12，16h的麦芽糊精溶液几乎不析出，说明淀粉分支酶改性改善了麦芽糊精的冻融稳定性。

表 5-3 1～5 次冻融循环后不同改性时间的麦芽糊精溶液沉淀析出率 单位：%

冻融循环次数	改性时间				
	对照	4h	8h	12h	16h
1	4.20 ± 0.47	0.06 ± 0.03	0.10 ± 0.04	0.13 ± 0.04	0.09 ± 0.06
2	10.25 ± 1.06	0.13 ± 0.04	0.13 ± 0.04	0.12 ± 0.08	0.20 ± 0.05
3	14.55 ± 1.63	0.18 ± 0.05	0.14 ± 0.08	0.18 ± 0.01	0.18 ± 0.08
4	18.25 ± 1.34	1.02 ± 0.17	0.17 ± 0.03	0.17 ± 0.06	0.20 ± 0.01
5	19.46 ± 0.62	2.11 ± 0.16	0.23 ± 0.04	0.17 ± 0.08	0.09 ± 0.05

注：对照表示原麦芽糊精；4，8，12，16h 分别表示经淀粉分支酶改性 4，8，12，16h 后的麦芽糊精。

综上所述，麦芽糊精的功能性质与其结构密切相关。麦芽糊精中存在大小不均的支链分子及直链分子，淀粉分支酶在作用麦芽糊精的过程中，主要以转糖基作用为主，倾向于作用相对较大的直链分子及支链分子中 DP ≥ 15 的链段，水解链段的 α-1，4 糖苷键，生成大量短链，将所得链段以外链的形式连接至相对较小的支链分子上，从而导致麦芽糊精的分支度提高，直链分子及支链分子的相对分子质量降低，分子分布更加均匀，且在淀粉分支酶转移链段过程中倾向于将其转移至靠近分支点处，使得平均外链长、平均内链长均降低。麦芽糊精分子中生成更多短簇状结构，导致空间位阻增大，分子间缔合减少，不易聚集沉淀，抑制了麦芽糊精的回生，从而使得麦芽糊精的透明度稳定性增强，黏度稳定性增强，凝沉性降低及冻融稳定性增强。

参考文献

[1] Bhandari P N, Singhal R S. Effect of succinylation on the corn and amaranth starch pastes [J]. Carbohydrate Polymers, 2002, 48 (3): 233-240.

[2] Yu S, Zhang Y, Ge Y, et al. Effects of ultrasound processing on the thermal and retrogradation properties of nonwaxy rice starch [J]. Journal of Food Process Engineering, 2013, 36 (6): 793-802.

[3] Farhat I A, Blanshard J M V, Mitchell J R. The retrogradation of waxy maize starch extrudates: Effects of storage temperature and water content [J]. Biopolymers, 2000, 53 (5): 411-422.

[4] Xie Y, Hu X, Jin Z, et al. Effect of temperature-cycled retrogradation on *in vitro* digestibility and structural characteristics of waxy potato starch [J].

International Journal of Biological Macromolecules, 2014, 67: 79–84.

[5] Wang S, Li C, Copeland L, et al. Starch retrogradation: a comprehensive review [J]. Comprehensive Reviews in Food Science and Food Safety, 2015, 14 (5): 568–585.

[6] Hoover R, Hughes T, Chung H J, et al. Composition, molecular structure, properties, and modification of pulse starches: a review [J]. Food Research International, 2010, 43 (2): 399–413.

[7] Hoover R. Composition, molecular structure, and physicochemical properties of tuber and root starches: A review [J]. Carbohydrate Polymers, 2001, 45 (3): 253–267.

[8] Banchathanakij R, Suphantharika M. Effect of different β–glucans on the gelatinisation and retrogradation of rice starch [J]. Food Chemistry, 2009, 114 (1): 5–14.

[9] Yao Y, Zhang J, Ding X. Retrogradation of starch mixtures containing rice starch [J]. Journal of Food Science, 2003, 68 (1): 260–265.

[10] Fadda C, Sanguinetti A M, Del C A. Bread staling: Updating the view [J]. Comprehensive Reviews in Food Science and Food Safety, 2014, 13 (4): 473–492.

[11] Zeleznak K, Hoseney R. The role of water in the retrogradation of wheat starch gels and bread crumb [J]. Cereal Chemistry, 1986, 63: 407–411.

[12] Jouppila K, Kansikas J, Roos Y H. Factors affecting crystallization and crystallization kinetics in amorphous corn starch [J]. Carbohydrate Polymers, 1998, 36 (2–3): 143–149.

[13] Park E Y, Baik B K, Lim S T. Influences of temperature–cycled storage on retrogradation and *in vitro* digestibility of waxy maize starch gel [J]. Journal of Cereal Science, 2009, 50 (1): 43–48.

[14] Zhou X, Baik B K, Wang R, et al. Retrogradation of waxy and normal corn starch gels by temperature cycling [J]. Journal of Cereal Science, 2010, 51 (1): 57–65.

[15] Zhou X, Lim S T. Pasting viscosity and *in vitro* digestibility of retrograded waxy and normal corn starch powders [J]. Carbohydrate Polymers, 2012, 87 (1): 235–239.

[16] Chang S M, Liu L C. Retrogradation of rice starches studied by differential scanning calorimetry and influence of sugars, NaCl and lipids [J]. Journal of Food Science, 1991, 56 (2): 564–566.

[17] Thirathumthavorn D, Trisuth T. Gelatinization and retrogradation properties of

native and hydroxypropylated crosslinked tapioca starches with added sucrose and sodium chloride [J] . International Journal of Food Properties, 2008, 11 (4): 858–864.

[18] Baker L A, Rayas–Duarte P. Freeze–thaw stability of amaranth starch and the effects of salt and sugars [J] . Cereal Chemistry, 1998, 75 (3): 301–307.

[19] Fredriksson H, Silverio J, Andersson R. The influence of amylose and amylopectin characteristics on gelatinization and retrogradation properties of different starches [J] . Carbohydrate Polymers, 1998, 35 (3–4): 119–134.

[20] Vandeputte G E, Vermeylen R, Geeroms J, et al. Rice starches. Ⅲ . Structural aspects provide insight in amylopectin retrogradation properties and gel texture [J] . Journal of Cereal Science, 2003, 38 (1): 61–68.

[21] Fu Z, Chen J, Luo S, et al. Effect of food additives on starch retrogradation: A review [J] . Starch–Stärke, 2015, 67 (1–2): 69–78.

[22] Mohamed O, Bemiller J N. Properties of some starch blends [J] . Cereal Chemistry, 1997, 74 (4): 431–436.

[23] 何日梅，李庭龙，韦榕柳，等 . 淀粉改性方法及应用研究进展 [J] . 现代化工，2014，34 (12)：25–28.

[24] Kim E J, Ryu S I, Bae H A, et al. Biochemical characterisation of a glycogen branching enzyme from *Streptococcus mutans*: enzymatic modification of starch [J] . Food Chemistry, 2008, 110 (4): 979–984.

[25] Tang M C, Copeland L. Investigation of starch retrogradation using atomic force microscopy [J] . Carbohydrate Polymers, 2007, 70 (1): 1–7.

[26] Wu Y, Qin L, Chen Z X, et al. Preparation of chitosan oligomers COS and their effect on the retrogradation of intermediate amylose rice starch [J] . Journal of Food Science and Technology–Mysore, 2012, 49 (6): 695–703.

[27] 张雅媛 . 玉米淀粉与亲水性胶体协效性和作用机理的研究 [D] . 无锡：江南大学，2012.

[28] Nagano T, Tamaki E, Funami T. Influence of guar gum on granule morphologies and rheological properties of maize starch [J] . Carbohydrate Polymers, 2008, 72 (1): 95–101.

[29] Cho M, Choi W S, You S. Steady and Dynamic shear rheology of fucoidan–buckwheat starch mixtures [J] . Starch–Stärke, 2009, 61 (5): 282–290.

[30] Karim A A, Norziah M H, SeowC C. Methods for the study of starch retrogradation [J] . Food Chemistry, 2000, 71 (1): 9–36.

[31] Choi H M, Yoo B. Steady and dynamic shear rheology of sweet potato starch–xanthan gum mixtures [J] . Food Chemistry, 2009, 116 (3): 638–643.

[32] Steve A. Overview of NMR applications in food science [J]. Trends in Food Science & Technology, 1992, 3: 246-250.

[33] Chen P, Long Z, Ruan R, et al. Nuclear magnetic resonance studies of water mobility in bread during storage [J]. LWT-Food Science and Technology, 1997, 30 (2): 178-183.

[34] Leung H K, Magnuson J A, Bruinsma B L. Water binding of wheat flour doughs and breads as studied by deuteron relaxation [J]. Journal of Food Science, 1983, 48: 95-99.

[35] Tang M, Hong Y, Gu Z, et al. The effect of xanthan on short and long-term retrogradation of rice starch [J]. Starch-Stärke, 2013, 65 (7-8): 702-708.

[36] 李雯雯. 玉米淀粉的高支化改性及其对回生性质的影响 [D]. 无锡: 江南大学, 2016.

[37] Mua J P, Jackson D S. Retrogradation and gel textural attributes of corn starch amylose and amylopectin fractions [J]. Journal of Cereal Science, 1998, 27 (2): 157-166.

[38] Jeffrey D K, Thompson D B. Amylopectin nature and amylose to amylopectin ratio as influences on the behavior of gels [J]. Cereal Chemistry, 2002, 79 (1): 24-35.

[39] 王哲. 淀粉分支酶在大肠杆菌中的分泌表达及其对麦芽糊精的改性研究 [D]. 无锡: 江南大学, 2019.

第六章

高支化改性对淀粉流变学特性的影响

淀粉分支酶作为一种新型的糖基转移酶，能够催化淀粉分子内或分子间的转糖基作用，产生具有高度分支结构的产物，即高支化淀粉。具有不同分子构象和结构的高支化淀粉对所施加的应力表现出不同的流动行为和变形特性，呈现出不同的流变学特性。淀粉的分子结构和质量、直链淀粉和支链淀粉的比例及链长分布对其流变学行为有重要影响。在大规模的工业加工中，物料的流动是基本过程，其流变学数据是十分重要的。通过对高支化淀粉的流变学特性进行研究，不仅可以了解淀粉分子结构的变化对流变学特性的影响，还可以找出与加工过程有关的力学性质的变化规律，从而能控制产品的质量，得到具有理想流变学特性的高支化淀粉，为工艺及设备的设计提供理论基础和相关数据。

第一节　流变学特性概述

一、流变学及其与食品研究的内在联系

流变学是研究物质在外力作用下发生形变和流动的科学，它研究流体的剪切应力、剪切速率以及时间三者之间的关系。按照剪切应力和剪切速率的关系，可以把流体分为牛顿流体和非牛顿流体。牛顿流体的流动曲线是一条直线，剪切应力和剪切速率的数值比率是常数，这意味着黏度并不受剪切速率变化的影响。不具备这种特性的其他液体称作“非牛顿流体”，主要有假塑性流体、胀塑性流体以及宾厄姆流体。四种流体的剪应力和剪应速率关系如图 6–1 所示[1]。

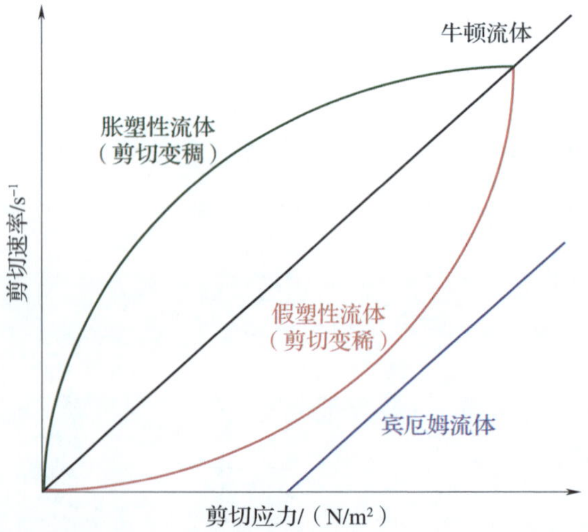

图 6–1　四种流体的剪应力和剪切速率之间的关系

许多食品属于固体或半固体，在外力作用下发生相应的形变，作用力消失后又会发生弹性恢复，趋向于恢复至初始状态，此时表现出弹性性质；如果不产生弹性恢复，则主要表现出黏性性质，呈现出流动状态[2]。实际上，任何物质都同时存在弹性性质和黏性性质，称之为黏弹性。黏弹性食品产生的应力可分解为两个分量，即与应变方向同向的弹性应力和与应变方向垂直的黏性应力[3]。弹性应力反映材料所具有的理想固体性能的程度；黏性应力反映材料作为理想液体的程度。弹性应力和黏性应力与材料性能的关系可以用应力和应变的比值，即模量来表示。弹性应力和应变的比是储能（弹性）模量 G'，黏性应力和应变的比是损耗（黏性）模量 G''。复数模量 $G^* = G' + i\,G''$ 所反映的是弹性模量和黏性模量两者对材料刚性的贡献。黏性模量和弹性模量之比是应力和应变矢量之间损耗角 δ 的正切，即 $G''/G' = \tan\delta$，它表示材料的阻尼能力[3,4]。通过测定食品的黏弹性可以更好地把握食品的状态。

二、流变学特性及其与食品品质的关系

在食品工业中，流变学特性的研究是一个非常重要的技术问题，如在饮料和果酱的输送中，输送管道和动力配备与物料流变学特性有很大的相关性。在贮藏过程中，产品形态改变也与流变学特性相关，其不仅影响产品的外观，同时也伴随着产品生化方面的变化。食品加工中最常见的混合搅拌操作单元即与表观黏度、时间依赖性等参数有关；而食品感官特性中的口感则与表观黏度、拉伸黏度、黏弹性、屈服应力和温度依赖性等多个参数有关。在350多种描述食品品质的术语中，约有1/4与食品的流变学特性有关，如硬度、柔软度、嫩度、脆度、成熟度、咀嚼性和酥性等。利用食品流变学参数间的定量信息化手段可以把握食品品质变化，也为食品生产工艺、产品开发、质量控制和设备选型等提供理论数据支持和技术指导，从而更好地满足生产上的技术要求及消费者的期望，对开发研制新型、高附加值食品具有重要意义和广阔前景[5]。具体来说，流变学主要可以解决以下几个方面的问题。

（一）选择合适的原料或成品

测定物料的流变学特性，分析了解物料的状态变化和组织结构，有助于选择适合加工工艺的原料或确定成品的最佳状态。在面包或面条加工工艺中，很难直接观察面筋形成的情况，可以通过测定黏弹性了解面筋的网络形成程度[6]。

（二）设计和确定加工工艺

流变学数据在任何涉及流体流动的过程（如萃取、过滤、挤压、纯化）中

都需要被计算，且其在描述热传递，或对巴氏杀菌、蒸发、干燥和无菌处理等连续处理的设计、评价和/或建模中发挥着重要作用[7]。

（三）建立食品品质客观评价的方法

研究食品流变学的目的之一就是通过模拟食品的物性感官评价，发现可以近似代替主观评价法的仪器测试方法。通过测试各种食品的储能模量和相位角（黏弹性）随浓度、温度的变化，从而可以较为准确客观地表达出口感[8]。

（四）指导新产品的开发

流变学研究深入食品质构、组分特性和加工条件，探索食品成分在各种条件下的流变特性及规律有利于在新产品的研发过程中进行自我评定和修改试验条件，从而缩短新产品从实验室研究到实际生产的时间和层次，促进其在实际生产中发挥作用[9]。

（五）生产过程的质量控制

利用流变学特性可以评估和预测食品的稳定性，掌握产生变化的流变学数据便可以在生产中进行有目的的质量控制和检测食品的优劣[10]。例如，温度对食品流变特性的影响符合阿伦尼乌斯方程（Arrhenius 方程），据此可以很好地控制利于加工和保证品质的温度。Yoo 发现冷却过程中动态流变性测试可以检测蜂蜜中是否有转化糖掺假[11]。To-var 等通过测定干酪的黏弹性可以区分其种类，辨别优劣[12]。

第二节　淀粉的流变学特性及其控制方法

一、淀粉的流变学特性

淀粉作为一种天然高分子材料，因其良好的增稠、胶凝、黏合和成膜性，以及价廉、易得、质量容易控制等特点，在食品工业中被广泛用作填充原料和工艺助剂。淀粉的流变学特性至关重要，会直接影响产品工艺、质量及感官品质，与淀粉基食品的硬度、黏性和咀嚼性等紧密相关。研究淀粉流变学特性不仅可预测、解释产品在加工过程中流变性质的变化情况，还可以通过了解流体的流动类型，测量或计算出物料的流变参数，掌握流体的流动规律，对于加工设备的设计计算及加工过程的控制、管理，尤其是对物料的搅拌混合、管道输送及热交换等工序具有十分重要的意义[13]。

二、影响淀粉流变学特性的因素

由于淀粉流变学性质与淀粉的种类及品种、淀粉糊浓度、温度、改性、外源添加物、淀粉分子结构等都有关系，所以确定各因素对淀粉流变学特性的影响规律是一项系统工作，尚处于不断完善的过程中。

（一）淀粉的种类及品种

淀粉糊属于非牛顿假塑性、剪切稀化的触变性流体，其流变学特性受到淀粉种类及品种的影响。以黄米淀粉、马铃薯淀粉、玉米淀粉和大米淀粉为例，在同一剪切速率下，马铃薯淀粉糊的表观黏度最大，黄米淀粉糊次之，玉米和大米淀粉糊最小；玉米淀粉的热糊稳定性最好，马铃薯淀粉的热糊稳定性最差，黄米淀粉的冷糊稳定性最好，玉米淀粉的冷糊稳定性最差；玉米和大米淀粉糊具有较强的凝胶性，黄米和马铃薯淀粉呈现弱凝胶性[14]。此外，来源相同而品种不同的淀粉在流变学特性上也有差异[15]。

（二）淀粉糊浓度

不同浓度的淀粉糊都呈假塑性流体特征，淀粉糊浓度对其黏度性质影响很大，随浓度的提高，淀粉糊的峰值黏度、终值黏度都增加，凝胶性增强，稳定性有所提高。以甘薯淀粉为例，随着淀粉质量分数（5%，6%，7%，8%）的增加，甘薯淀粉糊的峰值黏度、谷值黏度及终值黏度都增加，尤其是热糊和冷糊的黏度增加非常明显[16]。

（三）温度

淀粉糊在不同温度下都呈现“剪切变稀”行为。以西米淀粉为例，随温度升高，西米淀粉糊的表观黏度降低，仍呈现假塑性流体特征。这主要是由于随温度升高，淀粉分子的热运动增加，链段活动能力提高，体积膨胀，分子间相互作用力减小，流动性增强，导致淀粉糊表观黏度降低[17]。

（四）化学改性

以乙酰化、氧化和磷酸化燕麦淀粉为例，三种改性后的燕麦淀粉糊都呈现“剪切增稠”行为，其中磷酸化淀粉糊的黏度最高，乙酰化淀粉糊次之，氧化淀粉糊的黏度最低。这主要是由于不同功能基团的引入导致淀粉分子结构改变[18]。

（五）外源添加物

外源添加物主要是通过改变淀粉的凝胶结构而影响其流变学特性，常见的外源添加物有蛋白质、植物纤维、其他来源的多糖等。以 γ-聚谷氨酸（γ-PGA）为例[19]，将 γ-PGA 添加至小麦淀粉糊中，随添加量的增加，小麦淀粉糊的黏度、糊化焓值降低，糊化温度升高，γ-PGA 阻碍了淀粉糊化，增强了淀粉糊的热稳定性；储能模量 G' 和损耗模量 G'' 降低，损耗角正切 $\tan\delta$ 升高，该混合体系为弱凝胶动态流变学图谱，弹性大于黏性；应力随 γ-PGA 添加量的增加而降低，呈剪切变稀现象，该淀粉糊为假塑性流体。γ-PGA 使淀粉凝胶孔洞变小，微观结构更加致密，明显改善了小麦淀粉的糊化及流变学性质。

（六）淀粉分子结构

以上这些淀粉在流变学性质方面的差异都是由于淀粉颗粒大小、结晶度、链长分布以及支/直链淀粉含量等分子结构上发生改变而引起的。淀粉流变学特性改变的根本原因是淀粉分子结构的变化，主要包括：淀粉颗粒形态、晶型、分子质量、直链淀粉和支链淀粉的比例、支链淀粉精细结构等。其中淀粉的颗粒形态是淀粉最基础的结构特性之一。颗粒形态发生一定的变化会影响到淀粉的应用性能，当淀粉颗粒出现变形、破裂、崩解等变化时，分子流动性会相应增加，导致链间相互作用减弱、淀粉颗粒在水溶液中加热剪切作用下也不易破裂，淀粉凝胶柔韧性提高，淀粉显示出更高的黏性，G'' 增加速率比 G' 快，可流动性增强[20]。淀粉的晶型与直链淀粉和支链淀粉的比例有关，天然淀粉颗粒呈现半结晶状态，并且可以按不同的构象和结构水含量形成两种多晶型形式（A 型和 B 型）[21]。支链淀粉占比越高，淀粉与水分子的结合越紧密，并且有助于保护晶体结构。淀粉颗粒稳定性增加，在水系中能形成结构化程度更高、更紧密的三维网络，从而影响淀粉的流变学特性[22]。直链淀粉占比越高，淀粉剪切黏度越高，且直链淀粉分子之间的缠绕会加强淀粉糊的非牛顿流体行为。

三、改善淀粉流变学特性的方法

（一）物理法

物理法主要是通过迅速破坏淀粉颗粒来改变淀粉的流变学特性，变化明显，但此方法一般难以精准控制，不易得到所需要的淀粉流变学特性。物理法改善淀粉流变学特性一般不会改变淀粉的支/直链淀粉含量、链长分布等。以薯类淀粉为例，机械活化[23]、超声处理[24]、湿热处理[25]、细微化处理[26]和高静压处理[27]都会使薯类淀粉偏近牛顿流体，且作用时间越长，淀粉糊的表观黏度、触变性和剪切变稀性也越低，使其更适合作为食品加工的辅料和添加剂。

（二）化学法

淀粉是以葡萄糖基组成的高分子聚合物，淀粉分子中具有数目较多的醇羟基，能与众多的化学试剂反应，进而改变淀粉的流变学特性。近年来研究发现，一些胶体与淀粉之间的电荷相互作用对“胶体－淀粉”复配体系的流变学性质起到重要作用，例如，瓜尔豆胶、果胶、羟丙基甲基纤维素的添加会使百合淀粉混合体系的 G' 和 G 配都增加；添加魔芋胶后混合体系的 G' 和 G'' 均降低；添加黄原胶后混合体系的 G' 变化不明显，G'' 降低；添加阿拉伯树胶后混合体系的 G' 增加，G'' 降低。除胶体外，盐、糖、脂肪酸等组分对淀粉流变学性质也有影响[28]。

（三）生物法

生物法改善淀粉流变学特性主要是通过葡萄糖苷水解酶或葡萄糖基转移酶来实现，这两种酶都会引起淀粉分子质量大小、直链淀粉和支链淀粉比例、链长分布等分子结构上的变化。葡萄糖苷水解酶主要水解 α-1，4 糖苷键或 α-1，6 糖苷键，此类酶作用于淀粉会大大降低淀粉的表观黏度，随着作用时间的增加，其非牛顿性、G' 和 G'' 均降低。而葡萄糖基转移酶，比如典型的淀粉分支酶，则可以生成 α-1，6 糖苷键，提高直链淀粉的含量，通过控制作用时间来获得一定的表观黏度、触变性等。使用生物法来改善淀粉流变学特性，具有高效、可控的特点。

四、淀粉流变学特性的研究现状

已有许多研究发现了物料的流变学特性在实验条件下的表观变化。于甜研究了以蛋黄酱、果酱为代表的软质液态类食品和以干酪、巧克力为代表的软质半固态类食品的流变学特性，分别确定了其黏度、屈服应力、流动活化能、流动方式、相位角及复数模量等流变学特征参数[6]；陈海华等从显微结构的观察中发现亚麻籽胶可以使面团面筋蛋白的网络结构加固，由动态流变测试结果发现面团的黏弹性提高，再对烹煮后的面条进行质构分析，发现其硬度和咀嚼度均有所提高[29]。

与国外相比，我国食品流变学的研究仍处于初级阶段，研究对象多局限于单一种类的食品，研究没有注重引起流变学特性变化的深层次理论，且没有从物料组分的改变角度解释其流变学特性的变化。随着统计力学在食品流变学中的广泛应用以及测量技术的不断更新换代，食品流变学测量已实现组合测量（与超声波、紫外固化、显微结构观测等联用），使其更贴近实际应用，往解决工业生产实际问题的方向发展，结合多种分析手段，将食品流变学特性与其内在结构性质联系起来进行机制研究，不断推动食品工业良性发展。

近年来，国内外很多学者对淀粉糊的流变学特性进行了广泛研究。国内多集中于化学改性淀粉（羟丙基淀粉、醋酸酯淀粉、交联酯化淀粉）的流变学分析和物理操作（机械活化、微细化、紫外辐射、超声波处理、湿热处理、球磨改性）对淀粉流变特性的影响，同时对于淀粉与胶的复配物的流变学分析和添加物（乳酸、牛乳、小分子糖）对淀粉糊流变特性的影响也多有侧重。然而，对于生物改性淀粉流变学特性的研究较少，且在淀粉来源的选择上，大多为玉米和马铃薯淀粉，大米和木薯淀粉较少。

周雪等探讨了氧化糯玉米淀粉糊流变性、抗剪切能力以及质量浓度、温度和剪切速率对表观黏度的影响[30]。刘祥等研究了交联－羧甲基复合变性淀粉的流变性质，在淀粉的质量分数为0.5%～4.0%、温度为20～60℃的实验条件下，淀粉糊表现为假塑性流体特征[31]。化学方法改性可以有效改变淀粉的流变学特性，但是各种化学试剂的加入让其在食品、生物与医药行业难以推广。淀粉的生物改性可以有效避免这一难题。例如，生物改性的高支化淀粉可以取代羟乙基化支链淀粉作为血浆容量扩充剂，这种扩充剂可在人体完全代谢，从而避免羟乙基化作用所显示出的不完全代谢以及因此导致的与副作用有关的短时组织残留的缺点；体外动物实验表明，相比于原淀粉高支化淀粉具有缓慢消化的特性[32,33]。所以生物改性的高支化改性淀粉也是一种用于改善淀粉流变学特性的有效方法，并且这种方法更加安全、高效、可控。

第三节　高支化改性对淀粉静态流变学特性的影响

一、流动行为模型拟合

本节以基于Gt-GBE改性的高支化木薯淀粉为例，通过制备不同改性程度的高支化木薯淀粉，详细分析高支化改性对淀粉静态流变学特性的影响及其机制。如图6-2所示，木薯淀粉糊均呈现出非牛顿流体行为。剪切速率相同时，木薯淀粉糊的剪切应力随淀粉分支酶处理时间的增加而增加。随着剪切速率接近0，木薯淀粉糊的黏度增加，表明样品存在屈服应力（σ_0）[34]。

采用幂律模型（Power模型）和卡森模型（Casson模型）对图中曲线进行拟合，复相关系数R^2表示模型的拟合精度，拟合结果见表6-1。模型方程如式（6-1）、式（6-2）。

$$\text{Power 模型：} \sigma = K \times \gamma^n \tag{6-1}$$

$$\text{Casson 模型：} \sigma^{0.5} = \sigma_0^{0.5} + (\eta_c \gamma)^{0.5} \tag{6-2}$$

式中　σ——剪切应力，Pa；

γ——剪切速率，s^{-1}；

K——稠度系数，Pa·s；

n——流动行为指数（无量纲）；

σ_0——屈服应力，Pa；

η_c——Casson 塑性黏度，Pa·s。

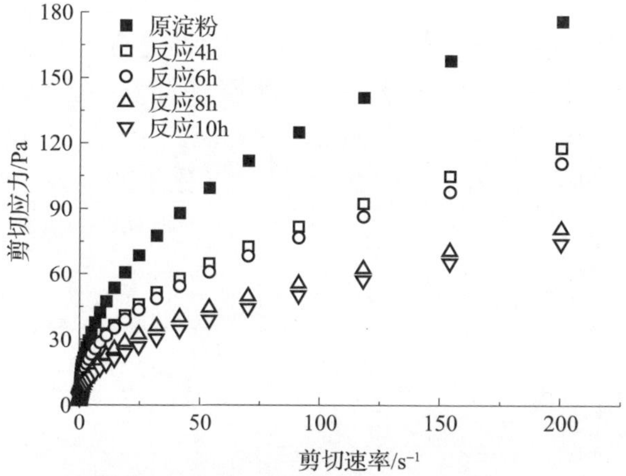

图 6-2　高支化木薯淀粉糊的静态流动行为

表 6-1　　高支化木薯淀粉的流变学特性参数值

淀粉分支酶处理时间 /h	Power 模型			Casson 模型		
	稠度系数 /（Pa·s）	流动行为指数	R^2	屈服应力 /Pa	塑性黏度 /（Pa·s）	R^2
0	19.61 ± 0.23	0.42 ± 0.003	0.999	10.37 ± 0.23	0.69 ± 0.04	0.927
4	11.07 ± 0.08	0.44 ± 0.002	0.999	7.74 ± 0.17	0.43 ± 0.03	0.939
6	9.78 ± 0.19	0.44 ± 0.004	0.998	7.48 ± 0.14	0.40 ± 0.02	0.947
8	7.45 ± 0.11	0.45 ± 0.003	0.999	4.78 ± 0.15	0.31 ± 0.03	0.930
10	6.16 ± 0.11	0.47 ± 0.004	0.999	4.74 ± 0.10	0.26 ± 0.02	0.965

由表 6-1 可知，模型拟合精度较高。流动行为指数（n）小于 1，淀粉糊呈现出剪切变稀行为。剪切变稀行为在食品加工步骤中至关重要，剪切速率较低时，高黏度能防止样品在罐内沉降；剪切速率较高时，低黏度能使样品形成膜并易于清洗。剪切速率提高引起淀粉糊变稀的主要原因是：分子布朗运动使样品具有无序性，在剪切速率较低时，剪切应力几乎以线性增加，当剪切速率增加至一定程度，分子顺着流动方向取向或排列作用超过分子布朗运动所产生的

随机作用，剪切阻力减少，因而剪切应力增加缓慢，样品表现出假塑性[35]。稠度系数（K）被视作一个黏度标准，随着淀粉分支酶处理时间（t）的增加而下降，表明淀粉分支酶降低了木薯淀粉糊的表观黏度，这与塑性黏度（η_c）的变化趋势一致。

进一步探究淀粉分支酶处理时间对模型拟合参数的影响，其线性回归分析结果如表 6-2 所示，指数函数和多项式函数很好地描述了这些参数和淀粉分支酶处理时间之间的关系。如表 6-1 所示，屈服应力（σ_0）随着淀粉分支酶处理时间的增加而线性下降。屈服应力表明淀粉糊开始流动所需的最小应力。淀粉分支酶的改性作用降低了淀粉中长链的比例，削弱了链段间的缠绕，减少了不同淀粉分子之间的相互作用，从而限制了分子的运动，导致屈服应力值下降[36]。

表 6-2 流变模型参数与淀粉分支酶处理时间之间的关系

流变模型参数	拟合方程	R^2
K	$K = 16.026 - 1.289t + 0.030t^2$	0.9905
n	$n = 0.454 + 0.014t - 0.006t^2 + 4.351 \times 10^{-4}t^3$	0.9098
σ_0	$\sigma_0 = 10.346 - 0.594t$	0.9209
η_c	$\eta_c = 0.685 - 0.067t + 0.002t^2$	0.9782

注：t 为淀粉分支酶处理时间，单位 h。

二、高支化改性对淀粉触变性的影响

当剪切速率 0.1 ~ 200s^{-1} 之间先增加再下降时，所有样品的流动曲线图上均出现了顺时针滞后环状，如图 6-3 所示。对于剪切敏感样品，这两条曲线不重合而是形成一个触变环，表明样品具有时间依赖性。这是因为网状结构的改变随着剪切速率增加而加大，当剪切速率逐渐降低时，网状结构的恢复速率在短时间内无法完全跟上结构破坏的速率，黏性变化曲线不能回复成原来的曲线，而是形成一个闭合的触变环[37]。如图 6-3 所示，木薯淀粉糊的触变环面积随淀粉分支酶处理时间的增加而减小。通常来讲，较大的触变环面积表明剪切力对凝胶结构造成了较大的破坏，并且用来消除时间对流动行为的影响所需的能量增加[38]。因此，触变环面积减小表明高支化木薯淀粉糊的结构损失和时间依赖性有所降低，说明高支化修饰提升了木薯淀粉糊的剪切抵抗力。

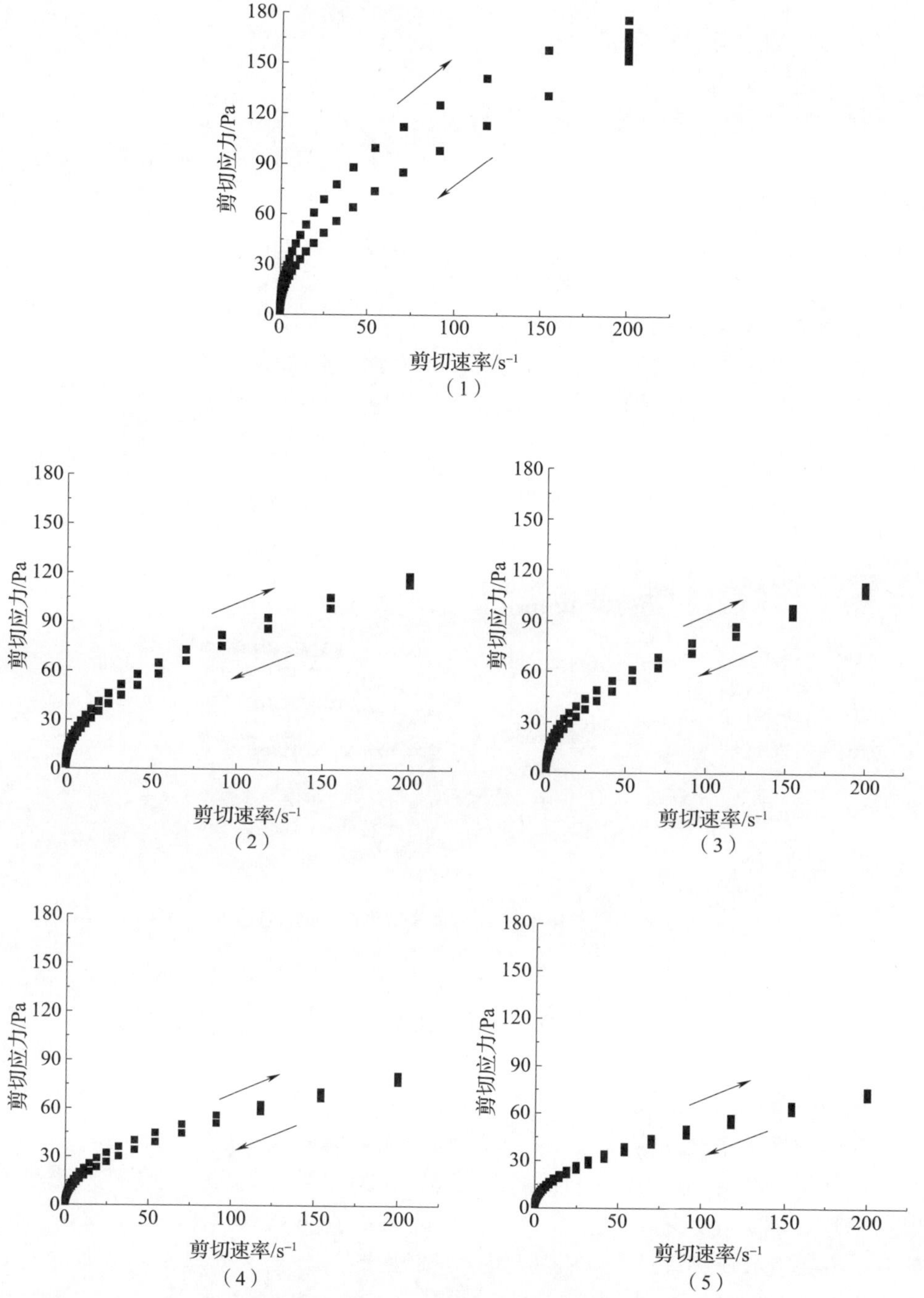

图 6-3　高支化木薯淀粉的触变环

（1）原木薯淀粉的触变环　（2）木薯淀粉经淀粉分支酶处理 4h 后的触变环　（3）木薯淀粉经淀粉分支酶处理 6h 后的触变环　（4）木薯淀粉经淀粉分支酶处理 8h 后的触变环　（5）木薯淀粉经淀粉分支酶处理 10h 后的触变环

三、高支化改性对淀粉剪切结构恢复力的影响

剪切结构恢复力实验用于研究淀粉糊在高速剪切后恢复到低速剪切时原始结构的能力。不同高支化程度的木薯淀粉糊在 3 个剪切阶段中的表观黏度随时间的变化如图 6–4 所示。剪切第 3 阶段的表观黏度明显小于剪切第 1 阶段，说明淀粉糊体系内部结构恢复能力减弱。剪切结构恢复力记为剪切第 3 阶段前 60s 的表观黏度与剪切第 1 阶段表观黏度的比值，经计算原淀粉糊剪切结构恢复力为 47.69%，分支酶处理 4，6，8 和 10h 后的淀粉糊剪切恢复力分别为 60.80%，67.39%，76.89% 和 80.10%，说明经淀粉分支酶改性的木薯淀粉形成的凝胶受剪切破坏后，更易恢复到剪切前的状态，抗剪切能力有所增加。

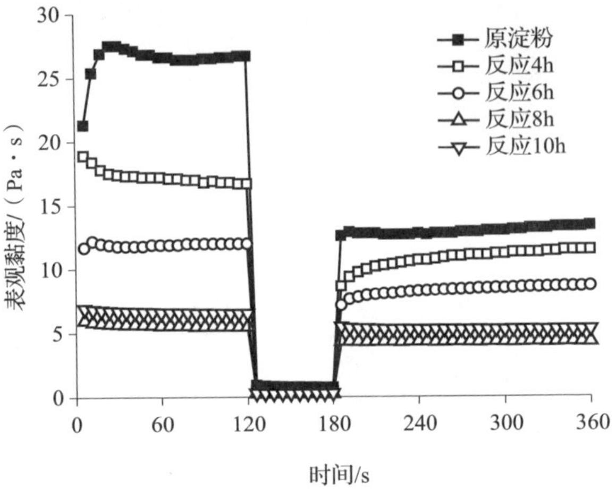

图 6–4 高支化木薯淀粉的剪切结构恢复力曲线

四、温度对高支化改性淀粉静态流变学特性的影响

食品复合体系一般在较大的温度范围内加工和保存，因此探究温度对其流变学特性的影响具有重大意义。食品稳定性在储藏时受较低的剪切速率（$0.34s^{-1}$）影响，然而在工业生产中则与高剪切速率（$100s^{-1}$）有关。在阿伦尼乌斯模型中，表观黏度（η_a）随温度呈指数下降，剪切速率为 $0.34s^{-1}$ 和 $100s^{-1}$ 时的活化能（E_a）如表 6–3 所示。与原淀粉相比，延长淀粉分支酶处理时间降低了淀粉糊的活化能和黏度对温度的敏感性[39]。因此，随着温度增加，原淀粉的黏度变化比高支化木薯淀粉的更明显。这表明在加工和储存时，温度变化对高支化木薯淀粉糊黏度的影响要比原淀粉小，高支化木薯淀粉的流变学特性在一定温度范围内更稳定。

表 6-3　　高支化改性对木薯淀粉糊活化能的影响

淀粉分支酶处理时间 /h	剪切速率					
	γ = 0.34 s^{-1}			γ = 100 s^{-1}		
	η_a/（mPa·s）	E_a/（kJ·mol^{-1}）	R^2	η_a/（mPa·s）	E_a/（kJ·mol^{-1}）	R^2
0	1.27	26.95	0.990	0.15	22.60	0.989
4	7.24	21.31	0.991	0.44	18.82	0.986
6	9.85	19.41	0.998	3.21	14.07	0.987
8	55.96	13.66	0.981	5.01	11.69	0.982
10	61.08	14.10	0.985	9.64	10.32	0.976

第四节　高支化改性对淀粉动态流变学特性的影响

一、高支化改性对淀粉糊黏弹性的影响

储能模量（G'）和损耗模量（G''）分别用来表征样品中的弹性和黏性，G' 和 G'' 值随角频率（ω）变化的动态流变曲线如图 6-5 所示。

如图 6-5 所示，所有样品的 G' 明显大于 G''，且高支化木薯淀粉的 G' 和 G'' 大于原淀粉。G' 和 G'' 随着 ω 的增加而增加，表明淀粉分支酶处理木薯淀粉后，淀粉糊具有频率依赖性，是带有黏弹特性的典型的弱凝胶[40,41]。随着淀粉分支酶处理时间增加，高支化木薯淀粉的 G' 增加。G' 与凝胶网络结构的交联程度紧密相关[42]，G' 增加表明高支化木薯淀粉凝胶的刚性、强度和黏弹性增加，受力后的变形程度减小。这种固态状的流变学行为也可以由相对较低的 tan δ 来表征，木薯淀粉糊的 tan δ 小于 1 表明淀粉糊的弹性性质大于黏性性质。同时如图 6-5（3）所示，随着淀粉分支酶处理时间增加，改性木薯淀粉糊的 tan δ 降低，这表明改性木薯淀粉糊的黏弹特性中，弹性性状增加，淀粉糊具有结构化更强且更有弹性的凝胶网络结构[40]。较高的 G' 和较低的 tan δ 表明木薯淀粉具有较好的形成凝胶的能力，这是因为淀粉分支酶处理木薯淀粉能降低其直链淀粉含量，有利于淀粉颗粒膨胀及淀粉糊化形成稳定而紧密的凝胶网络结构[43]。

G' 和 G'' 值的频率依赖性与淀粉凝胶的结构特性有关，如表 6-4 所示，截距（K' 和 K''）对应 G' 和 G'' 的大小，斜率（n' 和 n''）代表着样品的频率依赖性[44]。随着淀粉分支酶作用时间的增加，样品的截距增加，斜率减小，表明其频率依赖性降低，说明淀粉分子的结构更加有序，链段的排列方向及定位更加

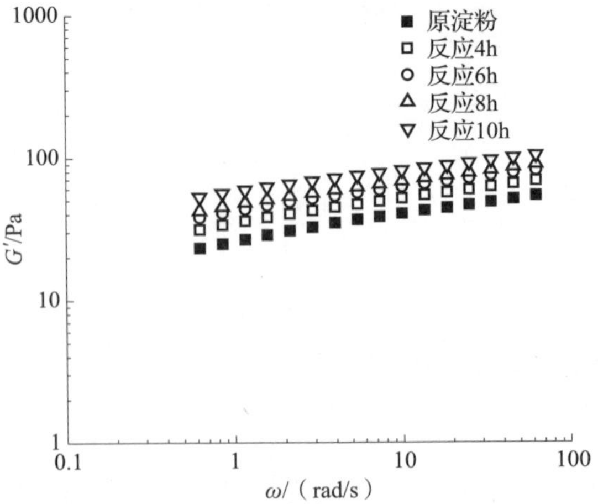

（1）

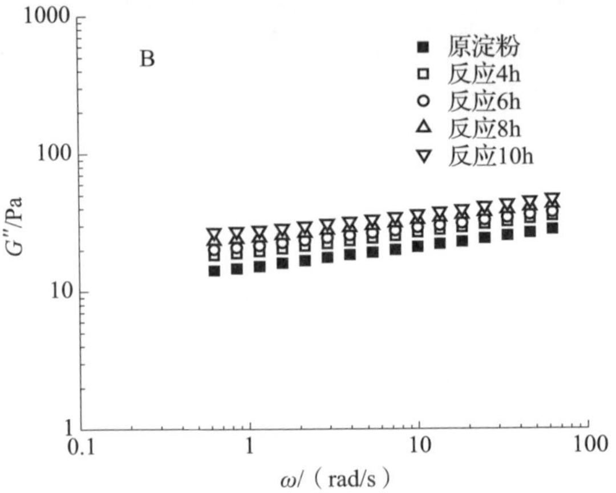

（2）

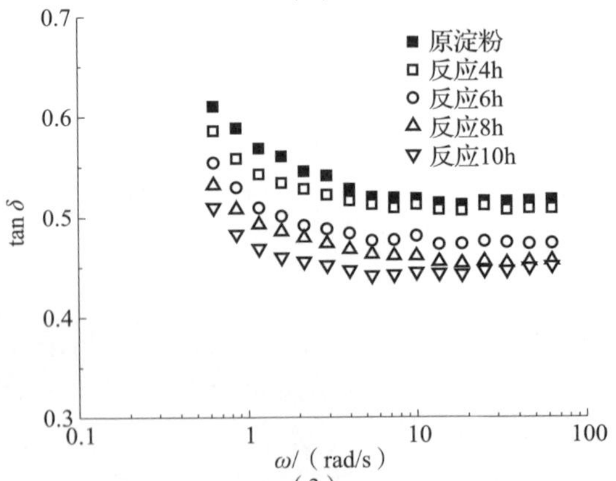

（3）

图 6-5　高支化木薯淀粉的动态流变曲线

（1）高支化木薯淀粉的储能模量随角频率的变化曲线　（2）高支化木薯淀粉的损耗模量随角频率的变化曲线　（3）高支化木薯淀粉的损耗角正切值随角频率的变化曲线

一致[45]。高支化木薯淀粉与原淀粉 K' 的差异明显大于它们之间 K'' 的差异，这也表明淀粉糊的弹性性质增加了[46]。一个真凝胶的 G' 和 G'' 是没有频率依赖性的，斜率为0；高支化木薯淀粉凝胶的斜率大于0但比较小，则表明其具有高度交联的网络结构，只夹杂着少数没有交联的物质，对热处理和机械处理有着更好的稳定性。同时，较低的斜率值也说明多聚物之间的结合区数量增加，凝胶网络结构更加稳定[45,47]。通常，淀粉糊可以被视为在直链淀粉形成的三维网络中嵌入溶胀的支链淀粉颗粒的复合体系。因此，淀粉体系的流变学特性可以取决于分散相（肿胀颗粒）的体积分数和黏弹特性、连续相（直链淀粉链段）的流变学特性，以及他们之间的相互作用[48,49]。由此说明，淀粉分支酶对木薯淀粉的改性可以加强肿胀颗粒和直链淀粉链段之间的相互作用和联系，产生一个更加结构化的网状体系。

表 6-4　　高支化木薯淀粉糊动态流变特性的线性回归分析

淀粉分支酶处理时间 /h	G'			G''		
	K'/（Pa·s）	n'	R^2	K''/（Pa·s）	n''	R^2
0	26.603 ± 0.275	0.175 ± 0.004	0.9940	14.897 ± 0.054	0.152 ± 0.002	0.9978
4	35.285 ± 0.225	0.164 ± 0.002	0.9973	19.052 ± 0.075	0.145 ± 0.001	0.9986
6	42.905 ± 0.322	0.159 ± 0.003	0.9960	21.066 ± 0.066	0.140 ± 0.001	0.9990
8	47.376 ± 0.299	0.155 ± 0.004	0.9971	24.058 ± 0.120	0.134 ± 0.001	0.9974
10	58.470 ± 0.290	0.141 ± 0.002	0.9976	27.209 ± 0.204	0.127 ± 0.003	0.9931

二、高支化改性对淀粉颗粒及其凝胶强度的影响

在温度扫描过程中，淀粉体系 G' 值的变化如图6-6所示。温度扫描曲线中，$T_{G'0}$ 为起始糊化温度，G'max 为 G' 的最大值，$T_{G'max}$ 为 G'max 对应的温度，$\Delta G'$ 为95℃和25℃对应的 G' 的差值。在加热的前期，G' 的增加量相对较小，此时直链淀粉分子从淀粉颗粒中溶解出来，淀粉乳变成溶胶。当温度达到 $T_{G'0}$ 后，G' 开始迅速增加到 G'max，此时淀粉体系中形成网络结构；随着温度进一步升高，G' 值降低，凝胶网络结构已经崩解。颗粒肿胀时浸出的直链淀粉中水分的损失和三维凝胶网络结构的形成是引起 G' 值初始增长的两个原因。凝胶结构的崩解则归因于肿胀颗粒中存在的支链淀粉分子的解缠，以及颗粒和网状基质（主要由直链淀粉组成）间相互作用减少[50]。较高的起始糊化温度表明淀粉颗粒能较好地抵抗膨胀，加热过程中 G'max 及其对应的 tan δ 揭示了颗粒在物理崩解前自由肿胀的能力和凝胶结构的刚度[51]。如表6-5所示，高支化木薯淀粉

呈现出较高的 $T_{G'0}$ 和 G'max 及较低的 tan δ，表明增加淀粉分支酶处理时间能增加颗粒抵抗崩解的能力和凝胶硬度。

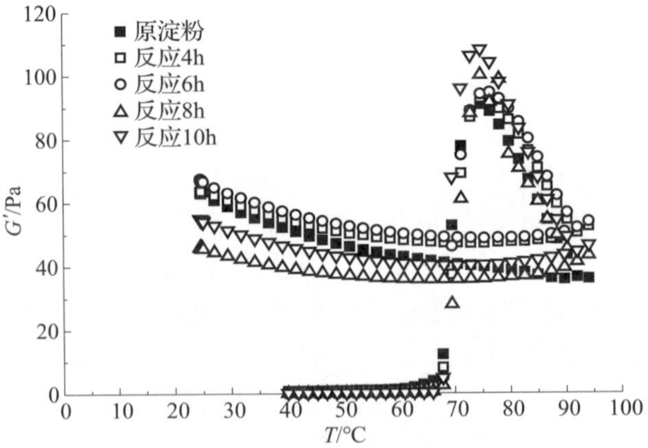

图 6-6 高支化木薯淀粉糊的温度扫描

如表 6-5 所示，从 95℃冷却到 25℃时，淀粉糊的 G' 随着温度降低而持续增加。在冷却初始阶段，G' 没有显著改变，温度达到约 60℃，直链淀粉链段重排导致 G' 迅速增加。在冷却的最后阶段，G' 的增加反映出样品弹性性能增加，柔性链结合成刚性螺旋，使得单个分子更难以通过相邻链的周围基质移动[52]。冷却过程中 $\Delta G'$ 受淀粉糊回生趋势的影响，即与直链淀粉含量及其缠绕的速率相关[53]。$\Delta G'$ 随淀粉分支酶处理时间增加而降低，表明淀粉分支酶改性大幅降低了木薯淀粉糊冷却期间初始构象排序（双螺旋形成）的速率。

表 6-5 高支化改性对木薯淀粉糊流变学参数的影响

淀粉分支酶处理时间 /h	$T_{G'0}$ / ℃	G'_{max} / Pa	tan δ	$\Delta G'$ / Pa
0	66.6	90.8	0.298	27.5
4	66.6	92.7	0.202	11.2
6	68.2	94.6	0.185	12.7
8	68.2	100.0	0.176	7.5
10	68.2	108.0	0.170	2.2

三、高支化改性对淀粉回生性质的影响

直链淀粉在淀粉回生中起主要作用，溶解的直链淀粉联结在一起形成不溶于水的聚合体。支链淀粉中链的长短和分布也对淀粉的回生特征有重要影响。

高支化木薯淀粉的直链淀粉含量和支链淀粉精细结构的不同，导致其在回生过程中的流变学特性不同。高支化木薯淀粉在 4℃下 10h 回生过程中的流变学特性如图 6-7 所示。

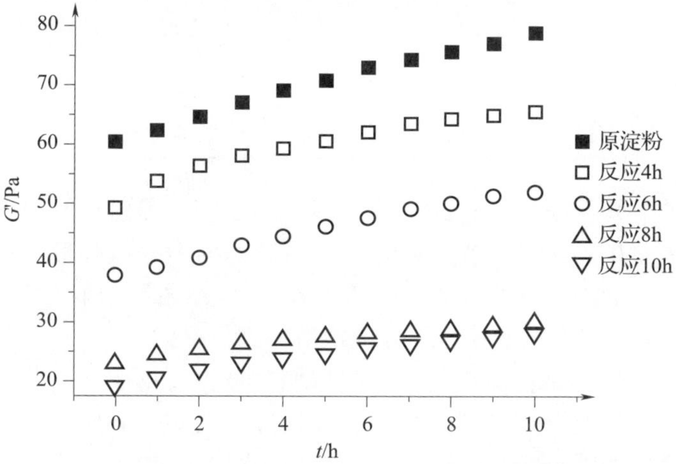

图 6-7 高支化木薯淀粉回生过程中的流变学特性

由图 6-7 可知，在回生过程中，原淀粉的 G' 持续上升，而高支化木薯淀粉在前期回生过程中的回生速率逐渐减小，且在回生后期 G' 逐渐维持稳定；G' 的初始值和平台值的大小均随淀粉分支酶改性时间增加而降低。回生过程中淀粉回生速率与直链淀粉和支链淀粉的分子重排速率相关。在回生的前几个小时，直链淀粉的重排会引起回生速率的快速增加，即直链淀粉越多，前期的回生速率越快；回生后期的变化速率与支链淀粉的重排速率有关。淀粉分支酶改性降低了木薯淀粉的直链淀粉含量，从而也降低了淀粉前期的回生速率；同时，淀粉分支酶也改变了支链淀粉的链长分布，即短链增加长链减少，使得淀粉分子中的链间缠绕减少，淀粉的回生趋于一个平缓的过程。根据回生动力学方程[46]计算得出的具体参数如表 6-6 所示。回生动力学方程如式（6-3）所示。

$$\ln \frac{G'_{sat} - G'_t}{G'_{sat} - G'_0} = kt \tag{6-3}$$

式中 G'_{sat}——回生过程最后出现的储能模量平台值，Pa；

G'_0——回生过程的储能模量起始值，Pa；

G'_t——任一时间的储能模量值，Pa；

k——一级动力学参数，s^{-1}；

t——回生过程进行的时间，s。

表 6-6 高支化改性对木薯淀粉回生动力学参数的影响

淀粉分支酶处理时间 /h	G'_0 / Pa	G'_{sat} / Pa	k / s^{-1}	R^2
4	49.14	65.44	0.277	0.9677
6	37.94	51.77	0.249	0.9067
8	23.42	30.19	0.235	0.9724
10	19.04	27.81	0.228	0.9611

由表 6-6 可知，随着淀粉分支酶改性时间增加，淀粉凝胶回生过程的起始模量和平台模量的差值和 k 减小，这表明凝胶的回生程度降低，淀粉在前期的回生速率降低，后期的回生程度也趋于平缓。以上结果从流变学角度表明高支化木薯淀粉的分子结构改变使得其回生性质得到较好的改善。

综合以上分析可见，高支化淀粉的流变学特性发生明显变化，即静态流变学中，高支化木薯淀粉均呈现出剪切变稀特性，在 Power 模型和 Casson 模型中的流动指数增加，稠度系数、黏度和屈服应力降低。同时，高支化淀粉的触变性和剪切抵抗力增强，在动态流变学中，储能模量和损耗模量增加，损耗角正切值变小，形成了更加结构化且更具弹性的淀粉凝胶。

参考文献

[1] 王磊，毛春玲，王然，等．玉米淀粉糊流变特性研究［J］．粮食与油脂，2014，27（11）：45–48.

[2] 杨述．海洋新型低脂类蛋黄酱的制备及流变特性［D］．青岛：中国海洋大学，2011.

[3] 吴敬，段绪果．淀粉加工用酶研究进展［J］．中国食品学报，2015（6）：14–25.

[4] özilgen M，Bayindirli L. Frequency factor–activation energy compensation relations for viscosity of the fruit juices［J］. Journal of Food Engineering，1992，17（2）：143–151.

[5] 谭洪卓，谭斌，刘明等．淀粉流变学特性的研究进展［J］．中国粮油学报，2008（04）：215–220.

[6] 于甜．软质食品流变学特性及测量方法的研究［D］．青岛：中国海洋大学，2012.

[7] Jiang B，Li W，Hu X，et al. Rheology of mung bean starch treated by high hydrostatic pressure［J］. International Journal of Food Properties，2015，

18（1）：81-92.

[8] 王贵一．动态力学流变试验——弹性体试验室的一种通用工具［J］．橡胶参考资料，1992（3）：52-57.

[9] 吕军仓．面团流变学及其在面制品中的应用［J］．粮油加工与食品机械，2006，2：66-68.

[10] Tadros T. Application of rheology for assessment and prediction of the long-term physical stability of emulsions［J］. Advances in Colloid and Interface Science，2004，108：227-258.

[11] Yoo B. Measurement of dynamic rheology during cooling of honey-invert sugar mixtures by small-deformation oscillatory rheometry［J］. Food Science and Biotechnology，2012，21（4）：1217-1220.

[12] Tovar C A，Pérez M，Franco M I，et al. Study of the viscoelastic properties of Tetilla cheese［J］. Food Science and Technology International，2002，8（2）：87-93.

[13] 黄峻榕，严青，蒲华寅，等．各种因素对淀粉流变学性质的影响［J］．食品工业科技，2014，35（13）：364-368.

[14] 周睿，曹龙奎，李丽．黄米淀粉的制备及流变学特性的研究［J］．食品科技，2011，36（5）：242-246.

[15] 许永亮，程科，邱承光，等．不同品种大米淀粉的流变学特性研究［J］．中国粮油学报，2006，21（4）：16-20.

[16] 高群玉，吴磊，刘垚．甘薯淀粉糊性质的研究［J］．食品工业科技，2008（8）：153-155.

[17] Islam M N，Dos Mohd A M，Bin Mohd. Noor M A. Effect of temperature and starch concentration on the intrinsic viscosity and critical concentration of sago starch（*Metroxylon sagu*）［J］. Starch- Stärke，2001，53（2）：90-94.

[18] Berski W，Ptaszek A，Ptaszek P，et al. Pasting and rheological properties of oat starch and its derivatives［J］. Carbohydrate polymers，2011，83（2）：665-671.

[19] 范逸超，谢新华，沈玥，等．γ-聚谷氨酸对小麦淀粉糊化及流变学特性的影响［J］．中国粮油学报，2019，34（05）：33-37.

[20] 张晶，张美莉．超高压处理对燕麦淀粉颗粒特性、热特性及流变学特性的影响［J］．食品科学，2020，41（23）：114-121.

[21] Bai Y，Li X，Ji H，et al. A review of the design and architecture of starch-based dietary foods［J］. Engineering，2021，7（05）：257-278.

[22] 曹川，申明玉，许莉，等．3种大米淀粉脱支前后结构及流变特性［J］．食品科学，2019，40（21）：88-93.

[23] 黄祖强，童张法，黎铉海，等．机械活化对木薯淀粉的溶解度及流变学特性的影响［J］．高校化学工程学报，2006，20（3）：449–454.

[24] 李坚斌，李琳，陈玲，等．超声波处理下马铃薯淀粉糊的流变学特性［J］．华南理工大学学报（自然科学版），2006，34（3）：90–94.

[25] 刘晓媛，熊旭红，曾洁，等．湿热处理对甘薯淀粉流变特性的影响［J］．食品工业科技，2019，40（10）：78–86.

[26] 胡飞，陈玲，李琳，等．微细化马铃薯淀粉流变学特性的研究（一）［J］．中国粮油学报，2003，18（2）：61–63.

[27] 张笃芹．高静压处理淀粉对谷朊蛋白和 HPMC 面团流变学特性影响的研究［D］．北京：中国农业科学院，2018.

[28] 黎欢，王蓉蓉，刘洁，等．不同亲水胶体对百合淀粉糊化及流变学特性的影响［J］．中国食品学报，2021，21（05）：57–66.

[29] 陈海华，许时婴，王璋，等．亚麻籽胶对面团流变性质的影响及其在面条加工中的应用［J］．农业工程学报，2006，22（4）：166–169.

[30] 周雪，陈福泉，张本山．氧化蜡质玉米淀粉的糊流变特性研究［J］．粮食与饲料工业，2010，2010（9）：27–30.

[31] 刘祥，吕伟，李谦定．交联–羧甲基复合变性淀粉的流变与降失水性能［J］．应用化学，2007，24（3）：357–360.

[32] Lee B，Eskandari R，Jones K，et al. Modulation of starch digestion for slow glucose release through “toggling” of activities of mucosal α–glucosidases［J］. Journal of Biological Chemistry，2012，287（38）：31929–31938.

[33] Kittisuban P，Lee B，Suphantharika M，et al. Slow glucose release property of enzyme–synthesized highly branched maltodextrins differs among starch sources［J］. Carbohydrate polymers，2014，107：182–191.

[34] Rao M A，Okechukwu P E，Da Silva P，et al. Rheological behavior of heated starch dispersions in excess water：role of starch granule［J］. Carbohydrate polymers，1997，33（4）：273–283.

[35] Bhandari P N，Singhal R S，Kale D D. Effect of succinylation on the rheological profile of starch pastes［J］. Carbohydrate Polymers，2002，47（4）：365–371.

[36] Che L，Li D，Wang L，et al. Rheological properties of dilute aqueous solutions of cassava starch［J］. Carbohydrate Polymers，2008，74（3）：385–389.

[37] Viturawong Y，Achayuthakan P，Suphantharika M. Gelatinization and rheological properties of rice starch/xanthan mixtures：Effects of molecular weight of xanthan and different salts［J］. Food Chemistry，2008，111（1）：106–114.

[38] Jiang B, Li W, Hu X, et al. Rheology of mung bean starch treated by high hydrostatic pressure [J]. International Journal of Food Properties, 2015, 18 (1): 81–92.

[39] Holdsworth S D. Applicability of rheological models to the interpretation of flow and processing behaviour of fluid food products [J]. Journal of Texture Studies, 1971, 2 (4): 393–418.

[40] Osundahunsi O F, Mueller R. Functional and dynamic rheological properties of acetylated starches from two cultivars of cassava [J]. Starch- Stärke, 2011, 63 (1): 3–10.

[41] Banchathanakij R, Suphantharika M. Effect of different β–glucans on the gelatinisation and retrogradation of rice starch [J]. Food Chemistry, 2009, 114 (1): 5–14.

[42] Stolt M, Stoforos N G, Taoukis P S, et al. Evaluation and modelling of rheological properties of high pressure treated waxy maize starch dispersions [J]. Journal of Food Engineering, 1999, 40 (4): 293–298.

[43] Kaur L, Singh J, Singh N. Effect of glycerol monostearate on the physico-chemical, thermal, rheological and noodle making properties of corn and potato starches [J]. Food Hydrocolloids, 2005, 19 (5): 839–849.

[44] Hayta M, Schofield J D. Heat and additive induced biochemical transitions in gluten from good and poor breadmaking quality wheats [J]. Journal of Cereal Science, 2004, 40 (3): 245–256.

[45] Rosell C M, Yokoyama W, Shoemaker C. Rheology of different hydrocolloids - rice starch blends. Effect of successive heating - cooling cycles [J]. Carbohydrate Polymers, 2011, 84 (1): 373–382.

[46] Choi H M, Yoo B. Steady and dynamic shear rheology of sweet potato starch - xanthan gum mixtures [J]. Food Chemistry, 2009, 116 (3): 638–643.

[47] Kokini J L, Cocero A M, Madeka H, et al. The development of state diagrams for cereal proteins [J]. Trends in Food Science & Technology, 1994, 5 (9): 281–288.

[48] Pongsawatmanit R, Temsiripong T, Ikeda S, et al. Influence of tamarind seed xyloglucan on rheological properties and thermal stability of tapioca starch[J]. Journal of Food Engineering, 2006, 77 (1): 41–50.

[49] Cho M, Choi W S, You S. Steady and dynamic shear rheology of fucoidan-buckwheat starch mixtures [J]. Starch- Stärke, 2009, 61 (5): 282–290.

[50] Li J, Yeh A. Relationships between thermal, rheological characteristics and swelling power for various starches [J]. Journal of Food Engineering, 2001,

50 (3): 141–148.

[51] Singh N, Singh J, Kaur L, et al. Morphological, thermal and rheological properties of starches from different botanical sources [J] . Food chemistry, 2003, 81 (2): 219–231.

[52] Evageliou V, Richardson R K, Morris E R. Effect of sucrose, glucose and fructose on gelation of oxidised starch [J] . Carbohydrate Polymers, 2000, 42 (3): 261–272.

[53] Singh J, Kaur L, Mccarthy O J. Factors influencing the physico-chemical, morphological, thermal and rheological properties of some chemically modified starches for food applications–A review[J]. Food hydrocolloids, 2007, 21(1): 1–22.

第七章

高支化改性对淀粉消化性能的影响

淀粉是人体能量的主要来源之一，由直链淀粉和支链淀粉组成。直链淀粉是线性长链分子，主要由 α-D- 葡萄糖通过 α-1，4 糖苷键连接而成，仅少量直链淀粉有轻度分支，而支链淀粉含有约 5% 的 α-1，6 糖苷键，其分支度及分支点位置具有多样性。大量研究表明，淀粉的分支结构对其消化性能有显著的影响。淀粉分支酶作为酶法改性淀粉的重要淀粉酶，具有独特的转糖基活性，可在水解 α-1，4 糖苷键的同时生成 α-1，6 糖苷键，有效修饰淀粉结构，展现出巨大的市场潜力。笔者所在的研究团队近年来针对基于淀粉分支酶的高支化改性开展了大量工作，系统研究了高支化改性对淀粉消化性能的影响及其机制、不同的高支化改性策略等，从而为定向改性淀粉分子结构、降低淀粉消化速率提供理论依据和参考。

第一节 淀粉的消化性能及其控制方法

一、淀粉在人体内的消化过程

食物在进入人体消化道后，在消化酶的作用下逐渐分解成可溶性的小分子，随后被人体吸收和利用。淀粉分子在人体内的消化过程主要分为 4 个阶段，涉及 6 种消化酶，最终分解成葡萄糖参与人体代谢（图 7-1）。

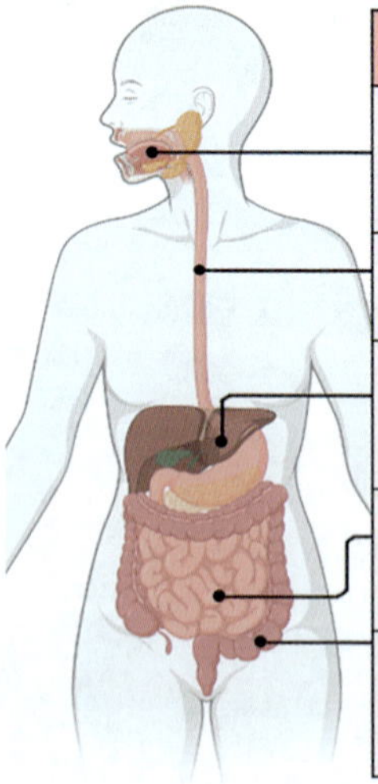

来源	物理过程	生化过程
口腔	咀嚼：形成便于吞咽的小食团	唾液α-淀粉酶的酶解
食管	蠕动：运输食团	—
胃	蠕动：调节胃排空和食团输送	胃酸的轻微酸解
小肠	蠕动：运输食糜 扩散：吸收葡萄糖	胰腺α-淀粉酶的酶解 α-葡萄糖苷酶的酶解
大肠	蠕动：运输食糜 扩散：吸收发酵产物	肠道微生物的发酵

图 7-1 淀粉在消化道内消化的主要物理和生化过程[1]

（一）口腔阶段

人体对淀粉的消化是从口腔开始的。在咀嚼食物的过程中，唾液 α- 淀粉酶能水解淀粉分子的 α-1，4 糖苷键，约 5% 的淀粉分子被降解[2]。尽管唾液 α-淀粉酶对淀粉分子的消化能力有限，口腔的咀嚼过程对淀粉的整个消化进程却非常重要。食物经口腔咀嚼后形成的食团尺寸大小，直接决定了胃排空的时长，从而影响淀粉在小肠的消化吸收[3]。有研究表明，不经咀嚼直接吞咽食物，能有效延缓淀粉消化，并降低餐后血糖水平[4]。

（二）胃阶段

食物经口腔咀嚼后形成食团，再经吞咽进入食管，继而在食管的蠕动作用下进入胃。胃液中不含有淀粉消化酶，因此胃几乎不直接参与对淀粉的消化过程。胃主要通过胃排空过程，直接控制着食物向小肠的递送[5]。胃排空的时长决定了淀粉到达小肠的快慢，从而影响淀粉消化的速率和餐后血糖水平。众多研究表明，适当延长胃排空时间，对降低餐后血糖水平和糖尿病控制具有重要的临床意义[6,7]。胃排空过程主要受神经和内分泌系统的反馈调节控制，尤其是下丘脑-迷走神经回路、胰高血糖素样肽-1、酪酪肽等肠激素能够调控人体胃排空的速率[1,8]。

（三）肠腔阶段

淀粉在人体内的消化主要在小肠内进行，食团从胃运输至小肠后，淀粉分子被胰腺 α-淀粉酶迅速降解。人胰腺 α-淀粉酶是 GH 13 家族的一种淀粉酶[9]，能专一地水解淀粉分子的 α-1，4 糖苷键。X 射线晶体学分析结果显示，胰腺 α-淀粉酶含有 5 个能够结合葡萄糖残基的亚位点（-3，-2，-1，+1，+2）[10,11]，因此只能作用于含有至少连续 4 个 α-1，4 糖苷键的分子。在作用于淀粉分子时，胰腺 α-淀粉酶倾向于从 α-1，6 分支点相邻的或第二个 α-1，4 糖苷键处开始催化，并向着非还原末端的方向依次作用[12]，生成麦芽糖、麦芽三糖等麦芽低聚糖。此外，胰腺 α-淀粉酶不能水解 α-1，6 糖苷键，在充分作用于淀粉分子后，会产生一些侧链极短的分支状残余片段，即 α-极限糊精（α-limit dextrins，α-LDs）。

（四）刷状缘阶段

在唾液 α-淀粉酶和胰腺 α-淀粉酶的共同作用下，淀粉分子在消化道内迅速分解成麦芽低聚糖（以麦芽糖、麦芽三糖为主）和 α-LDs。这些消化产物无法被 α-淀粉酶进一步水解，而是在小肠黏膜刷状缘处被 α-葡萄糖苷酶转化成葡萄糖（图 7-2）。人体消化道内含有 4 种 α-葡萄糖苷酶，分别是麦芽糖酶（*N*-terminal maltase-glucoamylase，*N*t-MGAM）、葡萄糖淀粉酶（*C*-terminal maltase-glucoamylase，*C*t-MGAM）、蔗糖酶（*N*-terminal sucrase-isomaltase，*N*t-SI）和异麦芽糖酶（*C*-terminal sucrase-isomaltase，*C*t-SI）[13]。4 种 α-葡萄糖苷酶

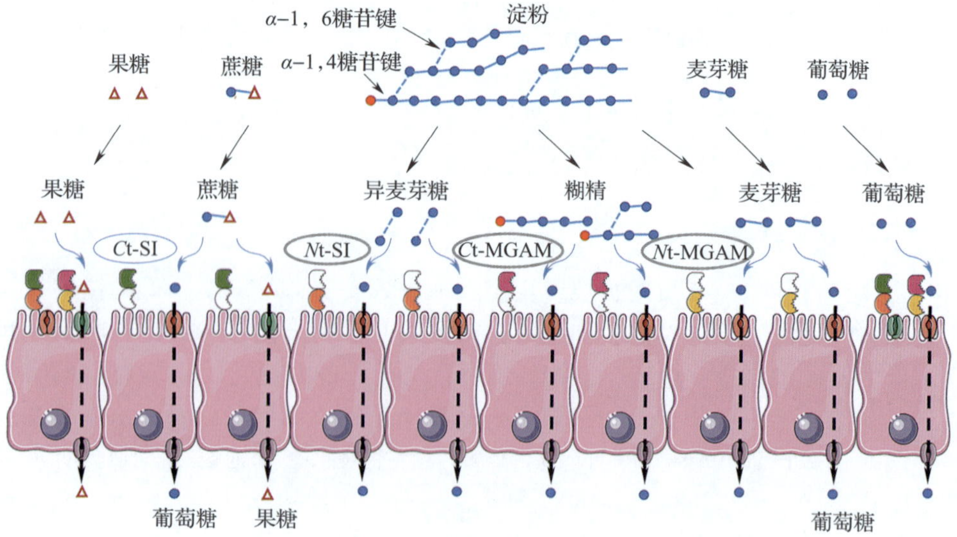

图 7-2 淀粉等主要膳食碳水化合物在小肠的消化吸收过程[8]

以蛋白质复合体的形式固定在小肠黏膜刷状缘，与两种 α- 淀粉酶的作用互补，是决定淀粉消化最后一步的关键酶。

4 种 α- 葡萄糖苷酶都属于 GH 31 家族，具有相似的氨基酸序列，并且都是典型的外切酶，以水解 α-1，4 糖苷键为主，对麦芽糖具有极强的水解能力[14,15]。在作用于不同结构的底物时，4 种 α- 葡萄糖苷酶具有不同的催化特点和活力。*C*t-MGAM 和 *C*t-SI 具有 4 个能够结合葡萄糖残基的亚位点（-1，+1，+2，+3），因此对麦芽三糖、麦芽四糖、麦芽五糖和麦芽六糖等链段较长的底物具有较高的催化效率[16]。相比之下，*N* 端的两种酶（*N*t-MGAM 和 *N*t-SI）由于缺少 +2，+3 亚位点，对长链底物的亲和力很弱[17]。此外，*N*t-MGAM 不能水解 α-1，6 糖苷键[17]，而 *C*t-MGAM 对含有 α-1，6 糖苷键的 α-LDs 的消化起主要作用[18]，即展现出较高葡萄糖淀粉酶活性。*C*t-MGAM 主要分布在回肠（小肠末端），其葡萄糖苷酶的活性在回盲瓣附近达到最强[19]，而淀粉等碳水化合物在回肠的消化吸收是触发“回肠制动”的必要条件[8]。可见，淀粉分子经 α- 淀粉酶消化的产物结构可能会影响其在小肠消化吸收的位置，进而对人体产生更加深远的影响。

二、淀粉消化性能的影响因素

淀粉进入消化道后，依次经唾液 α- 淀粉酶、胰腺 α- 淀粉酶和小肠刷状缘 α- 葡萄糖苷酶降解，所有影响酶活性或影响底物与酶接触的因素都会影响淀粉的消化。因此，淀粉的消化性能通常受植物来源、晶体结构、加工方式、分子结构和其他膳食组分等诸多因素影响。例如，淀粉颗粒的晶体结构会显著抑制淀粉消化，尤其是马铃薯淀粉[20]、香蕉淀粉[21]等B型淀粉；蒸煮[22]、油炸[23]、焙烤[24]等常见的食品加工方式通常会增强淀粉的消化性能；此外，蛋白质[25]、脂肪酸[26]等其他膳食组分可以与淀粉分子形成络合物，进而抑制淀粉糊化，并且阻碍消化酶与淀粉分子的接触，从而降低淀粉消化性能。在大多数食品中，淀粉完全糊化，因此其消化性能主要受分子结构的影响。

（一）直链淀粉含量对淀粉消化性能的影响

直链淀粉是一种接近线性的葡聚糖分子，由300～3000个葡萄糖单元组成，在大多数淀粉中，通常占20%～30%。直链淀粉很容易通过分子内或分子间氢键而形成螺旋结构，这种螺旋结构具有热稳定性和抗酶解性[27]。因此，与支链淀粉相比，直链淀粉的抗消化性能更强。直链淀粉含量会影响淀粉的消化性能，其本质上是由于残余或重新产生的晶体结构对淀粉消化的抑制作用。一方面，高直链淀粉含量的淀粉在食品加工中难以完全糊化；另一方面，糊化后的淀粉分子在食品储存过程中很容易发生重结晶，即回生。大量研究已经证实，不同来源的淀粉中直链淀粉的含量与其消化性能呈显著负相关[28,29]。Zhou等通过酸化酒精提取法制备了可溶性的直链淀粉和支链淀粉，发现可溶性的直链淀粉在大鼠体内更容易被消化，进一步证明了直链淀粉的抗消化性能主要是依赖其形成的螺旋结构[30]。人类日常膳食中大多数淀粉的直链淀粉含量为20%～30%[31]，其余部分均为支链淀粉，因此支链淀粉的精细结构对淀粉的消化性能具有更重要的影响。

（二）支链淀粉的链长分布对淀粉消化性能的影响

支链淀粉是由一系列不同长度的线性葡聚糖链通过α-1，6糖苷键聚合而成的簇状分子，其分子结构相比于直链淀粉更加复杂。支链淀粉分子中不同线性链段的DP及其比例会影响α-淀粉酶的酶解效率。Zhang等通过研究18种玉米淀粉分子的结构和消化性能，揭示了淀粉的消化速率与其支链淀粉内短链（DP<13）和长链（DP ≥ 13）的质量比具有一种抛物线型的显著相关性，即高比例的短链（DP<13）或长链（DP ≥ 13）都有助于延缓淀粉消化[32]。淀粉分子的A链是指最外侧不包含分支点的短链；B链包含一个或多个分支点，并通过α-1，6糖苷键连接于C链或其他B链上；C链是淀粉分子的主链，包含淀粉分子唯一的还原性末端。

在储藏过程中，支链淀粉的外链之间可以通过氢键形成螺旋结构，尤其是DP>15的A链和B1链（包含一个分支点的B链）外链，更倾向于形成分子内或分子间氢键[33]，因此高比例长链能够降低淀粉消化性能[34]。

另一方面，胰腺α-淀粉酶含有5个结合底物的亚位点（-3，-2，-1，+1，

+2）[10,11]，只能作用于含有至少连续 4 个 α–1，4 糖苷键的链段（图 7–3），而不能水解 α–1，6 糖苷键。并且当 5 个亚位点都被占据时，胰腺 α– 淀粉酶的催化效率更高[35]。DP<13 的短链由于含有相对较少的连续 α–1，4 糖苷键，容易与胰腺 α– 淀粉酶形成无效结合，同时也增大了胰腺 α– 淀粉酶触碰到分支点的概率，进而抑制胰腺 α– 淀粉酶的高效催化和连续进攻。许多研究也已证明，高比例的 DP<13 的短链能够有效延缓淀粉消化[36,37]。

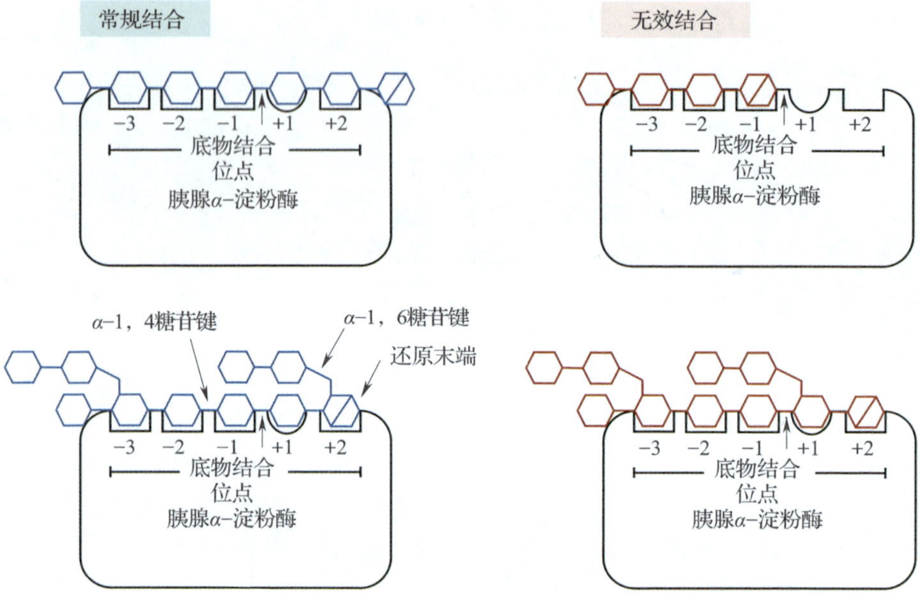

图 7–3　淀粉分子与胰腺 α– 淀粉酶可能的结合方式示意图[8]

（三）支链淀粉的分支模式对淀粉消化性能的影响

链长分布相同的支链淀粉分子可能会具有完全不同的分支模式。分支模式包括分支点的数量和分支点之间的距离，也是影响淀粉消化的重要结构因素。一方面，分支点的存在会增强淀粉分子空间位阻，进而阻碍淀粉酶活性中心与底物的结合[38]；另一方面，唾液 α– 淀粉酶、胰腺 α– 淀粉酶和 *N*t–MGAM 不能水解 α–1，6 糖苷键，而另外 3 种 α– 葡萄糖苷酶水解 α–1，6 糖苷键的效率仅为水解 α–1，4 糖苷键的 1/30[39]，使得 α–1，6 糖苷键的断裂成为淀粉消化的限速步骤。大多数天然淀粉的 α–1，6 糖苷键比例通常为 4%～5%，容易被消化[40]，而分支密度更高的淀粉分子，即 α–1，6 糖苷键比例更高的淀粉分子通常具有较低的消化性能[36,37]。

在支链淀粉中，相邻分支点之间的链段通常被称为内链。目前，关于内链长度对淀粉消化性能影响的研究较少。Damager 等利用化学手段合成了一种含有两个分支的麦芽十糖，以此为底物证明胰腺 α– 淀粉酶只能水解 DP ≥ 3 的内链[41]

（图 7–3、图 7–4）。因此，较长的内链更容易受到酶的进攻，而短内链可能会对胰腺 α– 淀粉酶产生天然的抗酶解性。

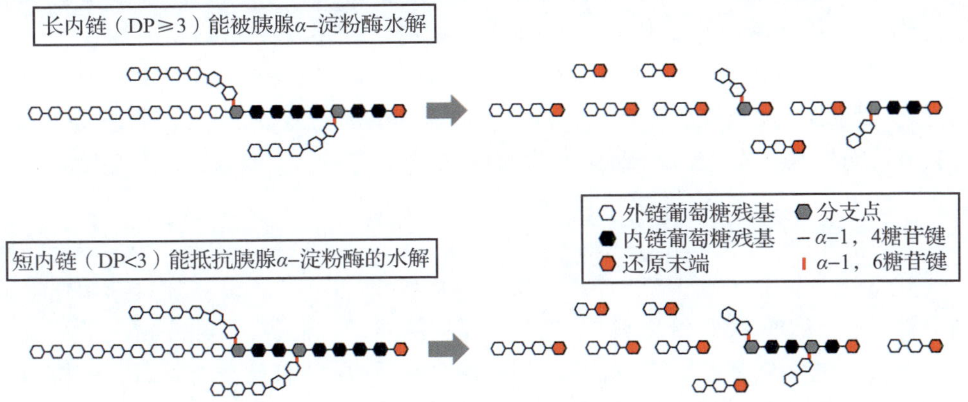

图 7–4　胰腺 α– 淀粉酶作用于长内链（DP ≥ 3）或短内链（DP<3）淀粉分子的差异示意图[8]

除了影响胰腺 α– 淀粉酶的催化效率外，内链长度还会影响消化产物中 α–LDs 的结构。如图 7–4 所示，较长的内链有利于支链淀粉在消化过程中的碎片化，产生的多数 α–LDs 只含有一个 α–1，6 糖苷键[42]；相比之下，DP<3 的内链容易造成更大聚合度、含有更多分支点的 α–LDs 残留[43]。高度分支化的结构增强了 α–LDs 空间位阻，不利于 α– 葡萄糖苷酶与底物的结合，且 α– 葡萄糖苷酶对分支点和与分支点相邻的 α–1，4 糖苷键的水解效率也很低[44]。因此淀粉分子经胰腺 α– 淀粉酶消化产物的结构差异会进一步影响 α– 葡萄糖苷酶的催化效率。韩国嘉泉大学 Lee 团队的研究表明，α–LDs 的分支点数量直接决定着其被小肠 α– 葡萄糖苷酶水解的速率[45]，并最终影响其在哺乳动物体内的消化吸收位置和血糖应答水平[46]。

三、降低淀粉消化性能的方法

淀粉的消化过程涉及 6 种淀粉消化酶，采用一定方法降低这些酶的催化效率是延缓淀粉消化、维持餐后血糖平衡的重要手段，其主要包括物理法、化学法和生物酶法。

（一）物理法

具有结晶片层结构的淀粉颗粒对淀粉消化酶具有天然的抗性，因此通过水热处理增强淀粉颗粒的晶体结构是通过物理法延缓淀粉消化的一个重要思路。水热处理包括湿热处理和韧化处理，其能够增强淀粉颗粒无定形区的分子间相互作用，并使结晶区的分子形成更稳定的晶体排列和堆积。许多研究已经报道，湿热处理或韧化处理能够显著抑制淀粉颗粒的消化性能[26,47]。

在全谷物制品中，由于细胞壁对淀粉的包裹和保护作用，淀粉酶接触并降解淀粉分子的难度增大。因此，物理法延缓淀粉的另一个思路是为淀粉分子构建一个抗酶解的物理屏障。美国普渡大学 Hamaker 团队曾利用海藻酸钠包埋玉米淀粉，制得一种能够缓慢消化、持续释放血糖的淀粉微球，其 GI 低至 53.8[48]，并且在充分加热后仍能保持缓慢消化的特性[49]。

（二）化学法

化学法是目前工业中应用最广泛的一种淀粉改性手段，其主要是利用化学试剂与淀粉分子的醇羟基发生氧化、酯化、醚化、交联等反应，在淀粉分子中引入化学基团。这些化学基团不仅能改善淀粉的理化性质，而且会阻碍酶与淀粉的接触和酶对淀粉的降解，进而降低淀粉消化性能[50]。Zhang 等发现，经辛烯基琥珀酸酐酯化处理后，木薯淀粉中成功引入酯羰基，产物中的慢消化淀粉及抗性淀粉含量显著增加[51]；Shin 等发现，柠檬酸酸化处理后，大米淀粉中的快消化淀粉含量显著降低，最小可达 45.9%[52]。而利用化学改性制备的乙酰化淀粉、羟丙基淀粉等都是常见的Ⅳ型抗性淀粉，无法取代日常膳食中的可消化淀粉[53]。

（三）生物酶法

生物酶法是近年来兴起的一种绿色低碳、环境友好的淀粉改性手段，具有反应条件温和、催化效率高、对设备要求低等优势[54]，因而受到广泛关注。目前的研究多采用 β-淀粉酶（EC 3.2.1.2）[55,56]、麦芽糖 α-淀粉酶（EC 3.2.1.133）[56]、普鲁兰酶（EC 3.2.1.41）[50,57]等淀粉水解酶和淀粉蔗糖酶（EC 2.4.1.4）[40,58]、环糊精葡萄糖基转移酶（EC 2.4.1.19）[59,60]、淀粉分支酶（EC 2.4.1.18）[37,61]等糖基转移酶，改变淀粉分子的直链淀粉含量、链长分布或分支模式，从而有效延缓淀粉消化。

例如，Ao 等研究发现，利用 β-淀粉酶从淀粉分子非还原末端依次切下麦芽糖单元，能够有效缩短玉米淀粉分子外链的长度并增加分支密度，使淀粉消化性能显著降低[56]；Li 等研究发现，利用普鲁兰酶对大米淀粉进行脱支处理，并在 4℃过夜回生，所得产物经离心洗去未回生组分后，消化性能显著降低[57]。值得注意的是，包括丹麦哥本哈根大学 Blennow[62]、荷兰格罗宁根大学 Maarel[61]、美国普渡大学 Hamaker[1]、江南大学 Li[37]等在内的国内外多个研究团队都曾证实，利用淀粉分支酶的转糖基作用也可使淀粉消化性能显著降低。相比于其他淀粉酶，淀粉分支酶能够催化淀粉分子 α-1，4、α-1，6 糖苷键重构，使产物具有高度分支的分子结构。这种淀粉分子糖苷键重构的方式工艺简单、副产物少、产物得率高，因此高支化改性目前已经成为生物酶法改性中的研究热点。

第二节　高支化改性对淀粉消化性能的影响

一、糊化淀粉高支化改性产物的消化性能

根据 Englyst 等报道的经典方法，通过模拟小肠内的消化环境，可将淀粉按照其消化速率分为三类——快消化淀粉（Rapidly Digestible Starch，RDS）、慢消化淀粉（Slowly Digestible Starch，SDS）及抗性淀粉（Resistant Starch，RS）。其中，快消化淀粉是能在口腔及小肠中迅速消化吸收的淀粉，消化时间一般小于 20min；慢消化淀粉是能在小肠中完全消化吸收，但速率较慢的淀粉，消化时间一般为 20 ~ 120min；而抗性淀粉是在人体小肠内无法消化吸收，但可进入大肠被微生物发酵利用的淀粉[63]。

利用淀粉分支酶对糊化淀粉进行高支化改性，可有效调控淀粉的消化性能。表 7-1 所示为按照 Englyst 体外模拟消化法测定的产物消化性能分析结果，经 Gt-GBE 改性处理后，糊化玉米淀粉中的快消化淀粉含量均降低，慢消化淀粉及抗性淀粉含量均增加。改性 10h 后，样品 GC10 中慢消化淀粉和抗性淀粉含量相比各自对照组分别增加了 54.8% 和 56.0%。此外，相比于未糊化的颗粒淀粉，以糊化淀粉为底物进行高支化改性后淀粉消化速率降低更为明显，其中以糊化玉米淀粉变化最显著。

表 7-1　　糊化玉米淀粉经高支化改性后的消化性能

样品①	快消化淀粉含量 / %	慢消化淀粉含量 / %	抗性淀粉含量 / %
GC0	77.0 ± 0.2	12.4 ± 0.6	11.6 ± 0.5
GC4	74.2 ± 0.9	13.5 ± 0.8	12.3 ± 0.7
GC6	69.9 ± 1.3	15.9 ± 0.6	14.2 ± 1.2
GC8	67.3 ± 1.5	16.4 ± 0.8	16.3 ± 1.0
GC10	62.7 ± 1.2	19.2 ± 1.0	18.1 ± 0.6

注：①GC0、GC4、GC6、GC8、GC10 分别表示糊化玉米淀粉经 Gt-GBE 改性 0，4，6，8，10h 后所得产物。

结合玉米淀粉的结构性质进行分析，淀粉分支酶改性处理后其分支度有所增加，平均外链长和直链淀粉含量减小，直链淀粉及支链淀粉相对分子质量减小，多分散程度增加。表明糊化过程中淀粉结晶结构被破坏，分子呈无序排列，颗粒内部结构充分暴露，使得淀粉分支酶可以均匀且充分地作用于支链淀粉及直链淀粉。在此过程中，淀粉分支酶倾向于水解直链淀粉高聚合度片段及支链

淀粉内链结构，使得直链淀粉及支链淀粉相对分子质量显著降低，同时，倾向于以直链淀粉及支链淀粉为受体链，对水解所得的较短链段（主要是 DP<13 的分子）进行重新连接，从而导致产物平均外链长减小、分支短链含量显著提高，生成具有短簇状结构的产物。此外，体系中部分游离链段在相对较短时间内通过环化作用形成环状聚合物。与颗粒淀粉的高支化改性结果相比，糊化淀粉的高支化改性过程中淀粉分支酶对淀粉结构的修饰效果增强，生成更短簇的分支结构及聚合度相对更小的环状聚合物，不仅使得体系空间位阻增加，还在一定程度上降低了消化酶作用的连续性，从而显著降低了各产物的消化速率，有效调节了产物的消化性能[64]。

二、Gt-GBE 的两阶段高支化改性策略及其产物的消化性能

颗粒淀粉的高支化改性效果有限，只能较少地降低淀粉的消化性能。当淀粉糊化后，颗粒结构被打开，淀粉分支酶可以更加充分地与淀粉相互作用，从而大幅提高反应效率。然而高浓度淀粉糊的黏度在糊化过程中会急剧提升，导致淀粉体系流动性显著降低，使得以糊化淀粉为底物进行高支化改性时只能选择较低的底物浓度。为了解决上述问题，Ren 等建立了基于 Gt-GBE 的两阶段高支化改性策略，即先对颗粒淀粉进行高支化改性，然后对体系进行糊化处理后再进行高支化改性的制备方法，以进一步提高改性体系中的底物浓度，增加高支化淀粉在工业生产中的实际应用价值[65]。

（一）淀粉分支酶对颗粒淀粉的改性效果

颗粒淀粉的高支化改性可在一定程度上调节玉米淀粉的消化性能。淀粉在未糊化之前体系的黏度较低，首先采用淀粉分支酶对颗粒进行了高支化改性，并通过体外模拟消化法对改性后的颗粒玉米淀粉消化性能进行分析，如表 7-2 所示[66]。可以看到经改性处理后颗粒玉米淀粉中快消化淀粉含量降低，慢消化淀粉及抗性淀粉含量增加，此趋势随改性时间的增加而增强。

表 7-2　　颗粒玉米淀粉经高支化改性后的消化性能

样品①	快消化淀粉含量 / %	慢消化淀粉含量 / %	抗性淀粉含量 / %
RC0	76.6 ± 0.9	12.3 ± 0.7	11.1 ± 0.8
RC4	75.1 ± 0.3	13.0 ± 0.7	11.9 ± 0.7
RC6	74.3 ± 0.8	13.6 ± 0.6	12.1 ± 0.9
RC8	72.5 ± 0.5	14.9 ± 0.6	12.6 ± 0.8
RC10	71.2 ± 0.7	15.1 ± 0.7	13.7 ± 0.9

注：①RC0、RC4、RC6、RC8、RC10 分别表示颗粒玉米淀粉经 Gt-GBE 改性 0，4，6，8，10h 后所得产物。

综合分析玉米淀粉的结构性质可发现，经改性处理后，淀粉分子的分支度增加，DP<13 的分支链段含量增加，DP>36 的分支链段含量减少，淀粉平均链长、直链淀粉含量、直链淀粉的分子质量及多分散程度降低，支链淀粉的分子质量增加。据此推测 Gt–GBE 作用于生淀粉糊时，由于淀粉颗粒结构未被破坏，Gt–GBE 通过淀粉颗粒表面的孔洞进入颗粒内部，以逐层消化及并行消化的模式水解淀粉结晶区及无定型区[67,68]。在此过程中，Gt–GBE 倾向于水解直链淀粉及小分子支链淀粉，得到游离分子链段，并倾向于将其连接在大分子支链淀粉及部分直链淀粉上，生成分子质量大小分布不均匀的支链淀粉。此外，反应较长时间后，积累了部分游离分子链段，Gt–GBE 可作用于链段的还原性末端，通过环化作用形成少量环状聚合物。上述过程中改性淀粉的分支度提高，支链淀粉的分子质量增加，少量环状聚合物生成导致淀粉分子空间位阻增强，使得颗粒玉米淀粉中的慢消化淀粉及抗性淀粉含量有效提高。

（二）两阶段高支化改性对淀粉消化性能的影响

两阶段高支化改性所得淀粉产物（TC 组）的消化性能见表 7–3[66]。随着第二阶段改性时间增加，TC 组淀粉的快消化淀粉含量降低，慢消化淀粉及抗性淀粉含量增加。两阶段改性 20h 后，样品 TC20 的快消化淀粉含量可达 51.1%，相比空白对照降低了 34.1%，相比单阶段改性对照 GC′20 降低了 17.8%；慢消化淀粉和抗性淀粉含量分别达到 26.9% 和 22.0%，相比空白对照分别增加了 122.3% 和 113.6%，相比单阶段改性对照 GC′20 分别增加了 32.5% 和 25.7%，表明两阶段高支化改性可极大程度地降低淀粉的消化速率，是调控淀粉消化性能的有效手段。

表 7–3　两阶段高支化改性对玉米淀粉消化性能的影响

样品	快消化淀粉含量 / %	慢消化淀粉含量 / %	抗性淀粉含量 / %
对照	77.6 ± 0.5	12.1 ± 0.7	10.3 ± 0.3
GC′20	62.2 ± 0.4	20.3 ± 0.7	17.5 ± 0.8
TC10	70.7 ± 0.5	15.5 ± 0.6	13.8 ± 0.8
TC12	67.5 ± 0.5	17.4 ± 0.7	15.1 ± 0.7
TC14	61.6 ± 0.9	21.7 ± 1.1	16.7 ± 0.7
TC16	57.3 ± 0.5	22.8 ± 0.4	19.9 ± 0.6
TC18	54.9 ± 0.3	24.4 ± 0.9	20.7 ± 0.7
TC20	51.1 ± 0.3	26.9 ± 0.4	22.0 ± 0.5

注：对照表示未添加淀粉分支酶改性的玉米淀粉；GC′20 表示玉米淀粉乳糊化处理后添加 50U/g 淀粉分支酶改性 20h 所得产物；TC10、TC14、TC16、TC18、TC20 分别表示玉米淀粉乳经 Gt–GBE 高支化处理 10h 后，沸水浴糊化 30min，随后高支化处理 0，4，6，8，10h 所得产物。

三、Gt-GBE和Ro-GBE的双酶协同高支化改性策略及其产物的消化性能

（一）双酶协同高支化改性工艺的选择

众多研究表明，较高温度能够促进淀粉颗粒溶胀，使得淀粉结晶片层的抗酶解性减弱[69,70]。尤其在接近淀粉起始糊化温度的条件下，淀粉酶对淀粉颗粒的催化效率极大增强[71,72]。因此，笔者所在的研究团队开发了一种来源于极端嗜热菌美洲红景天菌的淀粉分支酶（Ro-GBE），其具有良好的热稳定性和较高的最适反应温度（65℃）[73]。相比于Gt-GBE，Ro-GBE更适合在接近玉米淀粉起始糊化温度（65.6℃）的条件下处理淀粉颗粒。采用Ro-GBE代替原有工艺第一阶段中的Gt-GBE，在65℃的条件下，对玉米淀粉颗粒（10%，质量分数）进行预处理，并保持第二阶段的反应条件完全一致，工艺流程如图7-5（1）所示，改性效果如图7-5（2）所示。

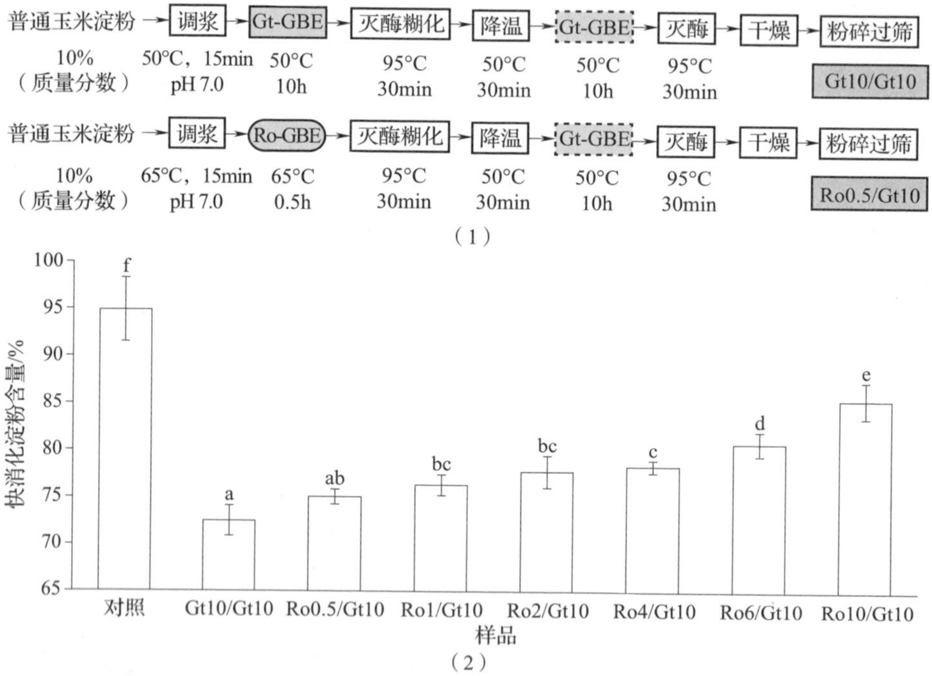

图7-5 不同制备工艺流程及其对产物中快消化淀粉含量的影响

（1）工艺流程图 （2）快消化淀粉含量

对照：原玉米淀粉；Gt10/Gt10表示玉米淀粉乳经Gt-GBE高支化处理10h后，沸水浴糊化30min，随后继续采用Gt-GBE高支化处理10h所得产物；Ro0.5/Gt10、Ro1/Gt10、Ro2/Gt10、Ro4/Gt10、Ro6/Gt10、Ro10/Gt10分别表示玉米淀粉乳经Ro-GBE高支化处理0.5、1、2、4、6、10h后，沸水浴糊化30min，随后继续采用Gt-GBE高支化处理10h所得产物。图中不同字母表示组间均值在$P<0.05$水平上具有显著性差异。

利用两种淀粉分支酶协同作用能够有效降低玉米淀粉的消化性能，尤其是先采用 Ro-GBE 处理颗粒淀粉 0.5h，最终制得的高支化改性产物 RDS 含量为 75.0%，相比于玉米原淀粉降低了 20.9%，且与单酶工艺制得的高支化改性产物 RDS 含量无显著性差异，但总反应时间缩短了 9.5h。值得注意的是，随着 Ro-GBE 对颗粒淀粉处理时间的增加，高支化改性产物 RDS 含量反而升高，说明两种 GBE 在催化玉米淀粉的过程中可能存在协同增效作用，并非延长某一种 GBE 的反应时间就可以增强改性效果。

（二）双酶协同高支化改性工艺的优势

在采用双酶工艺协同高支化改性的同时，针对改性过程用到的淀粉分支酶，也设计了几组单酶法制备工艺作为对比，工艺流程如图 7-6（1）所示，改性效果如图 7-6（2）所示。与相同时长的仅利用 Ro-GBE 或 Gt-GBE 的两阶段高支化改性工艺相比，双酶协同高支化工艺制备得到的高支化改性产物 RDS 含量分别降低了 13.4% 和 5.9%。此外，仅利用 Ro-GBE 处理玉米淀粉颗粒（Ro0.5、Ro10.5）或仅利用 Gt-GBE 处理糊化玉米淀粉（Gt10.5）进行单阶段高支化改性，高支化改性的效果也不及双酶协同高支化改性工艺，RDS 含量分别上升了 12.8%，17.4% 和 6.6%。由此可知，两种 GBE 单独处理玉米淀粉的效果均有限，而充分利用两种 GBE 各自的催化特点，可以达到协同增效的目的，在相同时长下，制得 RDS 含量更低的高支化改性产物。

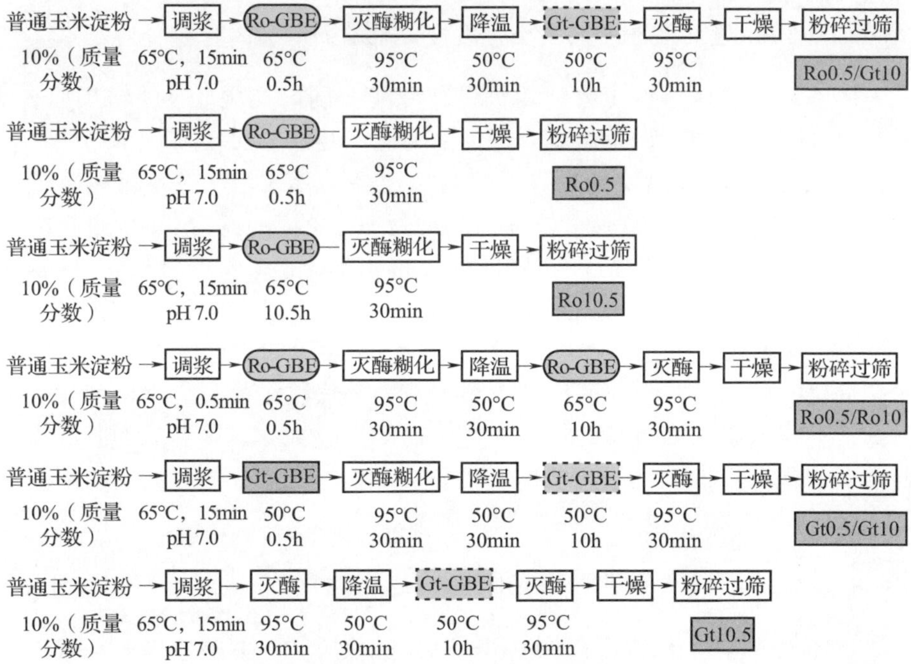

（1）

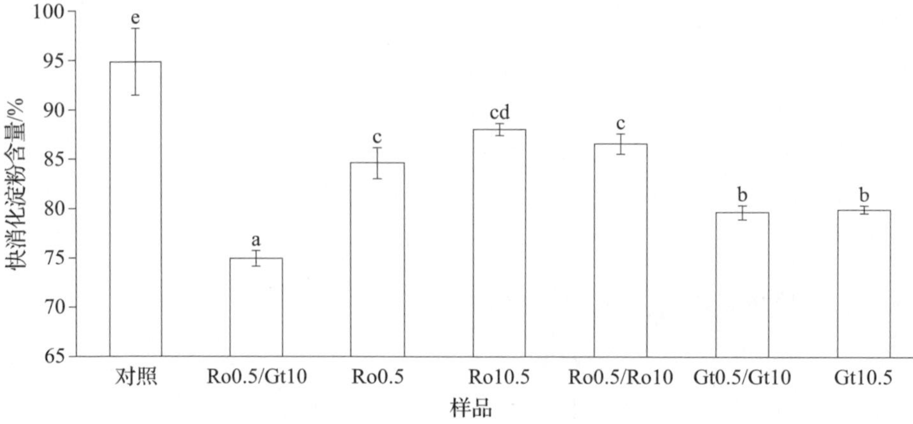

（2）

图 7-6　不同制备工艺流程及其对产物中快消化淀粉含量的影响

（1）工艺流程图　（2）快消化淀粉含量

对照：原玉米淀粉；Ro0.5/Gt10 表示玉米淀粉乳经 Ro-GBE 高支化处理 0.5h 后，沸水浴糊化 30min，随后继续采用 Gt-GBE 高支化处理 10h 所得产物；Ro0.5、Ro10.5 分别表示玉米淀粉乳经 Ro-GBE 高支化处理 0.5，10.5h 后，沸水浴糊化 30min 所得产物；Gt10.5 表示玉米淀粉乳经 Gt-GBE 高支化处理 10.5h 后，沸水浴糊化 30min 所得产物。图中不同字母表示组间均值在 $P<0.05$ 水平上具有显著性差异。

（三）底物浓度对双酶协同高支化改性效果的影响

采用不同底物浓度的玉米淀粉糊进行双酶协同高支化改性，结果如表 7-4 所示[74]。随着底物浓度的增加，高支化改性产物中 RDS 含量先降低后增加，SDS 和 RS 含量先增加后降低。表明双酶协同高支化改性工艺在大幅降低产物的消化性能的前提下，还能够处理更高底物浓度的反应体系。当底物浓度为 20%（质量分数）时，其 RDS 含量最低，相比于原淀粉降低了 24.4%；SDS 含量最高（16.1%），与原淀粉相比增加了 2.0 倍。在工业化生产中，提高初始底物浓度可以降低能耗和生产成本，提高生产效率和酶的稳定性[75,76]，可见双酶协同高支化改性工艺具有应用潜力。虽然较高的底物浓度条件下的消化性能有所降低，但是底物浓度过高的样品在糊化时黏度过大，且降温后的黏度也急剧上升，不利于反应的顺利进行。综合而言，20%（质量分数）的底物浓度较为适宜。

（四）反应时间对双酶协同高支化改性效果的影响

通过体外模拟消化测定了不同 Ro-GBE 反应时间对双酶协同高支化改性产物消化性能的影响，结果如表 7-5 所示[74]。随着 Ro-GBE 反应时间的增加，其

表 7-4 底物浓度对双酶协同高支化改性产物消化性能的影响

底物浓度（质量分数）	快消化淀粉含量 / %	慢消化淀粉含量 / %	抗性淀粉含量 / %
对照	93.16 ± 0.34	5.36 ± 0.85	1.48 ± 0.58
10%	77.90 ± 0.84	10.36 ± 0.33	11.74 ± 0.52
15%	74.75 ± 1.73	13.88 ± 0.15	11.37 ± 1.88
20%	70.43 ± 2.64	16.10 ± 2.86	13.47 ± 0.80
25%	74.89 ± 1.44	14.06 ± 0.43	11.05 ± 1.00
30%	75.31 ± 2.25	14.53 ± 0.55	10.16 ± 1.70

表 7-5 Ro-GBE 反应时间对双酶协同高支化改性产物消化性能的影响

Ro-GBE 处理时间 /h	快消化淀粉含量 / %	慢消化淀粉含量 / %	抗性淀粉含量 / %
对照	93.16 ± 0.34	5.36 ± 0.85	1.48 ± 0.58
0	73.73 ± 0.46	8.21 ± 0.21	18.06 ± 0.69
0.5	69.22 ± 0.89	16.81 ± 2.91	13.97 ± 0.85
1	70.14 ± 0.19	14.07 ± 1.39	15.79 ± 1.19
2	72.72 ± 0.21	11.85 ± 0.45	15.43 ± 1.14
4	78.64 ± 0.98	9.64 ± 1.36	11.72 ± 0.33

最终制得的高支化改性产物中 RDS 含量先降低后增加，SDS 含量先增加后降低，表明 Ro-GBE 反应时间过长不利于制得 RDS 含量更低的高支化改性产物。其中，当 Ro-GBE 反应时间为 0.5h 时，其最终制得的高支化改性产物中 RDS 含量最低（69.22%），相比于玉米原淀粉降低了 25.7%；SDS 含量最高（16.81%），相比于玉米原淀粉提高了 2.1 倍。

有趣的是，加入 Ro-GBE 后立刻程序升温，即 Ro-GBE 反应时间为 0h，最终制得的高支化改性产物 RDS 含量也大幅下降（73.73%），说明 Ro-GBE 在升温阶段也可继续催化玉米淀粉结构改变，这与 Ro-GBE 较高的热稳定性有关。

第三节　高支化改性调控淀粉消化性能的机制

一、淀粉结构性质与产物消化性能的相关性

Ren 等通过分析发现，淀粉的消化性与其分支程度、直链淀粉含量及链长分布密切相关。其中，快消化淀粉含量与淀粉分支度及短链含量呈负相关，与其直链淀粉含量及平均外链长呈正相关[65]。Gt-GBE 改性处理后，淀粉 α-1，6 糖苷键含量及短链含量的增加、直链淀粉含量及平均外链长的减少均有利于降低产物消化速率。一方面，Gt-GBE 改性过程中，通过水解及转糖基作用降低了直链淀粉含量，增加了淀粉分子的分支程度，使得淀粉空间位阻增强[77]，一定程度上延缓了淀粉的消化。另一方面，改性过程中分支短链（DP<13）含量增加、淀粉平均外链长减小，淀粉分子趋于短簇状结构。由于胰腺 α-淀粉酶水解过程中对底物的链段长度有一定要求[77]，因此较短分支链段（DP<13，尤其是 DP<8 的链段）的积累一定程度上阻碍了胰腺 α-淀粉酶水解；且短簇状分支结构的形成降低了消化酶作用的连续性，导致淀粉的消化速率降低[78]。Zhang 等开展的研究同样指出，慢消化淀粉的含量与淀粉中短链（DP<13）/长链（DP>13）分支的比值呈二次相关，即具有较高比例长链分支或短链分支的淀粉均表现出较优的慢消化性能[79,80]。

此外，Gt-GBE 改性过程中生成环状聚合物，使得游离链段还原性末端消失，一定程度上延缓了消化酶的水解作用[80]。由此表明改性处理后淀粉分子重排，由细长的结构转变为具有密集分支的短簇状分子结构，且生成了环状聚合物，故而使得消化酶作用的连续性降低，可作用的链段含量下降，从而有利于延缓淀粉的消化速率，增强产物的慢消化性能。

二、高支化改性对胰腺 α-淀粉酶催化效率的影响

淀粉及其衍生物在体内的消化过程涉及 6 种酶。其中，胰腺 α-淀粉酶对淀粉的消化速率和消化产物结构直接影响着小肠刷状缘处葡萄糖的生成和吸收速率[45,46]。因此，首先分析高支化改性对哺乳动物胰腺 α-淀粉酶（Porcine pancreatic α-amylase，PPA）催化效率的影响。

（一）淀粉分支酶高支化改性对胰腺 α-淀粉酶水解速率的影响

经淀粉分支酶高支化改性后的产物呈一种短簇状的分子结构，因此将其命名为

"短簇状麦芽糊精（Short-clustered maltodextrin，SCMD）"。采用 PPA 分别水解 DE 值为 2 的麦芽糊精（Maltodextrin，MD）和 SCMD，动态监测消化产物的 DE 值随时间的变化情况，结果如图 7-7 所示。可见，SCMD 被 PPA 水解的速率明显低于 MD。

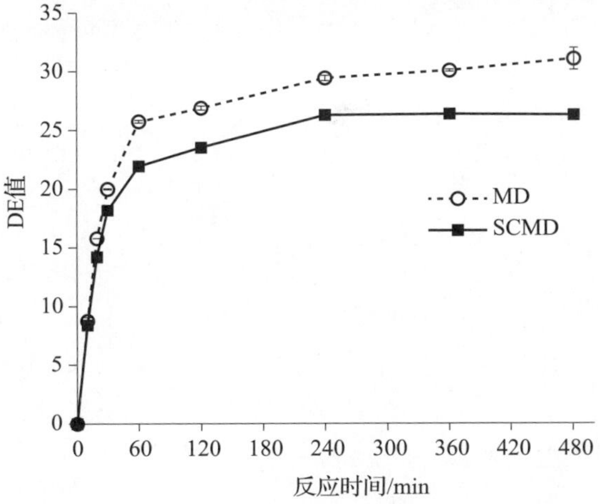

图 7-7　PPA 消化过程中产物的 DE 值增量

（二）高支化改性对胰腺 α- 淀粉酶多重进攻模式的影响

淀粉酶对底物的进攻模式直接影响产物的碘结合能力和还原能力[81]。因此，通过监测消化产物相对碘蓝值（"消化产物 - 碘"显色的吸光度占"原淀粉 - 碘"显色的吸光度的百分比）和还原增量（每克消化产物增加的还原糖的物质的量，以葡萄糖计）随消化时间的变化推测 PPA 的进攻模式，结果如图 7-8 所示。β- 淀粉酶是一种严格的外切型淀粉酶[78]，在被 β- 淀粉酶水解过程中，MD 外链逐渐缩短，因此相对碘蓝值降低十分缓慢；相反，来源于米曲霉（*Aspergillus oryzae*）的 α- 淀粉酶（TAKA）呈现一种典型的随机进攻模式[82]，能够随机进攻 MD 的内链，造成底物分子快速碎片化，相对碘蓝值随还原值增加而迅速降低。相比于 TAKA，PPA 在作用于 MD 时，产物相对碘蓝值降低的趋势明显放缓，呈现出一种多重进攻模式[81,82]。

值得注意的是，在以 SCMD 作为底物时，PPA 的多重进攻模式进一步增强，其相对碘蓝值 - 还原值曲线更接近 β- 淀粉酶，尤其是在反应初期。这一现象意味着，MD 分子的内链更容易被 PPA 切割，而在相同程度的水解作用下，SCMD 分子的内链断裂较少，因此碘结合能力相对较强。由于 PPA 只能作用于含有至少连续 4 个 α-1，4 糖苷键的链段，且在 5 个亚位点都被占据时，催化效率更高[12,35]，而 SCMD 具有紧密、高度分支的内链骨架，尤其是 DP 为 3 ~ 6 的短内链明显较多，这些高密度的分支点和较短的内链能够阻碍 PPA 与 SCMD 内链的结合和对内链的连续进攻，导致 PPA 的多重进攻模式增强，随机内切模式减弱。

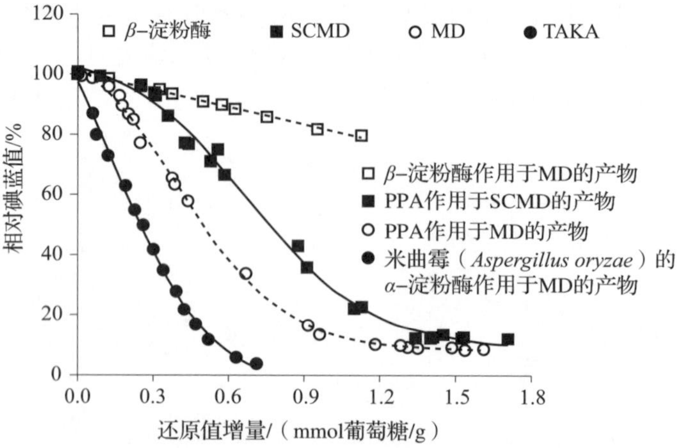

图 7-8 PPA 消化过程中产物相对碘蓝值与还原值增量的关系

（三）高支化改性对胰腺 α-淀粉酶的底物抑制作用

有研究报道，在作用于淀粉及其衍生物时，淀粉酶会出现底物抑制现象[83]。采用底物抑制动力学模型分析 MD 和 SCMD 对 PPA 的抑制作用，结果如表 7-6 所示。以 SCMD 作为底物时，PPA 的米氏常数（K_m）和底物抑制常数（K_i）分别达到 50.25mg/mL 和 16.87mg/mL，K_m 较 MD 作为底物的 K_m 高 124%，K_i 则低 88%，说明 PPA 与 SCMD 之间的亲和力较弱，且 SCMD 对 PPA 具有更强的底物抑制作用，这些现象与 SCMD 短簇状的分子结构有关。

表 7-6 MD 和 SCMD 对 PPA 的底物抑制作用

样品	K_m /（mg / mL）	K_i /（mg / mL）
MD	22.39	135.72
SCMD	50.25	16.87

（四）高支化改性对胰腺 α-淀粉酶的极限水解率与产物分子结构的影响

由于 PPA 不能水解 α-1，6 糖苷键，只能作用于含有至少连续 4 个 α-1，4 糖苷键的链段，且在 5 个亚位点都被占据时，催化效率更高[12,35]，淀粉及其衍生物经 PPA 充分作用，会产生一些侧链极短的分支状残余片段（如 α-LDs），最终达到水解极限。采用 PPA 分别充分水解 MD 和 SCMD，计算极限水解率，并对残余 α-LDs 的分子结构进行分析。如表 7-7 所示，SCMD 的极限水解率为 48.3%，较 MD 的极限水解率低 7.7%，说明仅有 48.3% 的 SCMD 可被 PPA 降解成葡萄糖、麦芽糖和麦芽三糖。这些结果证明，经过淀粉分支酶的高支化改性后，SCMD 包含更少的可供 PPA 作用的 α-1，4 糖苷键。

表 7-7　　MD 和 SCMD 的极限水解率与极限水解产物分子质量分布

样品	PPA 极限水解率 / %	极限水解产物分子质量分布	
		$\overline{M}_w$	分散系数（PI）
MD	52.28 ± 0.34	523	1.48
SCMD	48.28 ± 0.33	587	1.68

相比于 MD，SCMD 极限消化产物重均分子量（$\overline{M}_w$）更大，分子质量分布更不均匀，保留了较强的碘结合能力，并且包含了更多的异麦芽低聚糖（表 7-3 和图 7-9）。进一步说明，相比于 MD，SCMD 由于具有更多 DP 为 3 ~ 6 的短内链，不易受到 PPA 的连续进攻，完全降解后会残留较多高聚合度、多分支的 α-LDs。这些消化产物分子结构的差异，可能进一步影响小肠中 α- 葡萄糖苷酶的催化效率[45,79]。

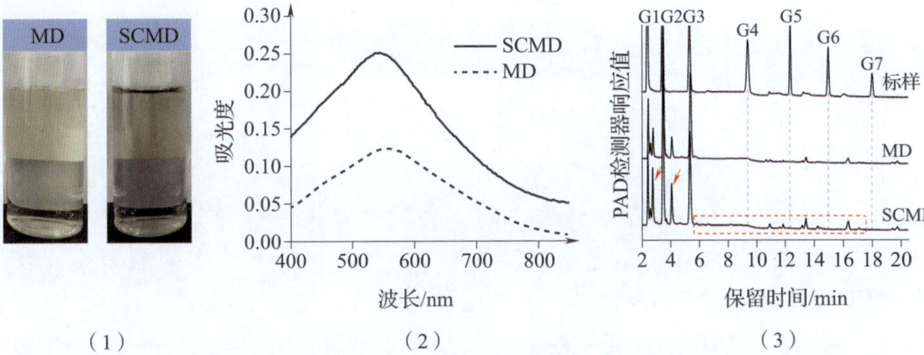

图 7-9　MD 和 SCMD 经 PPA 极限水解后的产物结构
（1）水解产物 - 碘复合物的状态　（2）水解产物 - 碘复合物的可见光吸收光谱（400 ~ 850nm）（3）水解产物的高效阴离子交换色谱信号曲线

三、高支化改性对小肠黏膜葡萄糖释放和转运的影响

Caco-2 细胞来源于人类的结肠癌细胞，在适宜的体外培养条件下，可以自发生长分化形成连续且紧密连接的单层细胞，并表达出与小肠刷状缘相似的酶系、各类营养物质转运载体及紧密连接复合物，包括 α- 葡萄糖苷酶和葡萄糖转运体[84,85]，因此被认为是模拟碳水化合物等营养物质在肠道吸收的最佳细胞模型之一[86 ~ 88]。如图 7-10 所示，当在 Caco-2 细胞顶侧加入麦芽糖溶液时，其基底侧的葡萄糖浓度随反应时间延长而逐渐上升，进一步证明构建的 Caco-2 细胞模型表达出具有活力的 α- 葡萄糖苷酶和葡萄糖转运体。此外，相比于

MD 消化产物，当在 Caco-2 细胞顶侧加入 SCMD 消化产物时，葡萄糖转运明显放缓；反应 120min 后，基底侧葡萄糖浓度为 45.3μg/mL，相比对照（MD）降低 42.7%。

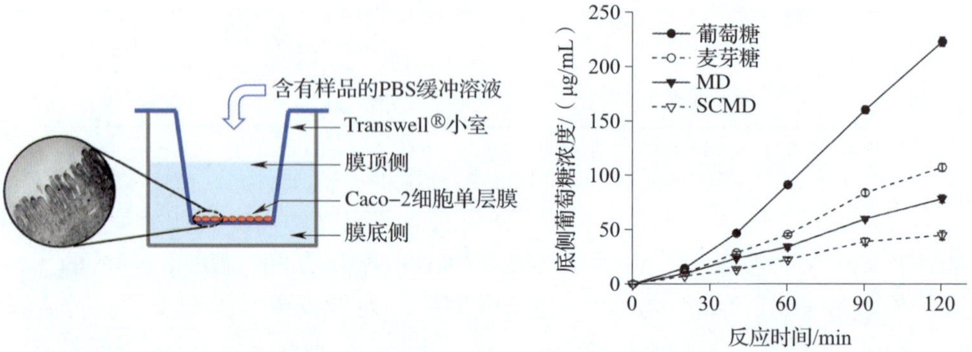

（1）　　　　（2）

图 7-10　MD 和 SCMD 在 Caco-2 单层细胞模型中的消化和转运过程

（1）Caco-2 单层细胞模型的消化和转运原理

（2）Caco-2 单层细胞模型底侧的葡萄糖浓度随时间的变化

小肠 α- 葡萄糖苷酶的催化效率与底物结构有关，其水解 α-1，4 糖苷键的速率比水解 α-1，6 糖苷键快 30 倍[39]，并对麦芽糖和麦芽三糖具有极强的水解能力[14,15]。在进入 Caco-2 模型之前，底物已经被 PPA 彻底水解，由于 MD 的极限水解率较 SCMD 明显更高，说明 MD 消化产物含有较多的葡萄糖、麦芽糖、麦芽三糖和较少的 α-LDs，这些麦芽糖和麦芽三糖容易被 Caco-2 细胞表达的 α- 葡萄糖苷酶降解成葡萄糖，并转运至基底侧。相比之下，SCMD 被 PPA 消化后，不易产生葡萄糖、麦芽糖、麦芽三糖，反而会产生高聚合度、多分支的 α-LDs（图 7-10 和图 7-11）。这种高度分支化的 α-LDs 包含更多不易被 α- 葡萄糖苷酶水解的 α-1，6 糖苷键，并且内链较短[27]，增强了 α-LDs 空间位阻，不利于 α- 葡萄糖苷酶与底物的结合，限制了 α- 葡萄糖苷酶对分支点相邻的 α-1，4 糖苷键的降解，因此在小肠黏膜阶段的消化速率减慢[45,79]，最终减弱了人体餐后血糖应答水平[46]。

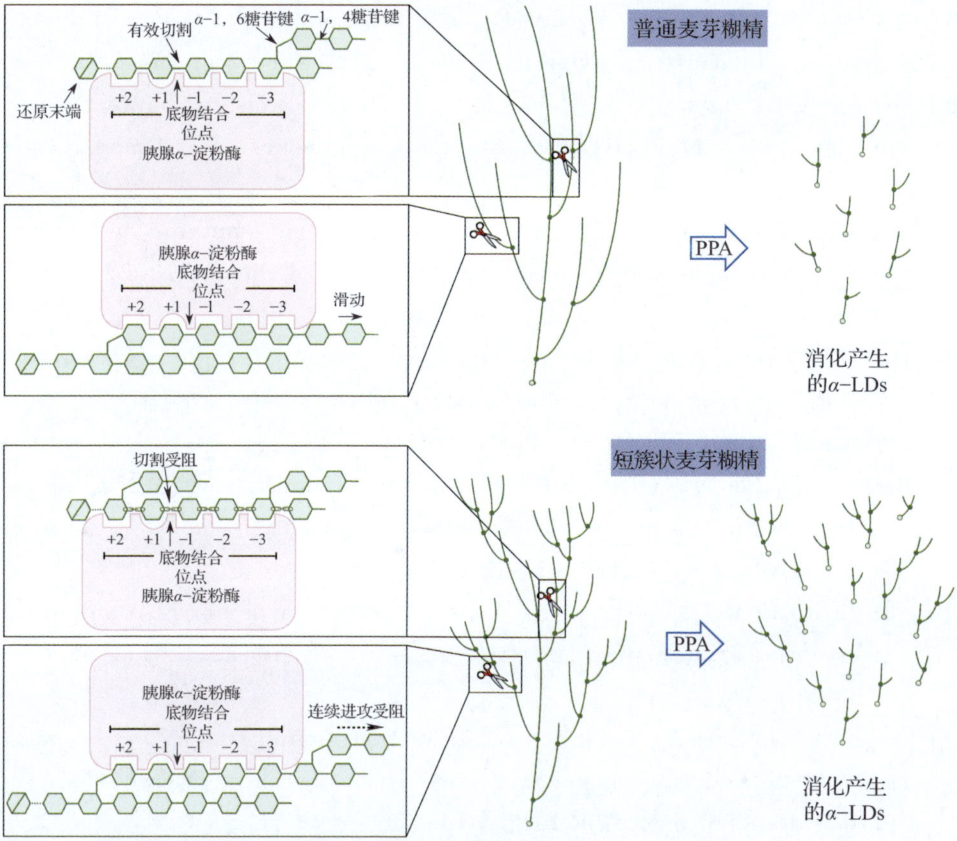

图 7-11 SCMD 抑制 PPA 催化效率的主要方式及示意图

参考文献

[1] 孔昊存. 淀粉分子糖苷键重构及其产物对小鼠糖脂代谢的调控作用[D]. 无锡：江南大学，2021.

[2] Lee B-H, Yan L, Phillips R J, et al. Enzyme-synthesized highly branched maltodextrins have slow glucose generation at the mucosal α-glucosidase level and are slowly digestible *in vivo* [J]. PLoS One, 2013, 8 (4): e59745.

[3] Pera P, Bucca C, Borro P, et al. Influence of mastication on gastric emptying [J]. Journal of dental research, 2002, 81 (3): 179-181.

[4] Read N, Welch I M, Austen C, et al. Swallowing food without chewing; A simple way to reduce postprandial glycaemia [J]. British Journal of Nutrition, 1986, 55 (1): 43-47.

[5] Delzenne N, Blundell J, Brouns F, et al. Gastrointestinal targets of appetite regulation in humans [J]. Obesity Reviews, 2010, 11 (3): 234–250.

[6] Marathe C S, Rayner C K, Jones K L, et al. Relationships between gastric emptying, postprandial glycemia, and incretin hormones [J]. Diabetes Care, 2013, 36 (5): 1396–1405.

[7] Horowitz M, O'donovan D, Jones K, et al. Gastric emptying in diabetes: Clinical significance and treatment [J]. Diabetic Medicine, 2002, 19 (3): 177–194.

[8] Jiang Y, Travagli R A. Hypothalamic–vagal oxytocinergic neurocircuitry modulates gastric emptying and motility following stress [J]. Journal of Physiology, 2020, 598 (21): 4941–4955.

[9] Brayer G D, Luo Y, Withers S G. The structure of human pancreatic α–amylase at 1.8 Å resolution and comparisons with related enzymes [J]. Protein Science, 1995, 4 (9): 1730–1742.

[10] Butterworth P J, Warren F J, Ellis P R. Human α–amylase and starch digestion: An interesting marriage [J]. Starch–Stärke, 2011, 63 (7): 395–405.

[11] Dona A C, Pages G, Gilbert R G, et al. Digestion of starch: *In vivo* and *in vitro* kinetic models used to characterise oligosaccharide or glucose release[J]. Carbohydrate Polymers, 2010, 80 (3): 599–617.

[12] Lin A H–M, Lee B–H, Nichols B L, et al. Starch source influences dietary glucose generation at the mucosal α–glucosidase level [J]. Journal of Biological Chemistry, 2012, 287 (44): 36917–36921.

[13] Lin A H–M, Hamaker B R, Nichols Jr B L. Direct starch digestion by sucrase–isomaltase and maltase–glucoamylase [J]. Journal of pediatric gastroenterology and nutrition, 2012, 55: S43–S45.

[14] Nichols B L, Avery S, Sen P, et al. The maltase–glucoamylase gene: Common ancestry to sucrase–isomaltase with complementary starch digestion activities [J]. Proceedings of the National Academy of Sciences, 2003, 100 (3): 1432–1437.

[15] Nichols B L, Eldering J, Avery S, et al. Human small intestinal maltase–glucoamylase cDNA cloning homology to sucrase–isomaltase [J]. Journal of Biological Chemistry, 1998, 273 (5): 3076–3081.

[16] Ren L, Qin X, Cao X, et al. Structural insight into substrate specificity of human intestinal maltase–glucoamylase [J]. Protein & Cell, 2011, 2 (10): 827–836.

[17] Sim L, Quezada-Calvillo R, Sterchi E E, et al. Human intestinal maltase-glucoamylase: Crystal structure of the N-terminal catalytic subunit and basis of inhibition and substrate specificity [J]. Journal of Molecular Biology, 2008, 375 (3): 782-792.

[18] Lee B H, Lin A H M, Nichols B L, et al. Mucosal *C*-terminal maltase-glucoamylase hydrolyzes large size starch digestion products that may contribute to rapid postprandial glucose generation [J]. Molecular Nutrition & Food Research, 2014, 58 (5): 1111-1121.

[19] Triadou N, Bataille J, Schmitz J. Longitudinal study of the human intestinal brush border membrane proteins: Distribution of the main disaccharidases and peptidases [J]. Gastroenterology, 1983, 85 (6): 1326-1332.

[20] Raatz S K, Idso L, Johnson L K, et al. Resistant starch analysis of commonly consumed potatoes: Content varies by cooking method and service temperature but not by variety [J]. Food Chemistry, 2016, 208: 297-300.

[21] Bi Y, Zhang Y, Jiang H, et al. Molecular structure and digestibility of banana flour and starch [J]. Food Hydrocolloids, 2017, 72: 219-227.

[22] Tamura M, Singh J, Kaur L, et al. Impact of the degree of cooking on starch digestibility of rice-An *in vitro* study [J]. Food chemistry, 2016, 191: 98-104.

[23] Li W, Zhang W, Gong S, et al. Low and high methoxyl pectin lowers on structural change and digestibility of fried potato starch [J]. LWT-Food Science and Technology, 2020, 132: 109853.

[24] Martínez M M, Román L, Gómez M. Implications of hydration depletion in the *in vitro* starch digestibility of white bread crumb and crust [J]. Food Chemistry, 2018, 239: 295-303.

[25] Zhang G, Hamaker B R. A three component interaction among starch, protein, and free fatty acids revealed by pasting profiles [J]. Journal of Agricultural and Food Chemistry, 2003, 51 (9): 2797-2800.

[26] 王宏伟. 湿热处理和脂肪酸复合作用调控大米淀粉消化性能及营养功能的研究 [D]. 广州: 华南理工大学, 2017.

[27] Patel H, Royall P G, Gaisford S, et al. Structural and enzyme kinetic studies of retrograded starch: Inhibition of α-amylase and consequences for intestinal digestion of starch [J]. Carbohydrate Polymers, 2017, 164: 154-161.

[28] Han M, Bao W, Wu Y, et al. Insights into the effects of caffeic acid and amylose on *in vitro* digestibility of maize starch-caffeic acid complex [J]. International Journal of Biological Macromolecules, 2020, 162: 922-930.

[29] Park J, Oh S-K, Chung H-J, et al. Structural and physicochemical properties

of native starches and non-digestible starch residues from Korean rice cultivars with different amylose contents [J]. Food Hydrocolloids, 2020, 102: 105544.

[30] Zhou X, Kaplan M L. Soluble amylose cornstarch is more digestible than soluble amylopectin potato starch in rats [J]. Journal of Nutrition, 1997, 127 (7): 1349-1356.

[31] 张玲. 玛咖淀粉的物理化学性质及分子结构研究 [D]. 无锡: 江南大学, 2018.

[32] Zhang G, Ao Z, Hamaker B R. Nutritional property of endosperm starches from maize mutants: A parabolic relationship between slowly digestible starch and amylopectin fine structure [J]. Journal of Agricultural and Food Chemistry, 2008, 56 (12): 4686-4694.

[33] Martinez M M, Li C, Okoniewska M, et al. Slowly digestible starch in fully gelatinized material is structurally driven by molecular size and A and B1 chain lengths [J]. Carbohydrate Polymers, 2018, 197: 531-539.

[34] Borah P K, Deka S C, Duary R K. Effect of repeated cycled crystallization on digestibility and molecular structure of glutinous *Bora* rice starch [J]. Food Chemistry, 2017, 223: 31-39.

[35] Robyt J F, French D. The action pattern of porcine pancreatic α-amylase in relationship to the substrate binding site of the enzyme [J]. Journal of Biological Chemistry, 1970, 245 (15): 3917-3927.

[36] Ren J, Chen S, Li C, et al. A two-stage modification method using 1, 4-α-glucan branching enzyme lowers the *in vitro* digestibility of corn starch [J]. Food Chemistry, 2019, 305: 125441.

[37] Ren J, Li C, Gu Z, et al. Digestion rate of tapioca starch was lowed through molecular rearrangement catalyzed by 1, 4-α-glucan branching enzyme [J]. Food Hydrocolloids, 2018, 84: 117-124.

[38] Park J T, Rollings J E. Effects of substrate branching characteristics on kinetics of enzymatic depolymerizaion of mixed linear and branched polysaccharides: Ⅰ. Amylose/amylopectin α-amylolysis [J]. Biotechnology and bioengineering, 1994, 44 (7): 792-800.

[39] Pazur J H, Ando T. The hydrolysis of glucosyl oligosaccharides with α-d-(1→4) and α-d-(1→6) bonds by fungal amyloglucosidase [J]. Journal of Biological Chemistry, 1960, 235 (2): 297-302.

[40] 张昊. 基于生物酶法的支链淀粉分子结构再设计及其低消化性形成机制 [D]. 无锡: 江南大学, 2020.

[41] Damager I, Jensen M T, Olsen C E, et al. Chemical synthesis of a dual

branched malto-decaose: A potential substrate for α-amylases [J] . ChemBioChem, 2005, 6 (7): 1224-1233.

[42] Robyt J F, John F. Essentials of carbohydrate chemistry [M] . Berlin: Springer Science & Business Media, 1998.

[43] Kong H, Yu L, Gu Z, et al. An innovative short-clustered maltodextrin as starch substitute for ameliorating postprandial glucose homeostasis [J] . Journal of Agricultural and Food Chemistry, 2020, 69 (1): 354-367.

[44] Kittisuban P, Lee B-H, Suphantharika M, et al. Slow glucose release property of enzyme-synthesized highly branched maltodextrins differs among starch sources [J] . Carbohydrate Polymers, 2014, 107: 182-191.

[45] Lee B-H, Hamaker B R. Number of branch points in α-limit dextrins impact glucose generation rates by mammalian mucosal α-glucosidases [J] . Carbohydrate Polymers, 2017, 157: 207-213.

[46] Shim Y-E, Lee E-S, Hong M-G, et al. Highly branched α-limit dextrins attenuate the glycemic response and stimulate the secretion of satiety hormone peptide YY [J] . Food Hydrocolloids, 2020, 108: 106057.

[47] Trung P T B, Ngoc L B B, Hoa P N, et al. Impact of heat-moisture and annealing treatments on physicochemical properties and digestibility of starches from different colored sweet potato varieties [J] . International Journal of Biological Macromolecules, 2017, 105: 1071-1078.

[48] Venkatachalam M, Kushnick M R, Zhang G, et al. Starch-entrapped biopolymer microspheres as a novel approach to vary blood glucose profiles [J]. Journal of the American College of Nutrition, 2009, 28 (5): 583-590.

[49] Hasek L Y, Phillips R J, Zhang G, et al. Dietary slowly digestible starch triggers the gut-brain axis in obese rats with accompanied reduced food intake [J] . Molecular Nutrition & Food Research, 2018, 62 (5): 1700117.

[50] 缪铭 . 慢消化淀粉的特性及形成机理研究 [D] . 无锡：江南大学，2009.

[51] Zhang B M J Q, Chen B, Chen H Q. Digestibility, physicochemical and structural properties of octenyl succinic anhydride-modified cassava starches with different degree of substitution [J] . Food Chemistry, 2017, 229: 136-141.

[52] Kim D I L H A, Cheong J J. Formation, characterization, and glucose response in mice to rice starch with low digestibility produced by citric acid treatment [J] . Journal of Cereal Science, 2007, 45 (1): 24-33.

[53] Stewart M L, Zimmer J P. Postprandial glucose and insulin response to a high-fiber muffin top containing resistant starch type 4 in healthy adults: A double-blind, randomized, controlled trial [J] . Nutrition, 2018, 53: 59-63.

[54] Sorndech W, Tongta S, Blennow A. Slowly digestible-and non-digestible α-glucans: An enzymatic approach to starch modification and nutritional effects [J]. Starch-Stärke, 2018, 70 (9-10): 1700145.

[55] Miao M, Li R, Huang C, et al. Impact of β-amylase degradation on properties of sugary maize soluble starch particles [J]. Food Chemistry, 2015, 177: 1-7.

[56] Ao Z, Simsek S, Zhang G, et al. Starch with a slow digestion property produced by altering its chain length, branch density and crystalline structure [J]. Journal of Agricultural and Food Chemistry, 2007, 55 (11): 4540-4547.

[57] Li H, Li J, Xiao Y, et al. *In vitro* digestibility of rice starch granules modified by β-amylase, transglucosidase and pullulanase [J]. International Journal of Biological Macromolecules, 2019, 136: 1228-1236.

[58] Kim B K, Kim H I, Moon T W, et al. Branch chain elongation by amylosucrase: Production of waxy corn starch with a slow digestion property [J]. Food Chemistry, 2014, 152: 113-120.

[59] Durá Á, Yokoyama W, Rosell C M. Effects of cyclodextrin glycosiltranferase modified starch and *alfa* and *beta* cyclodextrins on plasma glucose and lipids metabolism in mice [J]. Journal of Drug Design and Research, 2017, 4 (5): 1051.

[60] Dura A, Yokoyama W, Rosell C M. Glycemic response to corn starch modified with cyclodextrin glycosyltransferase and its relationship to physical properties [J]. Plant Foods for Human Nutrition, 2016, 71 (3): 252-258.

[61] Zhang X, Leemhuis H, van der Maarel M J. Digestion kinetics of low, intermediate and highly branched maltodextrins produced from gelatinized starches with various microbial glycogen branching enzymes [J]. Carbohydrate Polymers, 2020, 247: 116729.

[62] Sorndech W, Sagnelli D, Meier S, et al. Structure of branching enzyme-and amylomaltase modified starch produced from well-defined amylose to amylopectin substrates [J]. Carbohydrate Polymers, 2016, 152: 51-61.

[63] Englyst H N, Kingman S M, Cummings J H. Classification and measurement of nutritionally important starch fractions [J]. European Journal of Clinical Nutrition, 1992, 46: 33-50.

[64] Zhang G, Ao Z, Hamaker B R. Nutritional property of endosperm starches from maize mutants: a parabolic relationship between slowly digestible starch and amylopectin fine structure [J]. Journal of Agricultural and Food Chemistry, 2008, 56: 4686-4694.

[65] Ren J, Chen S, Li C, et al. A two-stage modification method using 1, 4-α-glucan branching enzyme lowers the *in vitro* digestibility of corn

starch [J] . Food Chemistry, 2020, 305: 125441.

[66] 任俊彦 . 淀粉的高支化修饰及其产物的消化性能研究 [D] . 无锡: 江南大学, 2018.

[67] Zhang G, Ao Z, Hamaker B R. Slow digestion property of native cereal starches [J] . Biomacromolecules, 2006, 7 (11) : 3252-3258.

[68] Gallant D J, Bouchet B, Buléon A, et al. Physical characteristics of starch granules and susceptibility to enzymatic degradation [J] . European Journal of Clinical Nutrition, 1992, 46 (Suppl 2) : S3-S16.

[69] Kong H, Yang X, Gu Z, et al. Heat pretreatment improves the enzymatic hydrolysis of granular corn starch at high concentration [J] . Process Biochemistry, 2018, 64: 193-199.

[70] Li Z, Cai L, Gu Z, et al. Effects of granule swelling on starch saccharification by granular starch hydrolyzing enzyme [J] . Journal of Agricultural and Food Chemistry, 2014, 62 (32) : 8114-8119.

[71] Li J, Vasanthan T, Bressler D C. Improved cold starch hydrolysis with urea addition and heat treatment at subgelatinization temperature [J] . Carbohydrate Polymers, 2012, 87 (2) : 1649-1656.

[72] Shariffa Y N, Karim A A, Fazilah A, et al. Enzymatic hydrolysis of granular native and mildly heat-treated tapioca and sweet potato starches at sub-gelatinization temperature [J] . Food Hydrocolloids, 2009, 23 (2) : 434-440.

[73] Wang Z, Xin C, Li C, et al. Expression and characterization of an extremely thermophilic 1, 4-α-glucan branching enzyme from *Rhodothermus obamensis* STB05 [J] . Protein Expression and Purification, 2019, 164: 105478.

[74] 俞露茜 . 双酶法制备慢消化糊精及其对小鼠糖脂代谢的影响 [D] . 无锡: 江南大学, 2021.

[75] Baks T, Kappen F H J, Janssen A E M, et al. Towards an optimal process for gelatinisation and hydrolysis of highly concentrated starch-water mixtures with α-amylase from *B. licheniformis* [J] . Journal of Cereal Science, 2008, 47 (2) : 214-225.

[76] Van der Veen M E, Veelaert S, Van der Goot A J, et al. Starch hydrolysis under low water conditions: A conceptual process design [J] . Journal of Food Engineering, 2006, 75 (2) : 178-186.

[77] Sorndech W, Meier S, Jansson A M, et al. Synergistic amylomaltase and branching enzyme catalysis to suppress cassava starch digestibility [J] . Carbohydrate Polymers, 2015, 132: 409-418.

[78] 杨倩雯 . 高浓度底物条件下酶法生产麦芽糖浆工艺的研究 [D] . 无锡: 江

南大学，2017.

[79] Lin A H-M, Ao Z, Quezada-Calvillo R, et al. Branch pattern of starch internal structure influences the glucogenesis by mucosal *N*t-maltase-glucoamylase [J]. Carbohydrate Polymers, 2014, 111: 33-40.

[80] Imanaka H T T K M T T. Cyclization Reaction Catalyzed by Bacillus cereus Branching Enzyme and the Structure of Cyclic Glucan Produced by the Enzyme from Amylose [J]. Journal of Applied Glycoscience, 2006, 52 (4): 359-365.

[81] Goesaert H, Bijttebier A, Delcour J A. Hydrolysis of amylopectin by amylolytic enzymes: Level of inner chain attack as an important analytical differentiation criterion [J]. Carbohydrate Research, 2010, 345 (3): 397-401.

[82] Bijttebier A, Goesaert H, Delcour J A. Temperature impacts the multiple attack action of amylases [J]. Biomacromolecules, 2007, 8 (3): 765-772.

[83] Apar D K, Özbek B. Estimation of kinetic parameters for rice starch hydrolysis inhibited by added materials [J]. Chemical Engineering Communications, 2007, 194 (3): 334-344.

[84] Hansawasdi C, Kawabata J. α-Glucosidase inhibitory effect of mulberry (*Morus alba*) leaves on Caco-2 [J]. Fitoterapia, 2006, 77 (7-8): 568-573.

[85] McCleary B, Solah V, Gibson T. Quantitative measurement of total starch in cereal flours and products [J]. Journal of Cereal Science, 1994, 20 (1): 51-58.

[86] Shi Y-H, Xiao J-J, Feng R-P, et al. Factors affecting the bioaccessibility and intestinal transport of difenoconazole, hexaconazole, and spirodiclofen in human Caco-2 cells following *in vitro* digestion [J]. Journal of Agricultural and Food Chemistry, 2017, 65 (41): 9139-9146.

[87] 杨彦. 辣椒叶提取物的降血糖活性研究 [D]. 杭州：浙江大学，2015.

[88] Zhang G A Z, Hamaker B R. Slow digestion property of native cereal starches [J]. Biomacromolecules, 2006, 7 (11): 3252-3258.

第八章

短簇状麦芽糊精的制备及其对机体血糖稳态的调控作用

淀粉是人类膳食的重要组成，也是维持人体生命活动的主要能量来源。延缓淀粉消化有助于维持血糖稳态和机体正常运转，已成为近年来碳水化合物营养及相关领域的研究热点。淀粉分支酶改性淀粉的方法具有副产物少、产物得率高、不引入新的化学基团和其他类型糖苷键等独特优势，且其产物具有潜在的延缓消化、改善餐后血糖稳态等健康益处，因而受到了广泛关注。深入探究淀粉分支酶催化的淀粉分子糖苷键重构产物作为膳食碳水化合物对机体糖脂代谢的影响及其机制，有望为2型糖尿病患者的健康管理提供一种全新的控糖思路，并为糖尿病患者制定有效的饮食策略提供理论参考。

第一节　淀粉消化与血糖稳态

一、淀粉消化与餐后血糖水平波动

膳食淀粉的摄入、消化和吸收是人体外源葡萄糖的主要来源，也是餐后血糖水平上升的最主要原因。淀粉摄入引起餐后血糖水平波动的程度，通常是通过血糖指数（Glycemic Index，GI）进行衡量。GI是评价淀粉及含淀粉食品营养品质的一个重要指标，其大小与淀粉消化的速率和程度密切相关[1]。食品中绝大部分淀粉在进入人体后，被快速降解成葡萄糖，并在小肠前端被吸收进入血液，引起餐后血糖水平急剧上升，因而GI通常较高。此外，一些特殊的淀粉，如未经加热糊化的颗粒态淀粉、适当变性的淀粉，在人体内可被缓慢消化，所产生的葡萄糖缓慢释放至血液中，避免了餐后血糖水平的剧烈波动，因而受到了广泛关注[2]。除快消化淀粉和慢消化淀粉外，还有一些淀粉在胃肠道内不能被消化吸收，几乎不引起餐后血糖水平的波动，通常具有较低的GI。这类抗消化淀粉（抗性淀粉）可在结肠内被肠道微生物代谢利用并改善宿主健康，起到膳食纤维的作用[3,4]，但难以直接为机体提供能量，因此无法完全替代膳食中其他可消化的碳水化合物。

淀粉作为人类膳食的重要组成和能量的主要来源，其消化的速率和程度直接影响餐后血糖水平的波动程度，与机体健康密切相关。淀粉的消化性能主要受淀粉的来源[5]、颗粒形态[6]、加工方式[7]、精细结构[8]等多种因素的影响。为了改善产品的质构和货架期，食品及其原辅料在加工过程中常经过加热处理，使其中的淀粉发生糊化，晶体结构遭到破坏，消化性急剧增加[6]。因此，加工食品中的绝大部分淀粉容易引起餐后血糖水平的剧烈波动，被认为是肥胖症和糖尿病等代谢疾病发生发展的潜在危险因素[9]。降低淀粉的消化性有利于维持餐后血糖稳态，在预防慢性疾病方面具有独特功效，已成为近年碳水化合物营养等方面的研究热点[10]。

二、血糖稳态对人类健康的影响

血糖是指血液中的葡萄糖，能够为人体各种组织细胞的代谢活动提供能源物质和底物。正常情况下，人体的血糖水平，在消化系统和神经激素反馈系统的共同调节下，处于动态平衡的状态，维持在一个相对稳定的水平。血糖稳态是维持正常生理活动的基础，也是机体糖代谢健康的核心。进食行为，尤其是食用含淀粉的食品，会引起血糖水平上升。血液中过多的葡萄糖会刺激胰岛 β-细胞分泌胰岛素，加速肝脏、脂肪和肌肉对葡萄糖的摄取，并抑制糖原分解、糖异生等机体内源葡萄糖的生成途径，进而维持血糖稳态[11]。β-细胞分泌胰岛素的能力和组织细胞对胰岛素的敏感性，对于餐后血糖稳态调节起着重要的作用。

食品中绝大部分淀粉会引起血糖水平的波动，长期剧烈的血糖水平波动，可能会造成组织细胞对胰岛素的敏感性降低，导致糖代谢紊乱，甚至诱发一系列代谢类疾病，如肥胖、2 型糖尿病和心血管疾病等[9,12]。近年来，限制淀粉等碳水化合物摄入，逐渐成为一种流行的减肥[13]及缓解糖尿病症状[14]的膳食管理模式。然而，最新的一些研究证明，限制日常膳食中淀粉等碳水化合物的摄入会对人体微量营养素的摄入[15]、心律[16]和寿命[17]产生不利影响。因此，美国、澳大利亚的政府机构及欧盟食品安全局仍然推荐成年人每日应当摄入适量淀粉（占每日摄入能量的 45% ~ 60%）等可消化碳水化合物[18]。

近几年，一些人群研究的结果表明，相比于降低日常膳食中淀粉等碳水化合物的摄入量，通过延缓淀粉消化、提升淀粉营养品质的手段控制餐后血糖水平对人类健康更加有益[19]。延缓淀粉消化、减弱餐后血糖水平波动有助于维持血糖稳态和机体正常运转，对于 2 型糖尿病和心血管疾病也具有预防和辅助治疗作用[20]。

三、基于淀粉生物改性的机体血糖稳态调控手段

通过淀粉改性调控其在机体内的消化性能和餐后血糖水平波动是改善机体血糖稳态的有效途径，常见的淀粉改性方法包括物理、化学及生物酶法等。水热处理是物理改性淀粉的常用手段，主要包括韧化处理和湿热处理[6]。例如，Cahyana 等发现，经湿热处理后，青香蕉淀粉中慢消化淀粉含量从原先的 4.89% 增加到了 34.51%[21]。化学改性方法常包括醚化处理、酯化处理、交联处理和酸处理等。Zhang 等发现，木薯淀粉经过辛烯基琥珀酸酐醚化处理后，快消化淀粉含量显著降低，最低降至 41.83%[22]。Sang 等发现，经过偏磷酸钠和三聚磷酸钠磷酸化处理后，小麦淀粉中慢消化淀粉和抗性淀粉含量均显著增加，分

别为 24.4% 与 68.7%[23]。相比于物理法和化学法，生物酶法改性具有反应效率高、反应条件温和等特点，适合大规模工业化生产，已成为近些年的研究热点。当前的研究主要采用麦芽糖 α-淀粉酶[24]、β-淀粉酶[25]、普鲁兰酶[8]等水解酶或淀粉分支酶、环糊精葡萄糖基转移酶[26]等糖基转移酶调控淀粉的消化特性。经过这些酶单独或协同催化后，淀粉在体内[27]和体外[28]的消化速率均显著减缓，且分子质量有所降低，该种改性后的淀粉具有短簇状的分子结构，被称为“短簇状麦芽糊精（SCMD）”。

SCMD 作为一种新型的低血糖指数的淀粉衍生物，可以被缓慢吸收、持续释放能量[29]，有利于降低餐后血糖水平[30]、改善血脂水平[31]，对一些饮食相关的慢性疾病，如糖尿病、心血管疾病和肥胖等代谢综合征具有辅助治疗作用[32]。SCMD 在胃肠道中消化速率较慢，可以将葡萄糖缓慢释放至血液中，引起适度的餐后血糖水平变化和胰岛素反应，适合糖尿病患者食用，以控制餐后血糖稳态。Lee 等以糯玉米淀粉为原料，利用淀粉分支酶对其进行生物酶法改性，制备了一种高度分支化的 SCMD，并基于大鼠模型发现其引起的血糖应答水平明显低于等量的葡萄糖[33]；Kong 等研究发现，基于淀粉分支酶生物改性制备的 SCMD 可显著降低 *db/db* 小鼠（2 型糖尿病小鼠）的餐后血糖应答水平[27]。人群研究的结果也进一步证实，这类慢消化碳水化合物可以调节血糖和胰岛素水平[34]，且慢消化碳水化合物含量越高，对糖尿病患者餐后血糖的改善效果越好[35]。除此之外，SCMD 还被证明具有较显著的第二餐效应。第二餐效应指的是一些低血糖指数的食物能够减少下一餐的餐后血糖水平波动[36]。第二餐效应可能有多种机制，包括肠道激素分泌、回肠制动、胃排空减缓[37]和前一餐后的结肠发酵[38]。Kong 等报道，第一餐摄入 SCMD 的美国癌症研究所（ICR）小鼠，灌胃与对照组完全相同的第二餐，其峰值血糖水平明显低于对照组[27]。人群研究的结果也进一步证明，健康人群和 2 型糖尿病患者早晨食用含有这类慢消化碳水化合物的早餐，可以明显减弱午餐进食量及午餐后的餐后血糖水平波动[39,40]。

第二节　短簇状麦芽糊精的制备

一、短簇状麦芽糊精的定义

如第四章所述，经 Gt-GBE 催化淀粉分子高支化改性，产物中 DP 为 2～8 的短分支比例上升、DP 为 3～6 的短内链增多、平均内链长降低。结合淀粉分支酶典型的催化机制[41]，经过反复交替的 B 链外链至 A 链高支化改性，产物中 α-1，6 糖苷键比例上升，DP 为 2～8 的短分支比例增加、平均外链长降低，内链比例上升、β-淀粉酶水解率降低，DP 为 3～6 的短内链明显增多、平均内链长大幅降低，呈一种内链骨架紧密、外链缩短、高度分支的短簇状分子结构。经 Gt-GBE 催化后，产物中具有这种结构的淀粉高支化改性产物属于“短簇状麦芽糊精”。

二、短簇状麦芽糊精的制备工艺

SCMD 制备工艺参考任俊彦建立的两阶段催化方法[42]，采用双酶法进行制备（图 8-1）。将用去离子水配制的 20%（质量分数，以干基计）浓度普通玉米淀粉糊置于四口烧瓶中，用 0.1mol/L NaOH 溶液调节淀粉糊 pH 至 7.0。65℃调浆 15min 后，添加 25U/g 的 Ro-GBE，维持 65℃恒温反应 30min。第一阶段催化结束后，迅速升温至 95℃，维持 30min 以终止反应并使淀粉充分糊化。降温至 50℃保温 30min，再添加 25U/g 的 Gt-GBE，维持 50℃恒温反应 10h。第二阶段催化结束后，沸水浴 30min 终止反应。所得溶液经冷冻干燥、研磨、过 100 目筛，制得 SCMD。

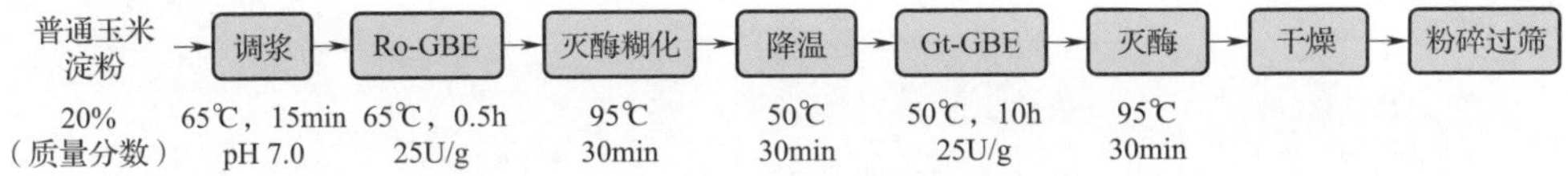

图 8-1　SCMD 制备工艺流程

第三节　短簇状麦芽糊精对餐后血糖应答及相关激素水平的影响

一、短簇状麦芽糊精对餐后血糖应答水平的影响

食品中绝大部分淀粉会引起餐后血糖水平的波动，长期剧烈的血糖水平波动可能导致糖代谢紊乱，甚至会诱发一些代谢类疾病[43]。因此，延缓淀粉消化的主要目的是减弱淀粉引起的餐后血糖水平波动。已有研究报道，辛烯基琥珀酸酐酯化[44]、海藻酸钠包埋[45]、环糊精葡萄糖基转移酶改性[46]能够有效降低淀粉引起的餐后血糖应答水平。相比于这些手段，基于淀粉分支酶的生物改性不引入其他组分、新的化学基团和其他类型糖苷键，具有产物得率高、副产物少的优势[47]。

过去的研究主要关注淀粉分支酶改性对淀粉体外消化性能的影响[48]，也有研究者基于斯泼累格·多雷（Sprague-Dawley）大鼠模型，研究利用淀粉分支酶制备的高支化麦芽糊精引起的血糖应答，仅发现摄入高支化麦芽糊精的大鼠峰值血糖水平比摄入等量葡萄糖的大鼠更低[49]，但不确定其峰值血糖水平是否低于摄入原淀粉或普通麦芽糊精的大鼠。孔昊存采用ICR小鼠模型探究经淀粉分支酶改性制备的SCMD引起的餐后血糖水平波动，并采用曲线下方面积（Area under the Curve，AUC）反映灌胃后一定时间内药物吸收入血糖的相对增量，进而分析其在真实胃肠道环境内的消化特性，结果如图8-2所示[50]。摄入2mg/g体重的SCMD后，ICR小鼠的血糖浓度在餐后30min达到峰值（10.7mmol/L），随后缓慢降低至空腹水平；相比于摄入等量麦芽糊精（MD）的小鼠（13.8mmol/L），峰值血糖浓度降低22.5%，餐后血糖应答水平的AUC降低18.8%。该结果直接证实，基于Gt-GBE的高支化改性能减弱淀粉引起的小鼠餐后血糖水平波动，呈现与辛烯基琥珀酸酐酯化[44]、海藻酸钠包埋[45]、环糊精葡萄糖基转移酶改性[46]相同的趋势。当与不同剂量的MD进行比较时，2mg/g体重的SCMD引起的峰值血糖浓度介于1.2mg/g体重（10.1mmol/L）和1.6mg/g体重（11.4mmol/L）的MD之间，AUC与1.6mg/g体重的MD接近。以上结果说明，利用Gt-GBE催化高支化改性得到的SCMD具有慢消化特性，且这种慢消化特性不随淀粉糊化而减弱。

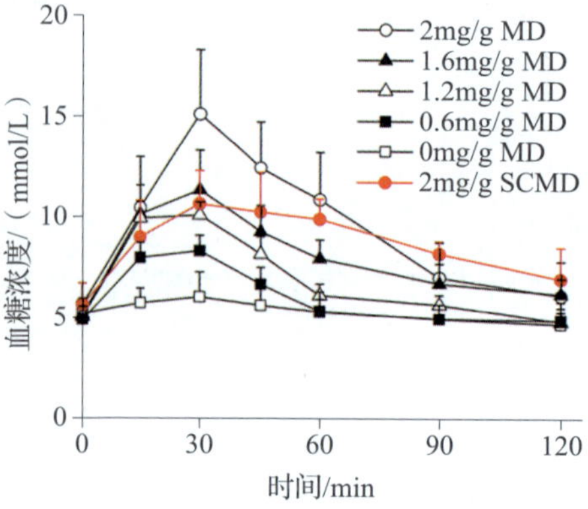

（1）

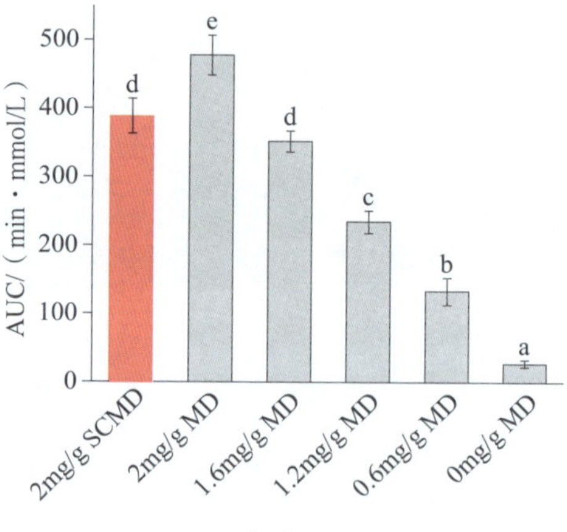

（2）

图8-2 SCMD及不同浓度MD引起的ICR小鼠餐后血糖应答曲线（1）及AUC（2）S
图中不同字母表示组间均值在P<0.05的水平上有显著性差异。

二、短簇状麦芽糊精对餐后血浆胰岛素水平的影响

胰岛素是胰岛β细胞分泌的唯一可以降低血糖浓度的蛋白质类激素。作为调节餐后血糖稳态的关键激素之一，胰岛素可促进细胞对葡萄糖的摄取和转运能力，其释放受淀粉消化和血糖波动的直接影响[51]。基于ICR小鼠模型，分析不同样品摄入引起的血浆胰岛素水平变化，结果如图8-3所示。摄入2mg/g体重的MD之后，ICR小鼠的血浆胰岛素水平迅速上升，在餐后60min达到峰值

（183.4pmol/L）。长期剧烈的餐后胰岛素水平波动可能造成胰岛 β 细胞的凋亡与功能衰退[52]以及胰岛素受体敏感性的降低[53]，进而导致糖代谢紊乱，甚至会诱发一系列代谢类疾病。相比之下，摄入 2mg/g 体重的 SCMD 的小鼠餐后血浆胰岛素浓度峰值为 109.2pmol/L，不仅比摄入等量 MD 的小鼠降低了 40.5%，而且比摄入 80%MD（1.6mg/g 体重）的小鼠降低了 20.5%。此外，添加 2μg/g 体重的阿卡波糖也能减弱小鼠摄入 MD 之后的血浆胰岛素水平波动，胰岛素浓度峰值和 AUC 均与摄入 SCMD 的小鼠无显著性差异。这些结果说明，摄入 SCMD 能够降低小鼠餐后血糖稳态调节对胰岛素的需求程度，为机体带来诸多潜在的健康益处[54]。

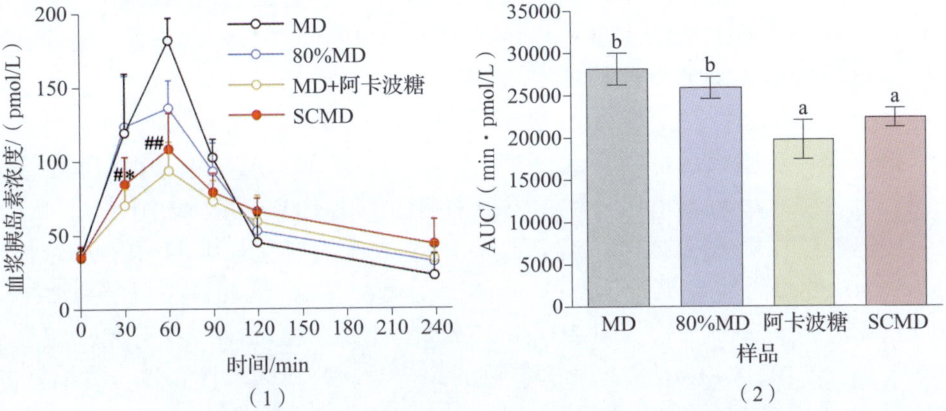

图 8-3　不同样品引起的 ICR 小鼠餐后血浆胰岛素浓度变化曲线（1）及 AUC（2）

图中不同字母表示组间均值在 $P<0.05$ 的水平上有显著性差异。

三、短簇状麦芽糊精对餐后肠道激素释放的影响

淀粉及其衍生物的消化和吸收会引起一些肠道激素分泌并进入血液循环，包括葡萄糖依赖性促胰岛素多肽（Glucose-dependent insulinotropic polypeptide，GIP）、胰高血糖素样肽-1（Glucagon-like peptide-1，GLP-1）、酪酪肽（Peptide tyrosine-tyrosine，PYY）等，这些肠道激素在餐后血糖稳态的调节中起到重要作用[55]。基于 ICR 小鼠模型，分析不同样品摄入引起的肠道激素释放规律，结果如图 8-4 所示。ICR 小鼠在摄入 2mg/g 体重和 1.6mg/g 体重的 MD 后，血浆 GIP 浓度均迅速上升，并在餐后 30min 超过 50pmol/L，较空腹水平分别提升了 7.1 倍和 5.8 倍。这主要是由于 MD 容易消化，在十二指肠和空肠前端迅速消化成葡萄糖，并通过钠－葡萄糖协同转运体 1（Sodium-glucose linked transporter 1，SGLT1）吸收至血液，这一过程能够刺激位于十二指肠的 K 细胞分泌大量 GIP[56]。相比之下，SCMD 具有缓慢消化的特性，在小肠前

端生成的葡萄糖减少，对K细胞的刺激也相应减弱，摄入SCMD的小鼠餐后血浆GIP峰值明显降低（36.7pmol/L）。

GIP和GLP-1都是小肠内分泌细胞分泌的肠促胰岛素，能够刺激胰岛β细胞分泌胰岛素[57]。相比于GIP，GLP-1主要由位于回肠的开放型神经内分泌上皮细胞（L细胞）分泌[58]，其释放通常与碳水化合物在小肠末端的消化吸收有关。由于MD容易消化，难以抵达回肠，如图8-4（2）所示，ICR小鼠在摄入MD后，肠道释放的GLP-1较少，AUC较低，且在餐后4h降回空腹水平。相比之下，SCMD的摄入明显促进了GLP-1分泌，AUC较等量MD高30.6%，并且小鼠的血浆GLP-1浓度在餐后4h仍保持较高水平（12.1pmol/L），较等量MD高27.4%，且明显高于空腹水平。由于GLP-1促进胰岛素分泌的作用比GIP更强[59]，而且还具备一些GIP无法实现的作用，例如，抑制胰高血糖素分泌、延缓胃排空、增强饱腹感、降低食欲等[60]，因此，持续的餐后GLP-1释放能为机体带来一系列健康益处，并且更有助于糖尿病患者的日常膳食管理[61]。

PYY是一种强效的抑制食欲激素。与GLP-1类似，PYY也是由回肠L细胞分泌，且分泌水平与碳水化合物在小肠末端的消化吸收有关。如图8-4（3）所示，ICR小鼠在摄入不同样品后，血浆PYY浓度的变化规律与GLP-1浓度相似，SCMD的摄入明显促进了PYY分泌，尤其在餐后90min，小鼠的血浆PYY浓度达到19.0pmol/L，较等量MD高33.8%。此外，摄入SCMD引起小鼠肠道激素（包括GIP、GLP-1和PYY）释放的规律与同时摄入MD和阿卡波糖接近。这些结果与SCMD的慢消化特性相符，更多的SCMD残余物进入小肠末端才被消化吸收，进而刺激L细胞，促进GLP-1和PYY的持续释放。GLP-1和PYY都具有抑制食欲、增强饱腹感和减缓肠道蠕动的作用，二者的大量分泌可能触发“回肠制动”[62]，即通过内分泌、旁分泌和神经分泌通路调控胃肠道运动性[63]，进而影响血糖应答水平。

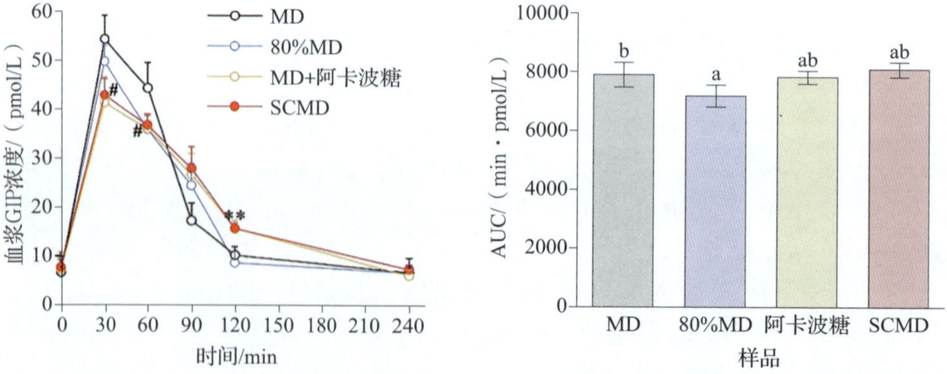

（1）

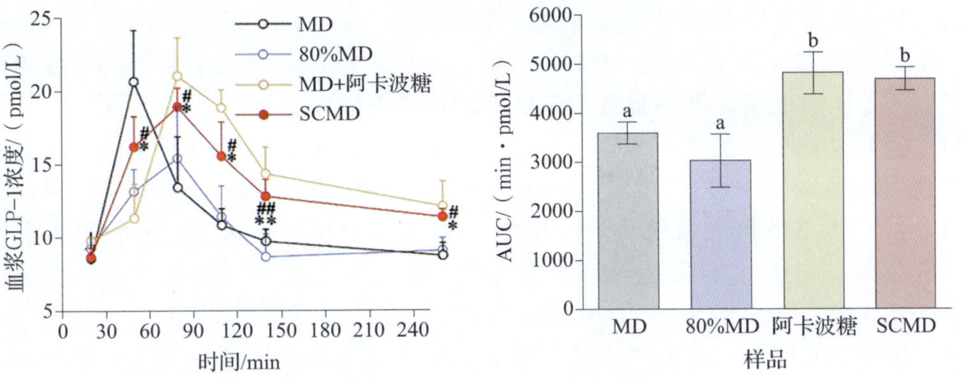

（2）

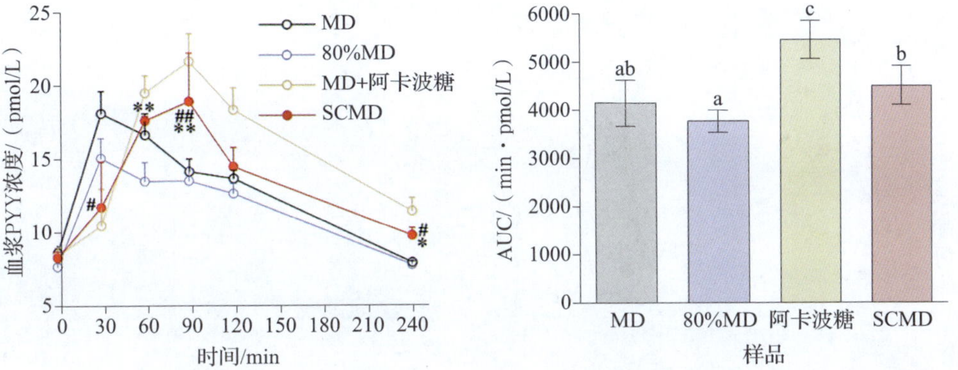

（3）

图 8-4　不同样品引起的 ICR 小鼠餐后血浆 GIP（1）、GLP-1（2）和 PYY（3）浓度变化曲线及 AUC

图中标注 #（P<0.05）和 ##（P<0.01）表示与 MD 组相比有显著性差异，标注 *（P<0.05）和 **（P<0.01）表示与 80% MD 组相比具有显著性差异；图中不同字母表示组间均值在 P<0.05 的水平上有显著性差异。

四、SCMD 的第二餐效应

Zhang 等曾利用海藻酸钠包埋淀粉，发现这种缓慢消化的淀粉微球能够触发“回肠制动”，并且以剂量依赖的方式延缓大鼠胃排空，说明制动效果与碳水化合物在小肠末端消化吸收的程度有关[64]。涂巧等研究发现，许多低 GI 食物也能通过触发“回肠制动”起到改善下一餐餐后血糖应答的作用[65]。与之类似，基于 Gt-GBE 的高支化改性也能够通过延缓淀粉消化触发“回肠制动”，呈现与海藻酸钠包埋、低 GI 食物相同的趋势，这对降低下一餐餐后血糖水平波动具有重要意义。各组小鼠在灌胃不同样品 4h 后，血糖基本恢复至空腹水平，且组间无显著性差异，此时继续灌胃完全相同的第二餐（2mg/g 体重的麦芽糖），进一步分析 SCMD 摄入对下一餐血糖应答水平的影响，结果如图 8-5 所示。相比于摄入 MD 的小鼠，第一餐摄入等量 SCMD 的小鼠第二餐峰值血糖降低 28.4%，AUC 降低 26.9%，证实了 SCMD 能够通过触发“回肠制动”减弱第二餐的餐后血糖水平波动这一现象可能与胃肠道运动减速有关[66]。相比之下，减少 MD 摄入量（降至原摄入量的 80%）虽然显著降低了 ICR 小鼠第一餐的餐后血糖应答水平，但无法产生这种第二餐效应，这主要是由于 MD 在小肠前端被迅速消化吸收，释放的 GLP-1 和 PYY 有限，第二餐的胃排空和小肠蠕动仍然较快。因此，与减少碳水化合物摄入量相比，利用 Gt-GBE 催化淀粉分子高支化改性可能会是一种更有效的餐后血糖调控策略。

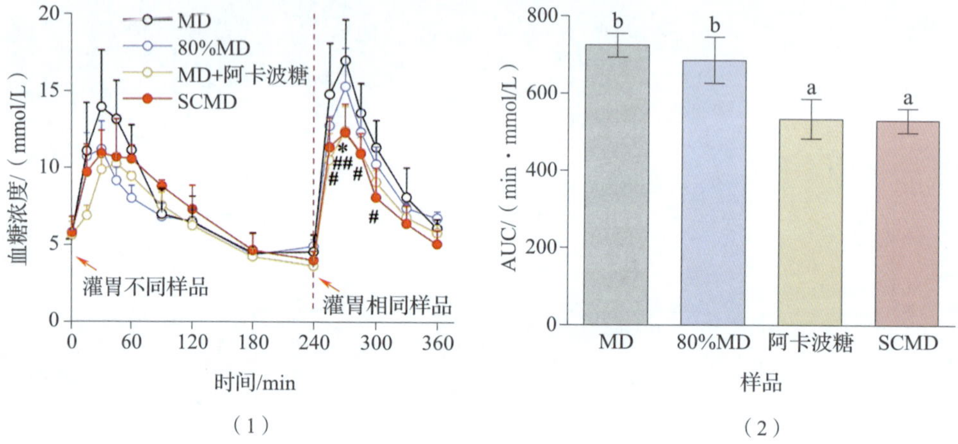

图 8-5 不同样品对 ICR 小鼠第二餐餐后血糖应答曲线（1）及 AUC（2）的影响
图中标注 #（$P<0.05$）和 ##（$P<0.01$）表示与 MD 组相比具有显著差异，
标注 *（$P<0.05$）和 **（$P<0.01$）表示与 80% MD 相比具有显著差异；
图中不同字母表示组间均值在 $P<0.05$ 的水平上有显著性差异。

第四节 短簇状麦芽糊精对血糖稳态的改善作用

一、短簇状麦芽糊精对空腹血糖水平和糖化血清蛋白水平的改善作用

空腹血糖升高是 2 型糖尿病最典型的症状之一。此外，糖化血清蛋白（血清果糖胺）是葡萄糖与血清蛋白发生非酶糖化反应产生的一种酮胺类物质，其合成比糖化血红蛋白（HbA1c，反映近 8 ~ 12 周的平均血糖水平）更快，能够反映机体近 1 ~ 3 周的平均血糖水平，临床上常与空腹血糖水平联合检测，以

反映糖尿病患者在过去一段时间血糖水平的控制效果[67]。Gao 等发现，经过 10 周的基础饲料喂养后，模型对照组，即喂养 MD 的 *db/db* 小鼠的空腹血糖浓度上升至 30.2mmol/L，约为初始血糖水平的 2.4 倍，糖化血清蛋白浓度达 6.7mmol/L，饲喂预糊化淀粉（PGS）饲料并没有改善 *db/db* 小鼠的空腹血糖水平和糖化血清蛋白水平。相比之下，基于 Gt-GBE 的高支化改性玉米淀粉显著降低了 SCMD 组 *db/db* 小鼠的空腹血糖水平和糖化血清蛋白水平，且效果与阿卡波糖干预（A-PGS 组）接近（表 8-1）[50]。

表 8-1　不同膳食对小鼠糖代谢相关血清指标的影响

	BC	MC	PGS	SCMD	A-PGS
0 周空腹血糖浓度 /（mmol/L）	4.0 ± 0.4 a	12.7 ± 2.0 b	13.1 ± 3.5 b	12.2 ± 4.0 b	14.0 ± 4.7 b
10 周空腹血糖浓度 /（mmol/L）	4.0 ± 0.5 a	30.2 ± 3.3 c	31.0 ± 2.0 c	22.4 ± 3.4 b	20.8 ± 7.6 b
糖化血清蛋白浓度 /（mmol/L）	4.2 ± 0.3 a	6.7 ± 0.5 c	7.1 ± 0.5 c	5.9 ± 0.9 b	5.8 ± 0.3 b
胰岛素浓度 /（mU/L）	24.1 ± 3.7 a	72.0 ± 5.6 c	75.1 ± 7.8 c	59.2 ± 2.5 b	52.4 ± 3.9 b
胰高血糖素浓度 /（pmol/L）	30.8 ± 3.1 a	125.9 ± 7.8 c	130.1 ± 7.4 c	108.8 ± 7.3 b	96.7 ± 12.5 b
HOMA-IR	4.3 ± 0.6 a	96.2 ± 6.0 c	98.8 ± 3.4 c	59.0 ± 9.9 b	48.9 ± 20.1 b
HOMA-β	581.4 ± 68.9 b	51.4 ± 6.2 a	53.1 ± 6.0 a	64.4 ± 11.6 a	69.9 ± 27.0 a
QUICKI	0.31 ± 0.01 c	0.22 ± 0.00 a	0.22 ± 0.00 a	0.23 ± 0.00 b	0.23 ± 0.01 b

注：表中数据为平均值 ± 标准差（$n = 6 \sim 8$），同列标注不同字母的数值之间具有显著性差异（$P<0.05$）。

二、短簇状麦芽糊精对胰岛素水平和胰高血糖素水平的改善作用

胰高血糖素和胰岛素在调节血糖稳态中共同起着主导作用，肥胖、胰岛素抵抗、2 型糖尿病等病理因素常会导致机体血清胰岛素和胰高血糖素水平上升，进而导致糖代谢紊乱。

采用自发性 2 型糖尿病模型 *db/db* 小鼠测定膳食干预后各组小鼠血清胰岛素和胰高血糖素水平，并计算稳态模型胰岛素抵抗指数（Homeostasis model assessment-insulin resistance index，HOMA-IR）、稳态模型胰岛 β 细胞功能指数（Homeostasis model assessment-β-cell function index，HOMA-β）和量化胰岛素敏感指数（Quantitative insulin sensitivity check index，QUICKI），结果如表 8-1 所示。经过 10 周的喂养，MC 组 *db/db* 小鼠的血清胰岛素浓度和胰高血糖素浓度相比于饲喂基础饲料的空白对照（BC）组 *db/m* 小鼠分别增加 1.99 倍和 3.09 倍，且 HOMA-IR 显著上升、QUICKI 显著下降，表明小鼠出现严重的胰

岛素抵抗；而饲喂 PGS 饲料并没有改善 *db/db* 小鼠的胰岛素敏感性。相比之下，SCMD 组 *db/db* 小鼠的血清胰岛素、胰高血糖素水平和 HOMA-IR 明显降低，且 QUICKI 上升。因此，SCMD 能够改善 *db/db* 小鼠的胰岛素敏感性，且效果与阿卡波糖干预（A-PGS 组）接近。

三、短簇状麦芽糊精对胰岛形态与功能的改善作用

长期胰岛素抵抗会使机体对胰岛素的分泌调节出现损伤，进而造成胰岛素分泌不足[68]。通过苏木精 - 伊红（H&E）染色、TdT 介导的 dVTP 末端标记法（TUNEL）染色和免疫荧光染色对各组小鼠的胰岛组织形态和胰岛素、胰高血糖素分泌功能进行可视化分析，结果如图 8-6 所示。NC 组 *db/m* 小鼠（瘦小鼠，作为 *db/db* 小鼠的对照模型）的胰岛呈圆形或椭圆形，分布在胰腺小叶内，边缘清晰圆滑，细胞结构完整、核仁清晰，且大小均一、排列紧密、分布规则，没有肿胀和充血现象。相比之下，*db/db* 小鼠在胰腺形态和胰岛数量上发生了明显的变化。其中 MC 和 PGS 组 *db/db* 小鼠胰腺组织出现充血，胰岛围绕胰导管畸形生长，结构萎缩、体积变小、细胞排列紊乱、分布较松散、形状不规则，胰岛和胰腺腺泡细胞之间无明显界限，并且出现了胰导管膨胀融合的现象；TUNEL 和免疫荧光检测的结果进一步显示，两组 *db/db* 小鼠的胰岛 β 细胞出现凋亡，胰岛素分泌能力降低，胰高血糖素分泌增多。经过 10 周的膳食干预，SCMD 组 *db/db* 小鼠胰岛形态和功能受损状况减轻，与 MC 和 PGS 组相比，胰岛结构较为规则、完整，边缘较清晰，胰岛内细胞数量增多、凋亡细胞减少，细胞排列紧密、形态规整、分布规则，未见明显细胞肿胀、充血和核固缩，空泡样变性减

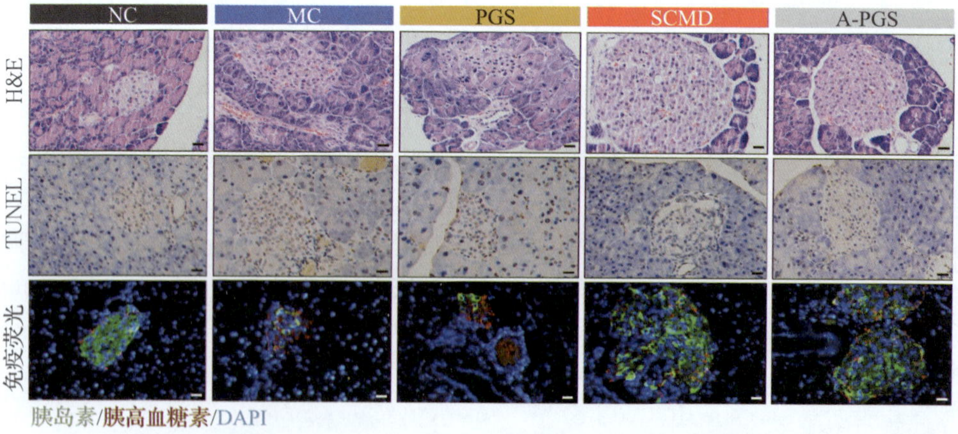

图 8-6 SCMD 对 *db/db* 小鼠胰岛功能的影响

标尺代表 10μm。NC：正常对照组；A-PGS：阿卡波糖组，饲喂添加了阿卡波糖（1g/kg 总碳水化合物）的 PGS 饲料；DAPI：4′，6- 二脒基 -2- 苯基吲哚。

少，胰岛素分泌能力增强，说明 SCMD 能够改善 *db/db* 小鼠胰岛损伤情况，并修复胰岛素分泌功能。

许多研究报道，膳食中摄入特定的难消化淀粉，对 2 型糖尿病的膳食管理具有健康益处，这些淀粉主要是抗性淀粉[69,70]。抗性淀粉无法在小肠被消化吸收，几乎不引起餐后血糖水平波动，难以直接为机体提供能量，主要是在结肠内被肠道微生物代谢利用并改善宿主健康，起到膳食纤维的作用[3,4]，无法完全替代日常膳食中其他的可消化碳水化合物。相比之下，SCMD 是玉米淀粉经 Gt-GBE 催化的糖苷键重构产物，在小肠被缓慢消化吸收，引起的餐后血糖水平波动平缓，能够作为小鼠主要的膳食碳水化合物。此前，这类糖苷键重构产物的生理功能和健康益处尚未得到有效验证。Hedemann 等曾利用 Ro-GBE 处理糯玉米淀粉，发现同时含有蔗糖和 Ro-GBE 改性淀粉的饲料无法延缓 Zucker 大鼠糖尿病及相关症状的发生和发展[69]。此外，研究证明，MC 组饲喂的基础饲料同时含有蔗糖和生玉米淀粉（一种天然的慢消化碳水化合物[1]），PGS 组饲喂的饲料采用 PGS 替代了基础饲料原有的蔗糖和生玉米淀粉，均无法有效控制 *db/db* 小鼠的糖尿病症状。因此，平稳、适中的餐后血糖和胰岛素应答水平特性可能是 SCMD 饲料可以改善 *db/db* 小鼠血糖稳态的必要条件，并且这种改善效果主要是由于 Gt-GBE 催化的玉米淀粉分子糖苷键重构，而非由于饲料中无蔗糖。

参考文献

［1］缪铭．慢消化淀粉的特性及形成机理研究［D］．无锡：江南大学，2009.

［2］Hasek L Y，Phillips R J，Zhang G，et al. Dietary slowly digestible starch triggers the gut-brain axis in obese rats with accompanied reduced food intake［J］. Molecular Nutrition & Food Research，2018，62（5）：1700117.

［3］Koh G Y，Rowling M J. Resistant starch as a novel dietary strategy to maintain kidney health in diabetes mellitus［J］. Nutrition Reviews，2017，75（5）：350-360.

［4］Stewart M L，Zimmer J P. Postprandial glucose and insulin response to a high-fiber muffin top containing resistant starch type 4 in healthy adults：A double-blind，randomized，controlled trial［J］. Nutrition，2018，53：59-63.

［5］Tester R F，Karkalas J，Qi X. Starch-composition，fine structure and architecture［J］. Journal of Cereal Science，2004，39（2）：151-165.

［6］Lehmann U，Robin F. Slowly digestible starch-its structure and health implications：A review［J］. Trends in Food Science & Technology，2007，18

(7): 346–355.

[7] Wang Y, Chao C, Huang H, et al. Revisiting mechanisms underlying digestion of starches [J] . Journal of Agricultural and Food Chemistry, 2019, 67 (29): 8212–8226.

[8] Li X, Pei J, Fei T, et al. Production of slowly digestible corn starch using hyperthermophilic *Staphylothermus marinus* amylopullulanase in *Bacillus subtilis* [J] . Food Chemistry, 2019, 277: 1–5.

[9] Kroemer G, López-Otín C, Madeo F, et al. Carbotoxicity-noxious effects of carbohydrates [J] . Cell, 2018, 175 (3): 605–614.

[10] Zhang G, Hamaker B R. The nutritional property of endosperm starch and its contribution to the health benefits of whole grain foods [J] . Critical Reviews in Food Science and Nutrition, 2017, 57 (18): 3807–3817.

[11] Röder P V, Wu B, Liu Y, et al. Pancreatic regulation of glucose homeostasis [J] . Experimental & Molecular Medicine, 2016, 48 (3): e219.

[12] 李露，张贤益，汤小芳，等 . 膳食中碳水化合物与代谢综合征的研究进展 [J] . 食品科学，2019，40 (07): 268–273.

[13] Westman E C, Yancy Jr W S. Using a low-carbohydrate diet to treat obesity and type 2 diabetes mellitus [J] . Current Opinion in Endocrinology Diabetes and Obesity, 2020, 27 (5): 255–260.

[14] Tay J, De Bock M I, Mayer-Davis E J. Low-carbohydrate diets in type 2 diabetes [J] . Lancet Diabetes & Endocrinology, 2019, 7 (5): 331–333.

[15] Churuangsuk C, Griffiths D, Lean M E, et al. Impacts of carbohydrate-restricted diets on micronutrient intakes and status: A systematic review [J] . Obesity Reviews, 2019, 20 (8): 1132–1147.

[16] Joshi S, Ostfeld R J, Mcmacken M. The ketogenic diet for obesity and diabetes-Enthusiasm outpaces evidence [J] . JAMA Internal Medicine, 2019, 179 (9): 1163–1164.

[17] Seidelmann S B, Claggett B, Cheng S, et al. Dietary carbohydrate intake and mortality: A prospective cohort study and meta-analysis [J] . Lancet Public Health, 2018, 3 (9): e419–e428.

[18] Naude C E, Schoonees A, Nguyen K A, et al. Low carbohydrate versus balanced carbohydrate diets for reducing weight and cardiovascular risk [J] . Cochrane Database of Systematic Reviews, 2019, 2019 (5): CD013334.

[19] Reynolds A, Mann J, Cummings J, et al. Carbohydrate quality and human health: A series of systematic reviews and meta-analyses [J] . Lancet, 2019, 393 (10170): 434–445.

[20] Bao J, De Jong V, Atkinson F, et al. Food insulin index: Physiologic basis for predicting insulin demand evoked by composite meals [J]. American Journal of Clinical Nutrition, 2009, 90 (4): 986–992.

[21] Cahyana Y, Wijaya E, Halimah T S, et al. The effect of different thermal modifications on slowly digestible starch and physicochemical properties of green banana flour (*Musa acuminata* Colla) [J]. Food Chemistry, 2019, 274: 274–280.

[22] Zhang B, Mei J, Chen B, et al. Digestibility, physicochemical and structural properties of octenyl succinic anhydride-modified cassava starches with different degree of substitution [J]. Food Chemistry, 2017, 229: 136–141.

[23] Sang Y, Seib P A, Herrera A I, et al. Effects of alkaline treatment on the structure of phosphorylated wheat starch and its digestibility [J]. Food Chemistry, 2010, 118 (2): 323–327.

[24] Ao Z, Simsek S, Zhang G, et al. Starch with a slow digestion property produced by altering its chain length, branch density, and crystalline structure [J]. Journal of Agricultural and Food Chemistry, 2007, 55: 4540–4547.

[25] Ye J, Liu C, Luo S, et al. Modification of the digestibility of extruded rice starch by enzyme treatment (β-amylolysis): An *in vitro* study [J]. Food Research International, 2018, 111: 590–596.

[26] Li Y, Li C, Gu Z, et al. Digestion properties of corn starch modified by α-D-glucan branching enzyme and cyclodextrin glycosyltransferase [J]. Food Hydrocolloids, 2019, 89: 534–541.

[27] Kong H, Yu L, Gu Z, et al. An innovative short-clustered maltodextrin as starch substitute for ameliorating postprandial glucose homeostasis [J]. Journal of Agricultural and Food Chemistry, 2021, 69 (1): 354–367.

[28] Zheng Y, Ou Y, Zhang Y, et al. Effects of pullulanase pretreatment on the structural properties and digestibility of lotus seed starch-glycerin monostearin complexes [J]. Carbohydrate Polymers, 2020, 240: 116324.

[29] Gourineni V, Stewart M L, Skorge R, et al. Slowly digestible carbohydrate for balanced energy: *In vitro* and *in vivo* evidence [J]. Nutrients, 2017, 9 (11): 1230.

[30] Goux A, Breyton A, Meynier A, et al. Design and validation of a diet rich in slowly digestible starch for type 2 diabetic patients for significant improvement in glycemic profile [J]. Nutrients, 2020, 12 (8): 2404–2417.

[31] Ells L J, Seal C J, Kettlitz B, et al. Postprandial glycaemic, lipaemic and haemostatic responses to ingestion of rapidly and slowly digested starches in

healthy young women [J] . British Journal of Nutrition, 2005, 94: 948–955.
[32] Miao M, Jiang B, Cui S W, et al. Slowly digestible starch–A review [J] . Critical Reviews in Food Science and Nutrition, 2015, 55 (12): 1642–1657.
[33] Lee B, Yan L, Phillips RJ, et al. Enzyme–synthesized highly branched maltodextrins have slow glucose generation at the mucosal α–glucosidase level and are slowly digestible *in vivo* [J] . PLoS One, 2013, 8 (4): e59745.
[34] Breyton A E, Goux A, Lambert–Porcheron S, et al. Starch digestibility modulation significantly improves glycemic variability in type 2 diabetic subjects: A pilot study [J] . Nutrition, Metabolism and Cardiovascular Diseases, 2021, 31 (1): 237–246.
[35] Goux A, Breyton A E, Meynier A, et al. Design and validation of a diet rich in slowly digestible starch for type 2 diabetic patients for significant improvement in glycemic profile [J] . Nutrients, 2020, 12 (8): 13.
[36] Clark C A, Gardiner J, McBurney M I, et al. Effects of breakfast meal composition on second meal metabolic responses in adults with Type 2 diabetes mellitus [J] . European Journal of Clinical Nutrition, 2006, 60 (9): 1122–1129.
[37] Nauck M A, Kemmeries G, Hoist JJ, et al. Rapid tachyphylaxis of the glucagon–like peptide 1–induced deceleration of gastric emptying in humans [J] . Diabetes, 2011, 60 (5): 1561–1565.
[38] Brighenti F, Benini L, Rio D D, et al. Colonic fermentation of indigestible carbohydrates contributes to the second–meal effect [J] . The American Journal of Clinical Nutrition, 2006, 83 (4): 817–822.
[39] Liljeberg H G, Åkerberg A K, Björck IM. Effect of the glycemic index and content of indigestible carbohydrates of cereal–based breakfast meals on glucose tolerance at lunch in healthy subjects [J] . American Journal of Clinical Nutrition, 1999, 69 (4): 647–655.
[40] Lee S H, Tura A, Mari A, et al. Potentiation of the early–phase insulin response by a prior meal contributes to the second–meal phenomenon in type 2 diabetes [J] . American Journal of Physiology Endocrinology and Metabolism, 2011, 301 (5): E984–990.
[41] Ban X, Dhoble A S, Li C, et al. Bacterial 1, 4–α–glucan branching enzymes: Characteristics, preparation and commercial applications [J] . Critical Reviews in Biotechnology, 2020, 40 (3): 380–396.
[42] 任俊彦 . 淀粉的高支化修饰及其产物的消化性能研究 [D] . 无锡：江南大学，2018.

[43] 李露，张贤益，汤小芳，等．膳食中碳水化合物与代谢综合征的研究进展[J]．食品科学，2019，40（07）：268-273.

[44] 彭善丽．茶多酚-OSA淀粉复合体的营养特性研究[D]．无锡：江南大学，2017.

[45] 罗凯云．膳食纤维-淀粉拟谷粒结构体的构建及其对肥胖抑制和血糖平衡作用机制的研究[D]．无锡：江南大学，2019.

[46] Durá Á, Yokoyama W, Rosell C M. Effects of cyclodextrin glycosiltranferase modified starch and *alfa* and *beta* cyclodextrins on plasma glucose and lipids metabolism in mice[J]. Journal of Drug Design and Research, 2017, 4(5): 1051.

[47] Li W, Li C, Gu Z, et al. Retrogradation behavior of corn starch treated with 1, 4-α-glucan branching enzyme[J]. Food Chemistry, 2016, 203: 308-313.

[48] Li X, Miao M, Jiang H, et al. Partial branching enzyme treatment increases the low glycaemic property and α-1, 6 branching ratio of maize starch[J]. Food Chemistry, 2014, 164: 502-509.

[49] Lee B H, Yan L, Phillips R J, et al. Enzyme-synthesized highly branched maltodextrins have slow glucose generation at the mucosal α-glucosidase level and are slowly digestible *in vivo*[J]. PLoS One, 2013, 8(4): e59745.

[50] 孔昊存．淀粉分子糖苷键重构及其产物对小鼠糖脂代谢的调控作用[D]．无锡：江南大学，2021.

[51] Gao X, Yu B, Yu J, et al. Effects of dietary starch structure on growth performance, serum glucose-insulin response, and intestinal health in weaned piglets[J]. Animals, 2020, 10(3): 543.

[52] Kohnert K D, Freyse E J, Salzsieder E. Glycaemic variability and pancreatic β-cell dysfunction[J]. Current Diabetes Reviews, 2012, 8(5): 345-354.

[53] Petersen M C, Shulman G I. Mechanisms of insulin action and insulin resistance[J]. Physiological Reviews, 2018, 98(4): 2133-2223.

[54] Harris K F. An introductory review of resistant starch type 2 from high-amylose cereal grains and its effect on glucose and insulin homeostasis[J]. Nutrition Reviews, 2019, 77(11): 748-764.

[55] Peronnet F, Meynier A, Sauvinet V, et al. Plasma glucose kinetics and response of insulin and GIP following a cereal breakfast in female subjects: Effect of starch digestibility[J]. European Journal of Clinical Nutrition, 2015, 69(6): 740-745.

[56] Gorboulev V, Schürmann A, Vallon V, et al. Na^+-D-glucose cotransporter SGLT1 is pivotal for intestinal glucose absorption and glucose-dependent

incretin secretion [J] . Diabetes, 2012, 61 (1): 187–196.
[57] Creutzfeldt W, Nauck M. Gut hormones and diabetes mellitus [J] . Diabetes/Metabolism Reviews, 1992, 8 (2): 149–177.
[58] Kuhre R E, Christiansen C B, Saltiel M Y, et al. On the relationship between glucose absorption and glucose-stimulated secretion of GLP-1, neurotensin, and PYY from different intestinal segments in the rat [J] . Physiological Reports, 2017, 5 (23): e13507.
[59] Adriaenssens A E, Biggs E K, Darwish T, et al. Glucose-dependent insulinotropic polypeptide receptor-expressing cells in the hypothalamus regulate food intake [J] . Cell Metabolism, 2019, 30 (5): 987–996.
[60] De Silva A, Bloom S R. Gut hormones and appetite control: A focus on PYY and GLP-1 as therapeutic targets in obesity [J]. Gut and Liver, 2012, 6(1): 10–20.
[61] Lee Y S, Jun H S. Anti-diabetic actions of glucagon-like peptide-1 on pancreatic β-cells [J] . Metabolism, 2014, 63 (1): 9–19.
[62] Lee B H, Bello-Pérez L A, Lin A H M, et al. Importance of location of digestion and colonic fermentation of starch related to its quality [J] . Cereal Chemistry, 2013, 90 (4): 335–343.
[63] Furness J B, Rivera L R, Cho H J, et al. The gut as a sensory organ [J] . Nature Reviews Gastroenterology & Hepatology, 2013, 10 (12): 729–740.
[64] Zhang G, Hasek L Y, Lee B H, et al. Gut feedback mechanisms and food intake: A physiological approach to slow carbohydrate bioavailability [J] . Food & Function, 2015, 6 (4): 1072–1089.
[65] Pletsch E A, Hamaker B R. Brown rice compared to white rice slows gastric emptying in humans [J] . European Journal of Clinical Nutrition, 2018, 72 (3): 367–373.
[66] 涂巧，冉孟州 . 联合测定空腹血糖和糖化血清蛋白在糖尿病检测中的临床研究 [J] . 吉林医学，2021，42 (01): 168–169.
[67] Ibrügger S, Vigsnæs L K, Blennow A, et al. Second meal effect on appetite and fermentation of wholegrain rye foods [J] . Appetite, 2014, 80: 248–256.
[68] Lee E, Lee B, Shin D U, et al. Amelioration of obesity in high-fat diet-fed mice by chestnut starch modified by amylosucrase from *Deinococcus geothermalis* [J] . Food Hydrocolloids, 2018, 75: 22–32.
[69] Hedemann M S, Hermansen K, Pedersen S, et al. Resistant starch but not enzymatically modified waxy maize delays development of diabetes in Zucker diabetic fatty rats [J] . Journal of Nutrition, 2017, 147 (5): 825–834.

[70] Kim W K, Chung M K, Kang N E, et al. Effect of resistant starch from corn or rice on glucose control, colonic events, and blood lipid concentrations in streptozotocin-induced diabetic rats [J]. Journal of Nutritional Biochemistry, 2003, 14 (3): 166-172.